高等学校计算机应用规划教材

网站规划与网页设计

（第三版）

杜永红　主　编
梁林蒙　钟梦雪　曲贵翔　副主编

清华大学出版社
北　京

内 容 简 介

本书从商务网站建设的实践出发,对网站规划、网站原型设计、网页设计三大部分进行了全面系统的讲解。其中网站规划部分主要包括网站规划的流程、内容、要点与原则以及如何撰写网站规划方案等;网站原型设计部分主要包括网站原型设计、交互设计等;网页设计部分主要包括网站编辑、网页设计基础理论、网页界面设计等。

本书内容的组织突出了知识体系的模块化结构,共分为五大模块:网站规划、网站编辑、网页设计基础理论、产品原型设计Axure RP、平面设计大师Photoshop CC,各模块之间既有独立性,又有关联性。全书共分为11章,以商务网站的真实案例为切入点,按照案例引入→提出问题→理论讲解→案例分析的总体思路编写而成;每章末配有小结、练习题、上机实验,并附有详细的实验指导,对每个章节的学习起到了巩固和提高的作用。

通过本书的学习,学生能够获得从事网站规划、网站编辑、网页美工创意、产品原型设计、平面设计等方面所需的综合技能。本书既可作为普通高等院校计算机、电子商务、艺术设计等专业的教材,也可作为信息技术培训机构的用书,还可作为网页设计与制作人员、网站建设与开发人员、多媒体设计与开发人员的参考书。

本书(第一版)出版后,广受读者欢迎,2016年获得陕西省优秀教材二等奖,也是陕西省精品资源共享课程"网站规划与网页设计"的配套教材,陕西省精品资源共享课程的网址为http://web.xjpgy.com/。电子课件、教材源文件、上机素材、教学大纲、实验指导、习题解答、教学视频既可通过http://www.tupwk.com.cn/downpage网站下载,也可通过扫描前言中的二维码获取。

本书封面贴有清华大学出版社防伪标签,无标签者不得销售。

版权所有,侵权必究。举报:010-62782989,beiqinquan@tup.tsinghua.edu.cn。

图书在版编目(CIP)数据

网站规划与网页设计 / 杜永红主编. —3版. —北京:清华大学出版社,2021.1
高等学校计算机应用规划教材
ISBN 978-7-302-57058-5

Ⅰ.①网… Ⅱ.①杜… Ⅲ.①网站—规划—高等学校—教材 ②网页制作工具—高等学校—教材
Ⅳ.①TP393.092

中国版本图书馆CIP数据核字(2020)第238152号

责任编辑:胡辰浩
封面设计:高娟妮
版式设计:孔祥峰
责任校对:成凤进
责任印制:吴佳雯

出版发行:清华大学出版社
网　　址:http://www.tup.com.cn,http://www.wqbook.com
地　　址:北京清华大学学研大厦A座　　邮　编:100084
社 总 机:010-62770175　　邮　购:010-62786544
投稿与读者服务:010-62776969,c-service@tup.tsinghua.edu.cn
质 量 反 馈:010-62772015,zhiliang@tup.tsinghua.edu.cn

印 装 者:北京嘉实印刷有限公司
经　　销:全国新华书店
开　　本:185mm×260mm　　印　张:19.75　　字　数:506千字
版　　次:2017年4月第1版　　2021年1月第3版　　印　次:2021年1月第1次印刷
定　　价:79.00元

产品编号:086824-01

前　言

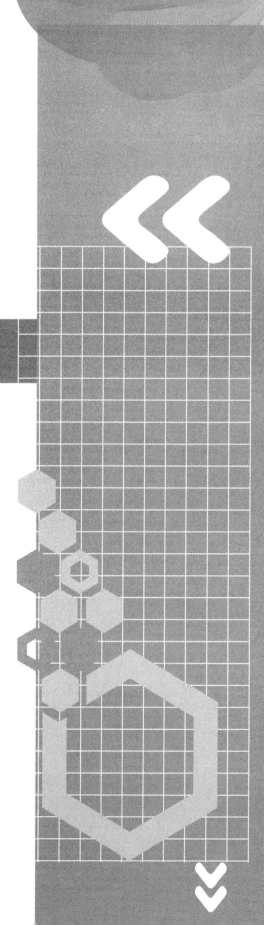

随着计算机网络的迅速发展，Internet 已经成为我们生活中不可或缺的重要组成部分。政府机关通过网站实现电子政务；企业利用网站展示企业形象、推广产品并进行电子商务活动；个人建立一个具有独特风格的网站来展示与宣传自我。因此，如何通过搭建网站、设计精美的网页来吸引浏览者已成为大家共同关注的目标。学校里和社会上涌现了大量的网页设计爱好者，他们迫切希望尽快学习网站规划与网页设计的知识，并将其应用于网站建设的实践中。

本书在编写时力求"理论与实践的完美结合，突出能力结构的培养"。本书旨在使学生熟练运用软件进行网站的编辑、产品原型设计和网页界面设计；培养学生进行商务网站建设的自主策划与设计能力；使学生能获得从事网站编辑、网页美工创意、产品原型设计、网页设计等方面的综合技能。

一、本书的内容

模 块	内 容	目 的
网站规划	网站规划的流程 网站规划的内容 网页设计的要点与原则 域名、服务器及 ICP 备案 网站的测试、发布与维护	1. 项目调查：网站项目需求分析 2. 方案决策：网站规划 3. 计划制订：网站建设项目实施方案的制订
网站编辑	网络与 Web 基础 创建站点 制作页面 CSS+DIV 页面布局技术 使用表单 模板与库的应用 响应式网页设计	使用 Dreamweaver CC 2019 软件进行站点的创建、网页的布局，利用模板进行网站的编辑和响应式网页设计
网页设计基础理论	平面设计基础 色彩的应用 网页设计的构图 网页设计的流程	掌握平面设计基础(图像类型、图像分辨率等)，了解色彩的应用和网页构图的技巧，掌握网页设计的工作流程
产品原型设计 Axure RP	Axure RP 的基本操作 Axure RP 网站原型设计 Axure RP 交互设计	利用 Axure RP 设计网站原型
平面设计大师 Photoshop CC	Photoshop CC 基本应用 Photoshop CC 平面设计 Photoshop CC 网页设计	利用 Photoshop CC 设计平面作品和网站首页作品

二、本书的特点

本书根据普通高等院校应用型特色进行规划，按照教育部应用型人才培养的教学要求进行编写，从基础理论到专业技能再到工程实践三个阶段出发进行开发。

一是教材实例来源于企业实际资料，可以保证学生所学的内容满足社会和用人单位的实际需求。

二是教材体系包括基础知识、专业技能和工程实践三个方面，涵盖范围广，可以充分保证学生的不同起点、不同层次的选择。

三是教材设计尽量使用简洁明了的文字和科学的逻辑思维，在教学上严格规定教师的教学方向，将教学内容中的理论部分与实践部分进行合理的分配，能够让学生迅速跟进，快速领悟。

四是通过精讲、练习、实战三个层次的真实项目教学来提高学生的实践操作能力。这一特点主要体现在以下三个方面:

(1) 以能力的培养和提高来构建教学内容。

教学内容以商务网站建设的实际项目作为主线展开,介绍网站规划与网页设计的工作流程,将实用技术作为重点。

(2) 教材的编写满足社会和企业的需求。

以商务网站规划、网站原型设计、网页设计所具备的综合能力培养为目标,以教、学、做融于一体为方法,校企合作为模式,共同开发与设计教材。

(3) 加强系统性和针对性,注重培养学生的综合素质。

通过大量的案例分析,使学生掌握网页设计基础理论,从而能够从美学的角度进行网页配色、网页构图,最终实现网页设计的最佳境界。

五是本书的内容丰富,配套资料全。

本书(第一版)出版后,广受读者欢迎,2016年获得陕西省优秀教材二等奖,也是陕西省精品资源共享课程"网站规划与网页设计"的配套教材。本书教学资源非常全面,有全套的电子课件、教材源文件、上机素材、教学大纲、实验指导、习题解答、教学视频,既可通过http://www.tupwk.com.cn/downpage网站下载,也可通过扫描下方的二维码获取。

本书由杜永红主编,负责全书的统稿工作。各章节编写工作分工如下:第1章、第2章、第6章、第7章由杜永红编写,第8~11章由梁林蒙编写,第3章由曲贵翔编写,第4章、第5章由钟梦雪编写。由于作者水平有限,书中难免有不足之处,敬请读者批评指正。

三、本书读者对象

本书既可作为普通高等院校的计算机、电子商务、艺术设计、网络与新媒体等专业的教材,也可作为信息技术培训机构的用书,还可作为网页设计与制作人员、网站建设与开发人员、多媒体设计与开发人员的参考书。

编者

2020年10月

目　　录

第 1 章　网络与 Web 基础 ························ 1
  1.1　Internet 基础 ·································· 2
      1.1.1　Internet 概述 ························ 2
      1.1.2　WWW ································ 2
      1.1.3　网页与网站 ·························· 3
      1.1.4　TCP/IP 协议栈 ······················ 3
      1.1.5　HTTP 与 HTTPS ···················· 4
      1.1.6　域名与 IP 地址 ······················ 5
  1.2　网页设计与制作工具 ······················ 8
      1.2.1　网页编辑工具 ························ 8
      1.2.2　图形和图像处理工具 ·············· 9
      1.2.3　网站原型设计工具 ·················· 9
  1.3　超文本标记语言 HTML5 ················10
      1.3.1　HTML 语法结构 ··················10
      1.3.2　HTML5 简介 ······················11
      1.3.3　常见的 HTML 标签
　　　　　　　（HTML5 标准）··················12
  小结 ··16
  练习题 ··16
  上机实验 ··16

| 第 2 章 网站规划 | 19 |

2.1 网站规划的流程 …………………… 20
2.2 网站规划的内容 …………………… 21
    2.2.1 建设网站前的市场分析 …… 21
    2.2.2 建设网站的目的及功能定位 … 21
    2.2.3 分析目标客户及潜在客户对
          站点的需求 …………………… 22
    2.2.4 网站类型 ……………………… 22
    2.2.5 网站风格 ……………………… 25
    2.2.6 考虑网络的技术问题 ……… 27
2.3 网页设计的要点与原则 …………… 28
2.4 域名、Web 服务器申请及 ICP
    备案 ……………………………… 30
    2.4.1 域名申请 ……………………… 30
    2.4.2 Web 服务器的选择 ………… 32
    2.4.3 ICP 备案 ……………………… 32
2.5 网站的测试、发布与维护 ………… 34
2.6 网站规划案例 ……………………… 34
小结 ……………………………………… 37
练习题 …………………………………… 38
上机实验 ………………………………… 38

第 3 章 网页设计基础理论 39

3.1 平面设计基础 ……………………… 40
    3.1.1 图像类型 ……………………… 40
    3.1.2 图像分辨率 …………………… 41
    3.1.3 图像文件格式 ……………… 41
    3.1.4 图像设计的分类 …………… 41
3.2 色彩的应用 ………………………… 45
    3.2.1 色彩模式 ……………………… 45
    3.2.2 应用色彩 ……………………… 48
    3.2.3 配色方案的应用实例 ……… 50
3.3 网页设计的构图 …………………… 54
    3.3.1 构图概述 ……………………… 54
    3.3.2 构图范例欣赏 ……………… 58
3.4 网页设计的流程 …………………… 60
    3.4.1 网页策划 ……………………… 60
    3.4.2 设计网页原型图 …………… 61
    3.4.3 设计网页效果图 …………… 62
    3.4.4 网页设计实例——嘟嘟甜品
          网站设计 …………………… 62
    3.4.5 网页设计实例——海派婚纱
          网站设计 …………………… 67
小结 ……………………………………… 70
练习题 …………………………………… 70
上机实验 ………………………………… 70

第 4 章 Axure RP 原型设计 73

4.1 原型设计基础 ……………………… 74
    4.1.1 原型设计概念 ……………… 74
    4.1.2 Axure RP 简介 ……………… 74
4.2 Axure RP 的工作界面 ……………… 77
4.3 Axure RP 软件操作基础 …………… 83
4.4 Axure RP 预览、发布与生成 …… 88
4.5 Axure RP 交互制作 ………………… 90
    4.5.1 交互事件与交互样式 ……… 90
    4.5.2 交互事件动作介绍 ………… 96
4.6 Axure RP 综合实例操作 ………… 103
小结 …………………………………… 108
练习题 ………………………………… 108
上机实验 ……………………………… 108

第 5 章 利用 Photoshop 设计网页 115

5.1 Photoshop CC 简介 ……………… 116
5.2 Photoshop CC 的工作界面 ……… 119
5.3 Photoshop CC 基本应用 ………… 121
    5.3.1 Photoshop CC 基本操作 … 121
    5.3.2 Photoshop CC 常用
          工具详解 …………………… 126
    5.3.3 Photoshop CC 功能介绍 … 136
    5.3.4 Photoshop CC 文件的
          存储格式 …………………… 137
5.4 Photoshop CC 网页设计 ………… 137

| 5.4.1　网页设计的组成与规范……137
| 5.4.2　网页设计………………………139
|　小结…………………………………………147
|　练习题………………………………………147
|　上机实验……………………………………147

第6章　创建站点……………………………153
　6.1　Dreamweaver CC 2019 简介……154
　6.2　Dreamweaver CC 2019 工作
　　　 界面简介………………………………155
　6.3　定义本地站点………………………157
　　　 6.3.1　创建站点…………………………158
　　　 6.3.2　管理站点…………………………161
　　　 6.3.3　创建网页…………………………162
　小结…………………………………………164
　练习题………………………………………164
　上机实验……………………………………164

第7章　制作页面……………………………167
　7.1　实例导入：中国传统节日
　　　 ——端午节………………………………168
　7.2　页面属性的设置……………………169
　7.3　文本的修饰…………………………170
　　　 7.3.1　输入文本…………………………171
　　　 7.3.2　文本属性的设置…………………172
　　　 7.3.3　段落格式的设置…………………174
　　　 7.3.4　列表格式的设置…………………175
　　　 7.3.5　滚动文本…………………………176
　7.4　设置超链接…………………………177
　　　 7.4.1　URL 地址…………………………177
　　　 7.4.2　超链接的分类……………………177
　　　 7.4.3　选择链接目标……………………180
　7.5　制作包含超链接的纯文本
　　　 网站……………………………………180
　7.6　使用图像……………………………184
　　　 7.6.1　插入图像…………………………185
　　　 7.6.2　设置图像属性……………………185
　　　 7.6.3　制作翻转图像……………………186

　　　 7.6.4　制作图像映射……………………187
　7.7　插入 Flash 动画与 Flash 视频··188
　　　 7.7.1　插入 Flash 动画…………………188
　　　 7.7.2　插入 Flash Video…………………189
　7.8　插入 HTML5 音频与 HTML5
　　　 视频……………………………………191
　　　 7.8.1　插入 HTML5 音频………………191
　　　 7.8.2　插入 HTML5 视频………………191
　7.9　使用表格布局网页…………………193
　　　 7.9.1　插入表格和编辑表格……………193
　　　 7.9.2　表格及单元格属性的设置………196
　　　 7.9.3　使用表格布局网页………………198
　小结…………………………………………200
　练习题………………………………………201
　上机实验……………………………………201

第8章　CSS+DIV 页面布局技术………203
　8.1　实例导入：利用 CSS+DIV 完成
　　　 西京小学网站…………………………204
　8.2　网页版面布局概述…………………205
　8.3　CSS 的简单应用……………………207
　8.4　定义 CSS……………………………209
　　　 8.4.1　CSS 概述…………………………209
　　　 8.4.2　在 Dreamweaver
　　　　　　 中定义 CSS………………………211
　8.5　利用 CSS 美化网页…………………213
　　　 8.5.1　背景样式的应用…………………214
　　　 8.5.2　文本及列表样式的应用…………215
　　　 8.5.3　方框和边框样式的应用…………217
　　　 8.5.4　动态链接样式的应用……………218
　　　 8.5.5　CSS3 的应用……………………220
　8.6　利用 CSS＋DIV 进行
　　　 网页布局………………………………223
　小结…………………………………………226
　练习题………………………………………226
　上机实验……………………………………226

第 9 章 使用表单 231
- 9.1 实例导入：利用表单创建用户信息注册表 232
- 9.2 创建表单 233
- 9.3 插入表单对象 234
  - 9.3.1 表单网页的布局 234
  - 9.3.2 插入和编辑表单对象 235
- 9.4 制作用户注册表 240
- 9.5 验证表单 243
- 小结 244
- 练习题 244
- 上机实验 244

第 10 章 模板与库的应用 249
- 10.1 实例导入：利用模板生成站点 250
- 10.2 模板的创建和编辑 250
  - 10.2.1 创建模板 251
  - 10.2.2 编辑模板 252
- 10.3 模板的应用和更新 253
  - 10.3.1 模板的应用 253
  - 10.3.2 更新模板 254
- 10.4 使用库 255
  - 10.4.1 创建库 255
  - 10.4.2 应用库 256
  - 10.4.3 修改库 256
- 10.5 实例：利用模板和库生成站点的过程 257
- 小结 262
- 练习题 262
- 上机实验 262

第 11 章 响应式网页设计 267
- 11.1 实例导入：利用 Bootstrap 完成西度科技网站 268
- 11.2 初识响应式网页设计 268
  - 11.2.1 响应式网页设计的优势 268
  - 11.2.2 响应式网页设计的理念 269
  - 11.2.3 发展趋势及主流开发框架 270
  - 11.2.4 主流的响应式网站测试工具 272
- 11.3 Bootstrap 响应式布局 273
  - 11.3.1 Bootstrap 简介 273
  - 11.3.2 Bootstrap 网格系统及组件 275
  - 11.3.3 基于 Bootstrap 搭建响应式布局网站 282
- 11.4 jQuery 在 Dreamweaver 中的应用 288
  - 11.4.1 jQuery 简介 288
  - 11.4.2 应用 Dreamweaver 内置的行为 289
  - 11.4.3 使用 Dreamweaver 自带的 jQuery 效果 292
  - 11.4.4 使用 jQuery Mobile 创建适用于移动设备的 Web 应用程序 293
  - 11.4.5 插入 jQuery Widget 297
- 小结 299
- 练习题 299
- 上机实验 299

参考文献 303

第 1 章

网络与Web基础

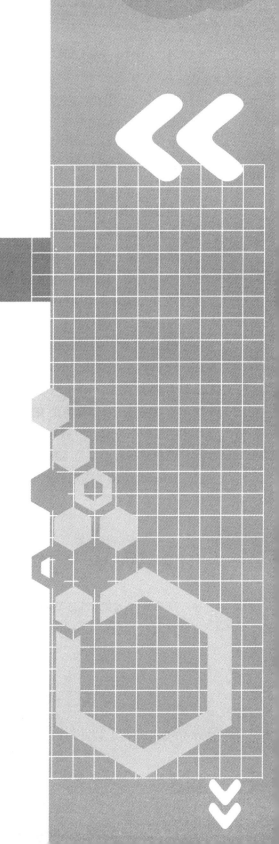

随着 Internet 技术的普及，Web 应用变得非常广泛，因而 Web 开发也成为热门领域。学习 Web 开发，首先需要掌握 Internet 基础、Web 结构、HTML 等知识。

本章主要介绍在开始设计网页之前需要了解的网络知识和 Web 基础知识，如网络基本概念、网页设计与制作工具、超文本标记语言 HTML5 等。

【本章学习目标】

通过本章的学习，读者能够：

- 了解与网络相关的基础知识
- 了解网页设计与制作工具
- 掌握超文本标记语言 HTML5

1.1 Internet 基础

1.1.1 Internet 概述

Internet 是相互连接的网络集合。它是由成千上万个网络、上亿台计算机通过特定的网络协议相互连接而成的全球计算机网络，是为人们提供信息资源查询和信息资源共享的全球最大的信息资源平台。

网络协议是网络中的设备进行通信时共同遵循的一套规则，即以何种方法获得所需的信息。

Internet 最初并不是为商业目的而设计的。它起源于 1969 年美国国防部高级研究计划署协助开发的 ARPANET。ARPANET 最初是只允许国防部人员进入的封闭式网络。到了 1987 年，在美国国家科学基金会的推动下，ARPANET 才开始从军事用途转向科学研究和民事用途，从而形成了今天的 Internet 主干网的雏形 NSFNET。全球网络的发展是空前快速且出人意料的，今天，互联网信息服务已融入我们的日常生活与工作中。

1994 年 4 月，中国科学院计算机网络信息中心正式接入 Internet。在其后 20 多年的时间里，Internet 在中国得到了飞速发展。2019 年 8 月，中国互联网络信息中心(CNNIC)在北京发布了第 44 次《中国互联网络发展状况统计报告》。截至 2019 年 6 月，我国网民数量已达 8.54 亿，较 2018 年底增长 2598 万；互联网普及率达 61.2%，较 2018 年底提升 1.6%；我国域名总数为 4800 万个，IPv4 地址数量为 38598 万个，IPv6 地址数量为 50286 块/32，较 2018 年底增长 14.3%，总体趋势是 IPv6 地址数量全球第一，".CN"域名数量持续增长；互联网普及率超过 60%，移动互联网的使用持续深化；在线教育应用稳中有进，弥补了乡村教育的短板；在线政务普及率近 60%，服务水平持续向好。

Internet 所提供的服务主要包括 WWW、信息搜索、即时通信、E-mail、FTP、网上购物、网络金融、线上教育、网络娱乐等，其中 WWW、E-mail、即时通信、网上购物是当前最常使用的服务。

1.1.2 WWW

WWW(World Wide Web)简称万维网，客户端只要通过"浏览器"(Browser)就可以非常方便地访问 Internet 上的服务器端，迅速地获得所需的信息，如图 1.1 所示。

图 1.1 WWW 的组成示意图

WWW 是一个容纳各种类型信息的集合，信息主要以超文本标记语言(HTML)编写的网页形式分布在世界各地的 Web 服务器上。用户使用浏览器来浏览以网页的形式显示在显示器屏幕上的信息。浏览器与服务器之间的信息交换使用超文本传输协议(HTTP)或加密的超文本传输协议(HTTPS)来实现。

1.1.3　网页与网站

什么是网页？什么是网站？两者有什么样的联系与区别呢？

构建 WWW 的基本单位是网页。网页中包含所谓的"超链接"，通过已经定义好的关键字和图形，只要用鼠标轻轻一点，就可以自动跳转到相应的其他位置，获得相应的信息，实现网页之间的链接，从而构成 WWW 纵横交织的网状结构。

通过超链接连接起来的一系列网页在逻辑上可以被视为一个整体，叫作网站。

网站的大小在概念上是相对的，大的网站如新浪、搜狐等门户网站，页面非常多，可能分布于多台服务器上；小的网站如一些个人网站，可能只有几个页面，仅在某台 Web 服务器上占据很小的空间。

站点的起始页面通常被称为"主页"或"首页"。主页/首页是一个网站的开始，因此其好坏决定了这个网站的访问情况，一般主页/首页的名称是固定的 index.htm、index.html 或 default.htm 等。

1.1.4　TCP/IP 协议栈

TCP/IP，即传输控制协议/网际协议，是指能够在多个不同网络间实现信息传输的协议栈。TCP/IP 不是指 TCP 和 IP 两个协议，而是指一个由 HTTP、FTP、SMTP、TCP、UDP、IP 等多个协议构成的协议栈，因为在 TCP/IP 协议栈中 TCP 和 IP 最具代表性，所以该协议栈被称为 TCP/IP。

TCP/IP 共分为四层，分别是应用层、传输层、网络层、网络接口层。

(1) 应用层。应用层决定了向用户提供应用服务时通信的活动。TCP/IP 协议栈内预存了各类通用的应用服务，比如，FTP(文件传输协议)、DNS(域名系统)服务、SMTP(邮件传输协议)、HTTP 及 HTTPS 等。

(2) 传输层。传输层为上层的应用层提供处于网络连接中的两台计算机之间的数据传输。在传输层有两个性质不同的协议：TCP(传输控制协议)和 UDP(用户数据报协议)。

① TCP：一种面向连接的、可靠的、基于字节流的传输层通信协议。

② UDP：一种无连接的传输协议，提供简单的、不可靠的信息传送服务。

(3) 网络层。网络层用来处理在网络上流动的数据包。数据包是网络传输的最小数据单位。该层规定了通过怎样的路径(所谓的传输路线)到达对方计算机，并把数据包传送给对方。与对方计算机之间通过多台计算机或网络设备进行传输时，网络层所起的作用就是在众多的选项内选择一条传输路线。

网络层包括以下协议：

① IP：网际协议，该协议负责 Internet 上网络之间的通信，并规定将数据从一个网络传输到另一个网络应遵循的规则，主要功能是无连接数据报传送、数据报路由选择和差错控制。

② ARP：地址解析协议，是根据 IP 地址获取物理地址的协议。主机发送信息时将包含目标 IP 地址的 ARP 请求广播到局域网络上的所有主机，并接收返回消息，以此确定目标的物理地址。

③ RARP：反向地址转换协议，允许局域网的物理机器从网关服务器的 ARP 表或者缓存上请求其 IP 地址。

④ ICMP：Internet 控制消息协议，用于在 IP 主机、路由器之间传递控制消息，而控制消息是指网络通不通、主机是否可达、路由是否可用等网络本身的消息。

(4) 网络接口层。网络接口层是在发送端将上层的 IP 数据报封装成帧后发送到网络上，数据帧通过网络到达接收端时，接收端的网络接口层对数据帧进行拆封，并检查帧中包含的 MAC 地址(MAC 是指物理地址)，如果该地址就是本机的 MAC 地址或者是广播地址，则上传到网络层，否则丢弃该帧。

① SLIP：串行线路网际协议，提供了一种在串行通信线路上封装 IP 数据报的简单方法。

② PPP：有效的点对点协议，通过异步或同步电路提供路由器到路由器或者主机到网络的连接。

TCP/IP 协议栈的组成，如图 1.2 所示。

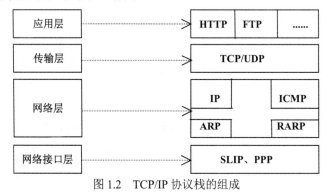

图 1.2 TCP/IP 协议栈的组成

1.1.5 HTTP 与 HTTPS

1. HTTP

HTTP 是一个简单的请求-响应协议，通常运行在 TCP 之上。它指定了客户端可能发送给服务器什么样的消息以及得到什么样的响应。HTTP 是基于客户/服务器模式，且面向连接的。典型的 HTTP 事务处理包含如下过程。

(1) 客户与服务器建立连接。

(2) 客户向服务器发出请求。

(3) 服务器接收请求，并根据请求返回相应的文件作为应答。

(4) 客户与服务器关闭连接。

2. HTTPS

HTTPS 是以安全为目标的 HTTP 通道，在 HTTP 的基础上通过传输加密和身份验证保证了传输过程的安全性。HTTPS 在 HTTP 的基础上加入了 SSL(Secure Sockets Layer，安全套接层)协议，HTTPS 的安全基础是 SSL，因此加密的内容就需要使用 SSL。HTTPS 存在一个不同于 HTTP 的默认端口及一个加密/身份验证层(在 HTTP 与 TCP 之间)。HTTPS 提供了身份验证与加密通信的方法，被广泛用于万维网上安全敏感的通信，例如交易支付等方面。

3. HTTP 与 HTTPS 的区别

(1) HTTPS 需要到数字认证中心申请证书，一般免费证书较少，需要支付一定费用。

(2) HTTP 是超文本传输协议，信息以明文的形式传输；HTTPS 则是具有安全性的 SSL 加密传输协议。

(3) HTTP 和 HTTPS 使用的是完全不同的连接方式，采用的端口也不一样，前者是 80，后者是 443。

(4) HTTP 的连接很简单，是无状态的；HTTPS 是由 SSL+HTTP 构建的可进行加密传输、身份验证的网络协议，比 HTTP 安全。

因此，相比于 HTTP，HTTPS 可以提供更加优质保密的信息，可以保证用户数据的安全性。此外，HTTPS 也在一定程度上保护了服务器端，使恶意攻击和伪装数据的成本大大提高。但是，HTTPS 的技术门槛较高，CA 机构颁发的证书都是需要年费的；HTTPS 加重了服务器端的负担，相比于 HTTP 其需要更多的资源来支撑，同时也降低了用户的访问速度。

1.1.6 域名与 IP 地址

IP 地址是指互联网协议地址(Internet Protocol Address，又译为网际协议地址)，是 IP Address 的缩写。IP 地址是 IP 提供的一种统一的地址格式，它为互联网上的每一个网络和每一台主机分配一个逻辑地址，以此来屏蔽物理地址的差异。

IPv4 是网际协议(Internet Protocol，IP)的第 4 版，也是第一个被广泛使用、构成现今互联网技术基石的协议。新版本是 IPv6，IPv6 正处在不断发展和完善的过程中，截至 2019 年 6 月，我国 IPv6 的活跃用户数已达 1.30 亿，IPv6 将逐步取代目前被广泛使用的 IPv4。

1. IPv4

按照 TCP/IP 协议栈中的 IPv4 规定，IP 地址由 32 位的二进制数构成。将这个二进制数分成 4 组，每组 8 位，转换为十进制数后，用点分隔，比如 202.100.4.11。

1) IP 地址的结构

IP 地址的结构形式为"网络地址＋主机地址"。同一网络上的所有设备都具有相同的网络地址，比如路由器只存储每一个网段的网络地址(代表了该网段内的所有主机)。常用的 IP 地址分为 A、B、C 三类，如图 1.3 所示。

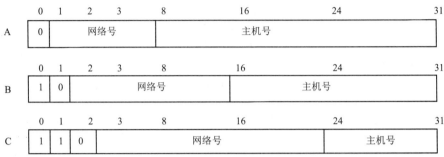

图 1.3 IP 地址的分类

(1) A 类地址的高 8 位代表网络地址，后 3 个 8 位代表主机地址。A 类地址的范围为 1.0.0.0～126.255.255.255。A 类地址用于超大型的网络，能容纳 1600 多万台主机。

(2) B 类地址的前两个 8 位代表网络地址，后两个 8 位代表主机地址，B 类地址的范围为 128.0.0.0～191.255.255.255。B 类地址一般用于中等规模的网络，能容纳 6 万多台主机。

(3) C 类地址的前 3 个 8 位代表网络地址，后 8 位代表主机地址。C 类地址的范围为 192.0.0.0～223.255.255.255，C 类地址一般用于小型网络，仅能容纳 256 台主机。

2) 特殊的 IP 地址

(1) "127" 开头的 IP 地址，用于回路测试，如 127.0.0.1 可以代表本机 IP 地址，用 "http://127.0.0.1" 就可以测试本机中配置的 Web 服务器。

(2) IP 地址 0.0.0.0 对应于当前主机，IP 地址 255.255.255.255 是当前子网的广播地址。

(3) IP 地址分为公有地址和私有地址。

公有地址(public address)由 InterNIC(互联网信息中心)负责。这些 IP 地址被分配给注册并向 InterNIC 提出申请的组织机构。通过它可以直接访问互联网。

私有地址(private address)属于非注册地址，专门供组织机构内部使用。以下列出了留用的内部私有地址：

A 类 10.0.0.0～10.255.255.255

B 类 172.16.0.0～172.31.255.255

C 类 192.168.0.0～192.168.255.255

(4) B 类地址中的保留地址。

169.254.0.0~169.254.255.255 是保留地址。如果你的 IP 地址是自动获取的，而你在网络上又没有找到可用的 DHCP 服务器，这时你将会从 169.254.0.1~169.254.255.254 中临时获得一个 IP 地址。

2. IPv6

IPv6，即网际协议第 6 版，是互联网工程任务组(IETF)设计的用于替代 IPv4 的下一代 IP，IPv6 采用 128 位地址长度，几乎可以不受限制地提供地址。

由于 IPv4 最大的问题在于网络地址资源有限，因此严重制约了互联网的应用和发展。而 IPv6 的使用，不仅解决了地址短缺问题，还考虑了在 IPv4 中解决不了的其他一些问题，主要有端到端 IP 连接、服务质量(QoS)、安全性、多播、移动性、即插即用等问题。

互联网数字分配机构(IANA)在 2016 年已向国际互联网工程任务组(IETF)提出建议，要求新制定的国际互联网标准只支持 IPv6，不再兼容 IPv4。

据 2019 年 7 月 11 日发布的《中国 IPv6 发展状况》白皮书显示，我国已分配 IPv6 地址的用户数快速增长，IPv6 活跃用户数显著增加；IPv6 流量快速增长，在总流量中的占比明显提升；IPv6 地址量能满足当前网络发展的需求，且拥有较丰富的储备；骨干网全面支持 IPv6，LTE 网络和宽带都已大规模分配了 IPv6 地址。

有兴趣的读者可参阅相关网络技术方面的书籍。

3. 域名的分类

IP 地址是一串难以记忆的数字，因此从 1985 年开始，就引入了域名的概念，用具有含义的字符来表示网络中的主机，以便于浏览者访问。通过域名解析系统将域名解析到相应的 IP 地址上，这两者之间为对应关系。

域名系统是一个分层的树结构组织，如图 1.4 所示，最上层是一个无名的根域，下层为顶级域名，接着是二级域名……

顶级域名的分类有两种：一种是按照组织机构进行分类；另一种是按国家和地区进行分类。

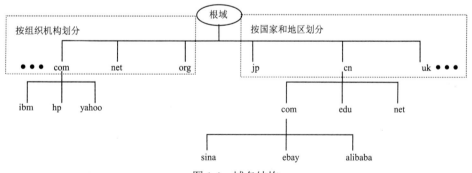

图 1.4 域名结构

美国采用以组织机构分类的形式，而其他国家按地理区域来分类，用代表国家或地区的缩写作为顶级域名，中国大陆域名由中国互联网信息中心控制，网址为 www.cnnic.net.cn。

按组织机构分类的顶级域名见表 1.1，按地理区域分类的顶级域名见表 1.2。

域名的书写格式为：叶节点名.二级域名.顶级域名。例如：www.sohu.com，其中 www 表示 Web 服务器名，sohu 表示企业名称，com 表示顶级域名。

表 1.1　按组织机构分类的顶级域名

域名	域名机构		域名	域名机构
com	商业机构	新增域名	biz	商务域名
edu	教育机构		cc	公司域名
gov	政府部门		tel	名片域名
net	网络机构		info	信息域名
org	非营利机构		name	姓名域名
int	国际性机构		tv	媒体域名
mil	军队		mobi	手机域名
.arpa	美国军方		⋮	

表 1.2　按地理区域分类的顶级域名

域名	国家和地区	全称
cn	中国	China
ca	加拿大	Canada
jp	日本	Japan
kr	韩国	Korea
ru	俄罗斯	Russia
us	美国	United States
⋮		

注：① ".cn" 域名是由我国管理的国家顶级域名，截至 2019 年 6 月，".cn" 域名总数为 2185 万个，占我国域名总数的 45.5%。

② 更多的域名可在域名注册服务商网站上查询。

1.2　网页设计与制作工具

目前网页制作工具较多，大多数网页的制作都是通过"所见即所得"的编辑工具完成的。在网页制作过程中，还需要进行素材的创作和加工。

1.2.1　网页编辑工具

网页编辑工具主要分为标记型和所见即所得型。常用的标记型工具是 Notepad(记事本)、Ultraedit 等。Ultraedit 是一套很好用的文本编辑器，附有 HTML 标记颜色显示、搜寻替换以及无限制的还原功能。所见即所得型的编辑主流软件是 Dreamweaver，它在 HTML 源代码的精确性、实用性以及对各种新技术的支持方面都远超其他同类软件。本书的后面章节将介绍网页编辑工具 Dreamweaver。

1.2.2　图形和图像处理工具

目前常用的图形和图像处理工具主要是 Adobe 公司推出的图形图像处理软件 Photoshop 和 Illustrator。

Photoshop 的功能十分强大，是目前使用最为广泛的专业图形图像处理软件之一，能够实现各种专业化的图像处理及动画制作等。本书的后面章节将介绍 Photoshop 这款主流的图形图像处理工具，其工作界面如图 1.5 所示。

图 1.5　Photoshop 工作界面

Illustrator 是一种应用于出版、多媒体和在线图像的工业标准矢量插画的软件，作为一款非常出色的矢量图形处理工具，Illustrator 广泛应用于印刷出版、海报书籍排版、专业插画、多媒体图像处理和互联网页面的制作等，还可以为线稿提供较高的精度和控制，适用于小型项目到大型复杂项目的线稿设计。

1.2.3　网站原型设计工具

产品原型是指产品在面市之前的一个框架设计。在整个前期的交互设计流程图之后，就是原型开发的设计阶段，简单而言就是将页面的模块、元素、人机交互的形式，利用线框描述的方法，将产品在脱离皮肤的状态下更加具体而生动地进行表达。Axure RP 是一个专业的快速原型设计工具，可以让负责定义需求和规格、设计功能和界面的设计者快速创建应用软件或 Web 网站的线框图、流程图、原型和规格说明文档。本书的后面章节将介绍网站原型设计工具 Axure RP，其工作界面如图 1.6 所示。

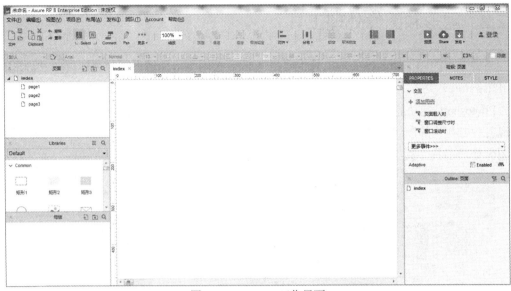

图 1.6　Axure RP 工作界面

1.3　超文本标记语言 HTML5

网页的本质是 HTML。那么，什么是 HTML？
- HTML 指的是超文本标记语言(HyperText Markup Language)。
- HTML 不是一种编程语言，而是一种标记语言(markup language)。
- 标记语言是一套标记标签(markup tag)。
- HTML 使用标记标签来描述网页。

超文本使网页之间具有跳转能力，使浏览者可以选择阅读路径。通过结合使用其他的 Web 技术(如脚本语言、公共网关接口、组件等)，可以制作出功能强大的网页。

使用 HTML 编写的 Web 页面又称为 HTML 文件，这种文件一般以"html"或"htm"为扩展名，使用网页编辑工具可以创建 HTML 文件。

1.3.1　HTML 语法结构

HTML 文件的所有控制语句被称为标签，标签在一对尖括号之间，格式如下：

<标签>HTML 语言元素</标签>

标签分为成对标签和非成对标签，标签对中的第一个标签是开始标签，第二个标签是结束标签，例如，<table>…</table>为成对标签，而
、<hr>等属于非成对标签。标签忽略大小写，书写形式非常灵活。可使用标签的属性来进一步限定标签，一个标签可以有多个属性项，各属性项的次序不限定，各属性项之间用空格来进行分隔。例如，<img src="images/girl.gif" width="100" height="87">。

HTML 中使用的注释语句为<!--注释内容-->,注释内容可插入 HTML 代码中的任何位置,注释内容不会显示在网页中。例如,<!--我是有名的网页设计大师,看我创建的网站是不是非常漂亮?-->

【例 1.1】下面是一个简单的 HTML 文件,运行结果如图 1.7 所示。

```
<!doctype html>
<html>
<head>
<meta charset="GB2312">
<title>带您走入网络世界</title>
</head>
<body>
<h1>Dreamweaver 将带你进入网络世界</h1>
<h2>准备好了吗?</h2>
<img src="images/bigmap.gif" width="370" height="235" alt=""/>
<p><a href="http://www.adobe.com">网页设计与制作</a></p>
</body>
</html>
```

图 1.7 简单的网页实例

1.3.2 HTML5 简介

HTML5 具有以下特点:
- HTML5 是最新的 HTML 标准。
- HTML5 是专门为承载丰富的 Web 内容而设计的,并且无须额外的插件。
- HTML5 拥有新的语义、图形以及多媒体元素。
- HTML5 提供的新元素和新的 API 简化了 Web 应用程序的搭建过程。
- HTML5 是跨平台的,可以在不同类型的硬件(PC、平板电脑、手机、电视机等)上运行。

【例 1.1】 案例的代码剖析。

(1) <!DOCTYPE html> 声明为 HTML5 文档。

(2) <html> 元素标签是 HTML 页面的根元素。

(3) <head> 元素标签包含了文档的元(meta)数据,如<meta charset="utf-8GB2312">定义网页编码格式为简体中文(GB2312)utf-8。

(4) <title> 元素标签描述了文档的标题。

(5) <body> 元素标签包含了可见的页面内容。

(6) <h1> 标签元素定义一个大标题。

(7) <img> 标签元素定义了图像。

(8) <p> 标签元素定义一个段落。

1.3.3 常见的 HTML 标签(HTML5 标准)

常见的 HTML 标签如表 1.3 所示。

表 1.3 常见的 HTML 标签

标签	描述
基础	
<!DOCTYPE>	定义文档类型
<html>	定义一个 HTML 文档
<title>	为文档定义一个标题
<body>	定义文档的主体
<h1> to <h6>	定义 HTML 标题
<p>	定义一个段落
 	定义简单的折行
<hr>	定义水平线
<!--...-->	定义一个注释
格式	
<acronym>	定义只取首字母的缩写,不赞成使用**,可用<abbr>标签代替
<abbr>	定义一个缩写
<address>	定义文档作者或拥有者的联系信息
<b>	定义粗体文本
<bdi>(HTML5 新增)	允许设置一段文本,使其脱离父元素的文本方向设置
<bdo>	定义文本的方向
<big>	定义大号文本,不赞成使用**
<blockquote>	定义块引用
<center>	定义居中文本,不赞成使用**
<cite>	定义引用(citation)
<code>	定义计算机代码文本

(续表)

标签	描述
<del>	定义被删除文本
<dfn>	定义项目
<em>	定义强调文本
<font>	定义文本的字体、尺寸和颜色,不赞成使用**
<i>	定义斜体文本
<ins>	定义被插入文本
<kbd>	定义键盘文本
<mark>(HTML5 新增)	定义带有记号的文本
<meter>(HTML5 新增)	定义度量衡,仅用于已知最大值和最小值的度量
<pre>	定义预格式文本
<progress>(HTML5 新增)	定义运行中的任务进度
<q>	定义短的引用
<rp>(HTML5 新增)	定义不支持 ruby 元素的浏览器所显示的内容
<rt>(HTML5 新增)	定义字符(中文注音或字符)的解释或发音
<ruby>(HTML5 新增)	定义 ruby 注释(中文注音或字符)
<s>	定义加删除线的文本,不赞成使用**
<samp>	定义计算机代码样本
<small>	定义小号文本
<strike>	定义加删除线的文本,不赞成使用**
<strong>	定义语气更为强烈的强调文本
<sub>	定义下标文本
<sup>	定义上标文本
<time>(HTML5 新增)	定义日期/时间
<tt>	定义打字机文本,不赞成使用**
<u>	定义下画线文本,不赞成使用**
<var>	定义文本的变量部分
<wbr>(HTML5 新增)	定义可能的换行符
表单	
<form>	定义 HTML 表单,用于用户输入
<input>	定义输入控件
<textarea>	定义多行的文本输入控件
<button>	定义按钮
<select>	定义选择列表(下拉列表)
<optgroup>	定义选择列表中相关选项的组合
<option>	定义选择列表中的选项
<label>	定义 input 元素的标注
<fieldset>	定义围绕表单中元素的边框

(续表)

标签	描述
<legend>	定义 fieldset 元素的标题
<isindex>	定义与文档相关的可搜索索引，不赞成使用**
<datalist>(HTML5 新增)	规定了 input 元素可能的选项列表
<keygen>(HTML5 新增)	规定用于表单的密钥对生成器字段
<output>(HTML5 新增)	定义计算的结果
框架	
<frame>	定义框架集的窗口或框架，不赞成使用**
<frameset>	定义框架集，不赞成使用**
<noframes>	定义针对不支持框架的用户的替代内容，不赞成使用**
<iframe>	定义内联框架
图像	
<img>	定义图像
<map>	定义图像映射
<area>	定义图像地图内部的区域
<canvas>(HTML5 新增)	通过脚本(通常是 JavaScript)来绘制图形(比如图表和其他图像)
<figcaption>(HTML5 新增)	为 figure 元素定义标题
<figure>(HTML5 新增)	figure 标签用于对元素进行组合
音频与视频(Audio/Video)	
<audio>(HTML5 新增)	定义声音，比如音乐或其他音频流
<source>(HTML5 新增)	定义 media 元素(<video>和<audio>)的媒体资源
<track>(HTML5 新增)	为媒体(<video>和<audio>)元素定义外部文本轨道
<video>(HTML5 新增)	定义一个音频或视频
链接	
<a>	定义一个链接
<link>	定义文档与外部资源的关系
<nav>(HTML5 新增)	定义导航链接
列表	
<ul>	定义一个无序列表
<ol>	定义一个有序列表
<li>	定义一个列表项
<dir>	定义目录列表，不赞成使用**
<dl>	定义一个定义列表
<dt>	定义一个定义列表中的项目
<dd>	定义列表中项目的描述
<menu>	定义菜单列表
<menuitem>	定义用户可以从弹出菜单调用的命令/菜单项

(续表)

标签	描述
<command>(HTML5 新增)	定义用户可能调用的命令(比如单选按钮、复选框或按钮)
表格	
<table>	定义一个表格
<caption>	定义表格标题
<th>	定义表格中的表头单元格
<tr>	定义表格中的行
<td>	定义表格中的单元
<thead>	定义表格中的表头内容
<tbody>	定义表格中的主体内容
<tfoot>	定义表格中的表注内容(脚注)
<col>	定义表格中一列或多列的属性值
<colgroup>	定义表格中供格式化的列组
样式/节	
<style>	定义文档的样式信息
<div>	定义文档中的节,用于组合行内元素
<span>	定义文档中的节,用于组合块级元素
<header>(HTML5 新增)	定义文档头部
<footer>(HTML5 新增)	定义文档底部
<section>(HTML5 新增)	定义文档的某个区域
<article>(HTML5 新增)	定义文章内容
<aside>(HTML5 新增)	定义其所处内容之外的内容
<details>(HTML5 新增)	定义文档或文档某个部分的细节
<dialog>(HTML5 新增)	定义对话框或窗口
<summary>(HTML5 新增)	定义一个可见的标题,当用户单击标题时会显示出详细信息
元信息	
<head>	定义关于文档的信息
<meta>	定义关于 HTML 文档的元信息
<base>	定义页面中所有链接的默认地址或默认目标
<basefont>	定义页面中文本的默认字体、颜色或尺寸,不赞成使用**
编程	
<script>	定义客户端脚本
<noscript>	针对不支持客户端脚本的用户,定义可替代的内容
<applet>	定义嵌入的 applet,不赞成使用**
<embed>(HTML5 新增)	定义一个容器,用来嵌入外部应用或互动程序(插件)
<object>	定义嵌入的对象
<param>	定义对象的参数

**表示原有的标签 HTML5 不再支持。

若读者想要了解更多的信息,可查阅 HTML 相关书籍进行研究和学习。

小 结

本章主要介绍了以下内容：

1. 网络基础知识。
   - Internet 的起源与发展、国内 Internet 的发展现状。
   - WWW 的概念，WWW 的访问方式及 TCP/IP 协议。
   - 域名及 IP 地址的概念，域名和 IP 地址之间的关系。
2. 网页设计与制作工具：网页编辑工具、图形图像处理工具、网站原型设计工具。
3. 超文本标记语言 HTML5。

练 习 题

(1) 什么是 Internet？叙述 Internet 的产生与发展。

(2) 什么是 WWW？如何访问 WWW？

(3) TCP/IP 协议分为几层，有哪些功能？

(4) IP 地址与域名之间的关系如何？

(5) HTML 文件中的标签是否区分大小写？格式有无严格要求？

(6) 什么是 HTML5？

上 机 实 验

1. 背景知识

根据已经掌握的网络知识和本章学习的 HTML 语言的知识，编写简单网页的源代码；浏览网站，分析网站的特点。

2. 实验准备工作

保证 Internet 连接畅通，在主机上安装相应的网页设计与制作软件：Dreamweaver、Photoshop、Axure 等。

3. 实验要求

(1) 打开浏览器，浏览某个网页，查看其源代码，了解 HTML 代码的含义。

(2) 打开记事本，使用 HTML 语言编写一个简单的网页，网页中要包含以下内容：网页标题、文字、图像、超链接等。

(3) 上网浏览不同的电子商务网站，比如淘宝、京东、海尔等，分析各站点的结构、风格及网页配色等，写出各网站的分析报告。

4. 课时安排

上机实验课时安排为 1 课时。

5. 实验指导

(1) 如何查看网页源代码？

打开浏览器，在网页中右击，在弹出的快捷菜单中选择"查看网页源代码"选项。

(2) 如何编写 HTML 代码？

打开记事本，手工编写 HTML 代码，注意 HTML 代码的编写顺序及网页元素对应的标签。保存网页时，网页的后缀名为 html 或 htm。

第 2 章 网站规划

网站规划也叫网站策划,是决定网站建设成败的关键因素之一,是指在网站建设前对市场进行分析、确定网站的目的和功能,并根据需要对网站建设中的技术、内容、费用、测试、维护等做出详细规划。网站规划对网站建设起到计划和指导的作用,对网站的内容和维护起到定位作用。

本章主要介绍网站规划的方法,主要包括:网站规划的流程、内容、要点与原则,域名与 Web 服务器申请,网站的测试、发布与维护,最后通过案例分析,进一步讲解如何撰写网站规划方案。

【本章学习目标】

通过本章的学习,读者能够掌握:

- 项目调查:网站项目需求分析
- 方案决策:网站规划
- 计划制订:网站建设项目实施方案的制订

2.1 网站规划的流程

网站的成功与否与建站前的网站规划有着极为重要的联系。在建站前应明确建站的目的和功能，确定网站规模、投入费用，以及进行必要的市场分析等。只有经过详细的规划，才能避免在网站建设中出现诸多问题，从而使网站建设能够顺利进行。网站规划的流程图如图2.1 所示。

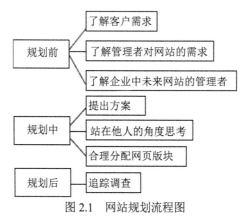

图 2.1　网站规划流程图

网站规划的工作流程如下：

(1) 了解客户的需求。只有在了解客户建设网站的真正目的后，才能设计出令人满意的网站。比如，某企业希望通过网站获得更高的知名度，就应在宣传推广方面进行详细的设计。大家熟知的一些大型网站，比如腾讯、新浪、网易等，都是通过推广其网站，当网站达到一定知名度后，再陆续推出网络广告位、在线娱乐、在线教育、线上购物及其他一些赢利项目。

(2) 了解企业管理者对网站的需求。这里要强调的是，如果管理者对网站比较了解，那么在规划时就应当充分了解管理者的需求，进而量身定做令管理者满意的网站，这样可以避免制作后多次更改。

(3) 与企业中未来网站的管理者沟通。虽然未来的网站管理者不是决定本次业务合作能否成功的关键，但他们拥有决定事情难易程度的能力。应该尽量把网站管理者的一些爱好和习惯考虑进去，这样在将来才会减少修改的次数。

(4) 提出切实可行的规划方案。在撰写网站规划方案的过程中，不要照搬他人的方案，而应认真分析客户的实际需求以及综合考虑多方面的因素，提出切实可行的方案。

(5) 站在他人的角度思考问题。在构思网站规划方案的过程中，要假设自己是一个运营者，思考自己最关心的是什么问题，是成本，还是收益？只有站在他人的角度思考问题，才能交付满意的作品。

(6) 合理分配网站的版面，在设计网页时既不要将太多功能压缩到 3~5 个栏目中，也不要将栏目设计得太多。否则，将显得网站内容太过分散，使得付出的代价和得到的回报不成正比。

(7) 追踪调查。要体现设计人员的专业性，不仅要把网站规划方案制作好，还要坚持做好后期服务，比如定时追踪、接收反馈意见并及时改进网站等。

2.2 网站规划的内容

网站规划是网站建设的基础和指导纲领，决定了网站的发展方向，同时对网站推广也具有指导意义。其主要任务是制定网站建设的总体方案，包括安排网站项目开发流程、制定网站建设的资源分配计划，这涉及市场分析、客户需求、网站功能、网站结构规划、页面设计、内容编辑等方面的内容。

2.2.1 建设网站前的市场分析

在建站前，需要对市场进行详细的分析，这主要涉及以下几方面：

(1) 分析相关行业的市场是怎样的，市场有什么样的特点，是否适合在互联网上开展公司业务。

(2) 市场主要竞争者分析，竞争对手的上网情况及其网站的功能及商业价值。

(3) 公司自身条件分析、公司概况、市场优势，网站能带来什么价值，提升哪些竞争力，以及建设网站的预算(费用、技术、人力等)。

2.2.2 建设网站的目的及功能定位

建站前，要对网站的目的和功能有清楚的定位，主要涉及：

(1) 为什么要建站，是为了树立企业形象、宣传产品、进行电子商务，还是建立行业性网站？是企业的基本需求还是市场开拓的延伸？

(2) 整合公司资源，确定网站的功能。根据公司的需求和计划，确定网站的功能类型，如企业形象型、产品宣传型、网络营销型、信息服务型、线上销售型等。

(3) 根据网站功能，确定网站应实现的目的及作用。

例如，建设一个教育培训网站的目标是为接受教育培训的学生提供服务，并且希望能够吸引更多的学生来接受该校的教育培训。因此，在建设该网站时就要围绕这个目标确定网站的栏目，如图 2.2 所示。

网站首页栏目导航及图片广告位都应紧紧围绕该目标进行规划。尽管建设网站的目标不尽相同，但是有一点必须明确，那就是目标控制得越精准，对今后的工作开展越有利。

图 2.2　教育培训网站 http://www.xdf.cn/

注：本书选用了部分企业网站的界面截图，仅用于教学，不作为商业用途，书中不再一一说明。

2.2.3　分析目标客户及潜在客户对站点的需求

在这一阶段，需要掌握一些典型目标客户的基本信息。例如，他们共同的兴趣是什么？他们希望从站点中获得什么？要得到这些信息，既可以做一些问卷调查，也可以从亲友、同学那里获得一些建议，还可以在基于移动端的微博、微信公众号、微信小程序上进行有奖问卷调查。只有通过收集信息、筛选信息，从浏览者那里获取有用的信息，才能在规划网站时做到有的放矢。

以图 2.2 为例，对于教育培训类网站，由于目标客户主要是大学生、中小学生，以及准备出国留学的人员，因此目标客户相对固定，确定用户对站点的需求较为容易。通过对目标客户及潜在客户的分析，确定了网站的栏目主要应包括"课程导航""学习资料"和"教师简介"等。

2.2.4　网站类型

1. 按网站功能进行分类

按照网站功能进行分类，主要类型有以下几种。

1) 企业品牌官网

网站展示的是企业形象，应表现为高端、大气。首页重点展示企业品牌，通常以一些华丽的大尺寸图片和动感十足的动画为主，具有较强的互动性。此类网站一般是定制网站，网站要求较高，相对费用也较高，适合一些需要高端品牌建设的中大型公司、上市企业等。

2) 产品展示型网站

这类网站主要是以产品展示为主，其主要内容包括企业介绍、企业产品种类、产品规格和型号、相关案例等，以方便浏览者随时查看产品信息。这类网站比较简单、朴实，没有特别华丽的外观。

3) 服务类型网站

中国移动官网就是这类网站的一个典型示例，它实现了在线选择业务，提交订单，在线支付等功能，并且提供一个意见反馈窗口(在线留言或电子邮件)，用来解答问题和处理用户意见，是一个友好、便捷的在线服务中心。

4) 信息发布型网站

这类网站的意义在于发布某个行业的专业信息，具有专一性，通常以某个行业的企业为中心，整合行业资源，形成一个行业信息专属平台。

5) 论坛社区类型

这类网站针对某些话题进行讨论、辩答，是业内人士、专家、学者和普通大众提供建议和发表看法的场所。如知乎、天涯、经管之家等网站。

2. 按网站内容表现形式分类

按网站内容表现形式分类，归纳起来主要有以下三种。

1) 信息式

这类站点主要是以文字信息为主，所以页面的布局要求整齐划一，而且站点中的每层页面都会有一个导航系统，顶部区域大多使用一些比较有特色的徽标或公司商标，顶部中间有一些广告横幅，页面剩余部分则分门别类地放置了大量的文本超链接。整个站点对图像、动画等这些带有修饰成分的多媒体信息采用比较低调的处理方式，每个页面包含少量图像或动画。目前国内知名的门户网站，例如"新浪""搜狐""网易"等都属于信息式网站，如图 2.3 所示。

图 2.3　信息式网站 http://www.sina.com.cn

2) 画廊式

这类站点的典型代表是个人网站或公司形象宣传类网站，其表现形式主要以图像、动画、多媒体等为主，注重通过多种信息手段来表现个人特色或公司要宣扬的理念，如图 2.4 所示。

图 2.4　画廊式网站 http://www.mnlszd.com/

3) 介于信息类与画廊类

还有一些网站的表现形式介于上述两种类型之间，如图 2.2 所示的教育培训类网站，既需要提供大量的文字信息，也需要精心设计一些图像、动画来吸引浏览者的关注。

3．按网页界面设计分类

按网页界面设计分类，归纳起来主要有以下四种。

1) 扁平化设计

去除冗余、厚重和繁杂的装饰效果，让"信息"本身重新作为核心被凸显出来，使画面显得更加简洁、平滑。这样可以提升网站内容信息的视觉层次，更加方便用户快速寻找自己需要的内容，如微软网站就一直秉承这种设计理念。

2) 全屏设计

精心设计的漂亮背景，适当的页面布局，能产生较强的视觉冲击力，有效地吸引浏览者关注。这类网站通常页面内的文字内容较少，主要以图片展示为主，如图 2.5 所示。

图 2.5　全屏设计的网页 https://pocarisweat.jp/

3) 响应式设计

响应式设计能保证网页适应不同的分辨率，让网页要素重组，使其无论在垂直的平板电脑上还是在智能手机上，都能达到最佳视觉效果，能够适应不同的终端，如台式机、笔记本电脑、手机等。

4) 视差滚动设计

视差滚动设计的核心是需要多层背景，每层背景具有不同的滚动速度，能带给浏览者独特的视觉享受。可通过鼠标控制网页，这样查看网页时有一种控制感，是一种反应灵敏的互动体验，如图2.6所示。

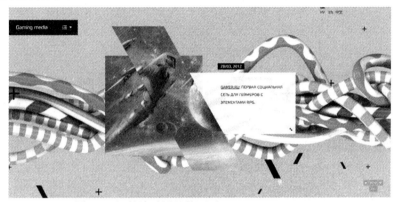

图2.6　视差滚动设计的网页 http://gamingmedia.ru

2.2.5　网站风格

所谓网站风格是指网站页面上的视觉元素组合在一起的整体形象和展现给人的直观感受。这个整体形象包括网站的配色、字体、页面布局、页面内容、交互性、海报、宣传语等因素。网站风格一般与企业的整体形象相一致，比如说企业的整体色调、企业的行业性质、企业文化、提供的相关产品或服务特点都应该在网站的风格中得到体现。

1. 时尚型风格

时尚型网站风格适用于追求视觉效果的产品或行业，如服装、化妆品、饰品、鞋帽箱包等。对于这类网站来说，产品本身就是重心，就是网站首先要突出的设计元素。时尚型网站的风格为"轻设计、重规格"，它不用华丽的页面来吸引用户，而是把产品图片搭配得当，使图片高清晰、高饱和、高对比，最终呈现出高规格的视觉冲击力，如图2.7所示。

2. 简约型风格

这类网站去掉了繁复的雕饰，仅保留了最天然、最实用的部分，算是当今最流行、最养眼的一种美学流派，具有极简质朴、色泽纯粹的特点。简约型风格网站用最有限的元素营造最无限的意境，再通过普通、简洁、其貌不扬的几何线条，仿佛也能洞穿灵魂，直指本源。除了适配性强，可以减少视觉干扰、能更好地突出中心外，更重要的是这类网站的加载时间也大大缩减。

图 2.7 时尚型的网站风格

3. 创意型风格

艺术工作室的官网或者独立设计师的个人网站，都不愿意做流水线上规规矩矩产出的量化品。这类网站的设计最不可复制，具有鲜明的个人辨析度，在创意上追求随性和个性，在技法上多使用手绘、涂鸦等形式，打破了某种刻意而为的束缚。设计者通常以一种更为自在而随心的状态进行创作，在不经意间呈现出浑然天成的意趣。

4. 科幻型风格

科幻型风格的网站就像一个冷静睿智的理科生，多用蓝黑灰色调、射线颗粒、天文宇宙元素，呈现一种爱因斯坦式的高端思维。由于其着眼点更多是打造一种未来次元的空间维度，即现代人比较少看见或者感知到的场景，因此往往给人一种眼界大开、不明觉厉的即视感。

5. 怀旧型风格

怀旧型风格的网站主要是借助过去年代的特色元素来营造怀旧的氛围，如童年常见的老式器物、笔触厚重轮廓分明的几何图形、明亮霓虹灯质感的配色、传统粗犷的字体、斑驳古旧的纹理等。怀旧设计有着相当不错的形式感，作为一种"漂亮的设计"也很容易被接受，深受广大设计者的喜爱。

6. 商务型风格

商务型风格的网站通常以扁平化、符号化的设计呈现，页面整洁大气，条理层次分明，特别适合展示专业尖端的企业形象。这类网站风格强调的是实用性，能够加强企业与用户的沟通，必要时能够提供买卖交易的服务，所以此类网站会集成留言咨询、订单预约、商城购物等多项互动功能，这不仅仅是宣传企业形象的一种方式，更是企业进行销售盈利的一条重要链路。

7. 文艺型风格

文艺型风格的网站通常以一幅小清新图片、一段暖心文字为主体，主张返璞归真的慢生活，有时小资，有时忧郁，有时闲散，有时白日梦，但绝不矫情，有的只是认真感受生活点滴的诗意。此类风格适合于个人网站，可以记录个人琐事情绪，在最日常的场景或事物中捕捉"小确幸"。

2.2.6　考虑网络的技术问题

在设计网页时，不仅要充分考虑网络的速度因素，也就是常说的"带宽"问题，而且还要考虑浏览器、分辨率等因素。

1. 网络的速度因素

有关网络的下载时间有一条"8秒钟原则"，即绝大多数浏览者不会等待8秒钟来完整下载一个网页，所以在设计网页时应使预计的下载时间少于8秒钟。如果页面的下载速度太慢，则访问者不会考虑页面中有什么吸引人的地方，而且会很快地按下浏览器上的"停止"按钮，或是转到其他的网站。

影响网页显示速度的最主要因素是图像、动画、视频的数量和大小。加快页面下载速度最有效的方法，就是适当减少页面中的图像、动画、视频的大小和数量。

2. 浏览器与分辨率

目前浏览器有多种，如Chrome、Firefox、IE、Safari等，设计网页时要考虑多种浏览器的兼容性问题。

此外，显示器的屏幕分辨率是网页设计者应该特别关注的因素，显示器的屏幕分辨率是指计算机屏幕水平方向与垂直方向的像素值(即屏幕的宽度与高度)，屏幕分辨率低时，在屏幕上显示的像素少，单个像素尺寸比较大；屏幕分辨率高时，在屏幕上显示的像素多，单个像素尺寸比较小。

屏幕比例一般为4：3、5：4、16：10、16：9、21：9。如果按照16：10的比例，在设计网页时，可考虑将屏幕分辨率的设计标准定为1280×800像素。

3. 网页动态交互性

前端页面能够实现的交互效果越来越酷炫，也越来越复杂。交互效果的设计，是由HTML5提供页面骨架，JavaScript负责行为事件，而页面中呈现出的各种各样的效果，是由CSS3完成的。因此，在设计网页时，可利用HTML5+CSS3+JavaScript来实现动态交互效果。

2.3 网页设计的要点与原则

网页设计不是为了设计而设计，而是为了更好地突出网页内容。网页设计者在设计过程中，不仅为了让浏览者感觉到所设计的作品漂亮，而是为了更好地展现网站的设计内容。因此，一个出色的网站设计作品，应该是在最短的时间内让浏览者知道你的网站能够提供什么样的内容与功能。网页要设计得吸引人，主要取决于设计者的技能与用心程度。

1. 网页设计的要点

通常来说，一个干净、整洁、可用性强的网站更会受到浏览者的青睐。进行网页设计时要关注以下几个要点。

1) 风格定位

在网站的建设过程中，对风格定位的把握是网页设计的基础。恰当的风格可以让浏览者准确地解读网页信息。例如，政府机构网站具有庄重的风格；娱乐休闲类网站具有活泼的风格。

2) 整体统一

整体统一是一个网站展现自己独特风貌的重要表现手法。要保证网站整体的统一性，可以从页面布局入手，首页、栏目页、内容页等各个页面的版式都应遵循统一的风格。

例如，使用同样的背景，页边距保持一致，在色彩上保持统一。另外，网页中的导航栏、图标设计、装饰图案、图片等各个元素与整体网站风格的搭配都应统一规划。

3) 对比

对比是网页设计中常见的布局模式。元素之间的对立成分越明显，对比感就越强烈。恰到好处的对比会增加刺激性，使用户在心理上产生愉悦感，例如，形态的大小、方向、疏密、色彩、质感等方面的对比。但是，过分强调对比则会造成刺激过度，所以通常采用调和的手段来进行补充。

4) 功能性

网页最重要的功能就是传递信息，让浏览者在最短时间内获取所需的信息，这需要充分考虑用户的交互体验。但有些网页过分追求酷炫的动画和图像，而忽略了传输速度，导致网页浏览不畅，这种忽视用户体验的网页设计要尽量避免。

5) 强调重点

无论什么类型的网站都应给浏览者提供有效信息，这需要网站的信息条理分明、界面干净整洁。当然更重要的是要强调重点，在一个网站里，当有很多重要程度不同的内容要展现时，就必须对这些内容进行分析，采用分级的方式，围绕重点来规划。所以设计者在布局页面时，要有意识地强调哪些元素应该视觉优先，让主要元素成为吸引浏览者眼球的焦点。

6) 不要忘记搜索引擎优化

由于网页设计与可索引性之间存在着必然的联系，因此在设计网站时，应该了解 SEO(即搜索引擎优化)知识，例如，标题、关键词、网站描述应如何设置，URL 要符合逻辑，网站导航应简化，页面加载速度会对排名产生影响，站点设计应具有高响应性等。

2. 网页设计原则

网页设计需要遵从一定的通用原则，必须按照一定的原则来进行规划与实施。下面以图 2.8 所示的某户外网页的设计为例，对其进行详述。

(1) 用户优先。无论什么时候，只有得到用户的认可，工作才算做到位。设计者的初衷是为了满足广大用户的需要，并不是用来自我欣赏。

(2) 在设计网页的过程中，对一些比较大的图像、视频尽量做技术上的分割或压缩。要进行测试，检测网页开启的速度是否合理，即前面提到的"8 秒钟原则"。

(3) 考虑用户的软硬件配置。有些用户的计算机软硬件配置不高，比如存在显示器分辨率和浏览器版本过低等问题。所以设计者应当设身处地为用户考虑，怎样才能让他们正常地浏览网页。

(4) 内容丰富。内容的丰富性包括文字、图像和音视频等巧妙搭配，但要记住，内容一定要跟网站所要提供的信息相匹配。

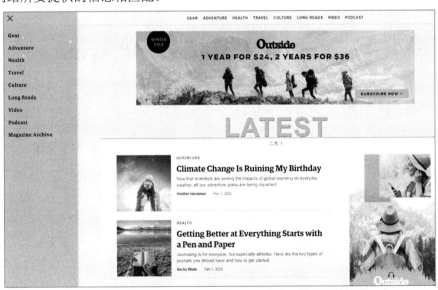

图 2.8 某户外网站：页面干净、主题突出、栏目导航清晰

(5) 着手规划、确定特色、锁定目标。确定网站的性质、内容、目标客户后，要提供及时、新颖、丰富的信息，以吸引浏览者驻足网站。

(6) 首页的重要性。首页是浏览者对网站产生第一印象的关键，要秉持干净而清爽的原则。第一，若无特殊需要，尽量不要放置大的图像文件或程序，因为它们会增加下载的时间，导致用户失去浏览网页的耐心；第二，页面不要设置得杂乱无序，因为用户有可能会找不到自己需要的信息。

(7) 栏目的归类。内容的分类很重要，可以按主题、性质、组织机构等分类，无论采用哪一种分类方法，都要让用户能够容易地找到目标。而且分类方法要尽量保持一致，如果混用多种分类方法，就容易使用户感觉混乱。此外，在每个分类选项的旁边或下一行，最好加上该选项内容的简要说明。

(8) 互动性。对于整个网页设计的呈现、界面浏览的引导等，都应该掌握互动的原则，让用户感觉每一步操作都能以交互的方式完成，这部分内容需要设计上的技巧与软硬件的支持。

(9) 图像应用技巧。恰当地使用图像可以让网页增色不少，但应用不当则会适得其反。在图像使用上，尽量采用一般浏览器均可支持的图像压缩格式，例如 JPG、GIF、PNG 等，其中 JPG 的压缩效果较好，适合中大型图像，可以节省传输时间。

(10) 背景底色。如果在网页的背景上添加一些图像，则会影响阅读的速度。所以若没有绝对必要，应尽量避免使用背景图像，以保持页面干净清爽。

(11) HTML 格式的注意事项。为了日后维护方便，所撰写的 HTML 要架构完整。为了优化搜索，可在<title>、<meta>中添加关键字或网站描述。

(12) 避免滥用技术。使用技术时，首先要考虑传输时间；其次要考虑与网站的性质及内容相匹配；最后，不要滥用技术，技术的多样性会导致网页的复杂性。

有关网页的具体设计与制作，在本书的后面章节会继续介绍。

2.4 域名、Web 服务器申请及 ICP 备案

2.4.1 域名申请

所谓域名，就是企业在互联网上的名称。一个企业的域名在互联网上是唯一的。可以通过在浏览器的地址栏中输入域名来访问企业的网站。

域名与企业商标、企业标志等具有异曲同工的效果，因此又将域名称为"网络商标"。

1. 域名申请步骤

(1) 准备申请资料：com 域名无须提供身份证、营业执照等资料，cn 域名已开放个人申请注册，申请时需要提供身份证或企业营业执照。

(2) 查询域名：在域名注册商网站注册用户名成功后就可以查询域名，选择要注册的域名，并单击注册。

(3) 正式申请：查找到想要注册的域名，并且确认域名为可申请的状态后，提交注册，并缴纳年费。

(4) 申请成功：正式申请成功后，即可开始进行 DNS 解析管理、设置解析记录等操作。

2. 域名查询与注册

注册域名时，一般选择信誉较好的域名注册商，客户提出申请，由域名注册商代为办理注册事宜。中国互联网信息中心推荐的五星级注册服务机构有：万网(http:www.net.cn/)、新网(http://www.xinnet.com/)、时代互联(https://www.now.cn/)、西部数码(https://www.west.cn/)等。

例如，若想注册名称为"pugongying.com"的域名，首先要查询该域名是否已注册，在万网查询域名的页面上输入域名的名称(这里指的是二级域名名称)"pugongying"，再选择域名后缀(是指顶级域名)".com"，单击"查域名"按钮，如图2.9所示，若显示域名未注册，即可申请该域名注册。

图 2.9 域名的查询

3. 域名的命名规则

域名非常重要，域名已经成为互联网品牌、网上商标保护必备的产品之一。一个好的域名对网络营销的成功具有重要意义。这里所说的域名命名是指二级域名命名。

(1) 域名的命名与企业的 CIS 有一定的关系。营造一个独一无二的企业品牌是建立成功域名的核心。企业域名的命名应与企业名称、商标等保持高度统一性，构成完整的企业识别系统(CIS)。例如，www.ibm.com(IBM 公司的域名)、www.dell.com(戴尔公司的域名)。

(2) 命名域名时应秉着唯一、易记且形象好的原则。例如，网易原来的域名为 netease.com，后改为 163.com，更适合中国人记忆。

(3) 域名由字母、数字和中横线组成，不能有空格或其他特殊字符。

(4) 域名长度有一定限制，最多可以注册 63 个字符。

(5) 在域名中，不区分英文字母的大小写。

4. 不得使用或限制使用的名称

(1) 注册含有"CHINA""CHINESE""CN""NATIONAL"等单词的域名须经国家有关部门(指部级以上单位)正式批准。

(2) 公众知晓的其他国家或者地区名称、外国地名、国际组织名称不得使用。

(3) 县级以上(含县级)行政区名称的全称或者缩写，注册时需获得相关县级以上(含县级)人民政府正式批准。

(4) 行业名称或者商品的通用名称不得使用。

(5) 他人已在中国注册过的企业名称或者商标名称不得使用。

(6) 对国家、社会或者公共利益有损害的名称不得使用。

2.4.2 Web 服务器的选择

为什么要选择 Web 服务器？Web 服务器用于存储企业网站的信息资料，浏览者通过 HTTP 或 HTTPS 来访问企业的网站。

如何构架服务器呢？有以下几种选择。

(1) 企业(一般指大中型企业)自己架构服务器，建立企业内联网(intranet)并接入到互联网。需要专业的服务器、接入外网的专用线路和专业的网络管理人员。

(2) 租用 IDC 服务商的服务器。IDC，即互联网数据中心，其基本服务表现形式是资源(包括空间、主机、带宽)出租服务，能够提供这类服务的企业一般称作 IDC 服务商。

① 租用云主机。云主机也可称为云服务器，是一种简单高效、安全可靠、处理能力可弹性伸缩的计算服务。其管理方式比物理服务器更简单高效。租用云主机，用户可以不用花费高额的硬件成本自己搭建服务器，而是直接从云服务商购买，实时开通即可获得服务。

② 租用独立物理服务器。企业可以根据自己的业务，租用物理服务器，配置软硬件环境，或者由 IDC 服务商设置，企业只需付租用实体机的费用和增值费用即可。租用物理服务器最大的优势就是数据安全性更高，用户独享专用的高性能服务器，能根据企业需要配置对应的操作体系软件等。

③ 租用虚拟主机。虚拟主机是指将一台实体服务器利用特殊软件划分为多个服务单位，每一个服务单位可具有独立的域名和服务器空间，且互不干扰。这样可以充分利用服务器的资源，避免了资源浪费，但服务器只能有一个操作系统。

④ 租用 VPS 服务器。VPS 主机也称为虚拟专用服务器，可以在一台实体机服务器上建立多个小服务器，这些服务器有各自的操作系统，如微软的 Virtual Server、VMware 等。

2.4.3 ICP 备案

ICP 是指网络内容提供商，ICP 备案的目的就是为了防止在网上从事非法的网站经营活动，打击不良互联网信息的传播。如果网站不备案，很有可能被查处以后关停。非经营性网站自主备案是不收取任何手续费的。

如果注册的域名暂时不用，或是域名指向国外网站空间，则无须进行 ICP 备案。

1. ICP 备案流程

ICP 备案原则是"谁接入谁负责"，一般可在主机提供商处提交 ICP 备案申请，也就是说，ICP 备案接入商就是主机提供商。ICP 备案接入商一般都有自己的电子平台和工信部对接，通过接入商申报备案能更快速、顺利地通过。ICP 备案流程如图 2.10 所示。

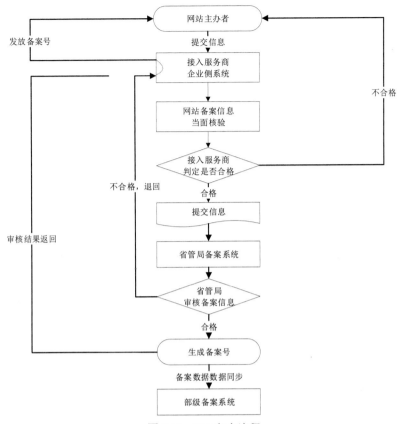

图 2.10　ICP 备案流程

网站主办者访问 ICP 备案接入服务商的企业侧系统,注册用户——>填写备案信息——>接入服务商校验所填信息,反馈网站主办者。

网站主办者委托接入服务商代为报备网站的全部备案信息并核实信息真伪——>接入服务商核实备案信息——>将备案信息提交到省管局系统。

ICP 备案接入服务商对网站主办者提交的备案信息进行当面核验:当面采集网站负责人的照片;依据网站主办者证件信息核验提交至接入服务商系统的备案信息;填写《网站备案信息真实性核验单》。如果备案信息无误,接入服务商就将其提交给省管局审核;如果信息有误,接入者在备注栏中注明错误信息提示后退回给网站主办者进行修改。

网站主办者所在地的省管局对备案信息进行审核,若审核不通过,则退回企业侧系统由接入服务商修改;若审核通过,则将生成的备案号、备案密码(并发往网站主办者邮箱)和备案信息上传至部级系统,并同时下发到企业侧系统,接入服务商将备案号告知网站主办者。

2. 备案准备材料

1) 企业备案

企业网备案所需的资料如下:

- 一份营业执照副本彩色扫描件或复印件;

- 一份网站负责人的身份证彩色扫描件或复印件；
- 一张负责人的半身彩色照片(.jpg 格式)；
- 主办单位所在地的详细联系方式。

2) 个人备案

个人备案所需的资料为一份网站负责人的身份证彩色扫描件或复印件。

2.5 网站的测试、发布与维护

在将所有的网站都制作完毕后，就可以将其发布到 Internet 上，但是在发布之前必须对它们进行测试。

(1) 测试网站。在本机上构建 Web 服务器进行网站测试。在测试网站时，除了对所有影响页面显示的细节因素进行一次测试外，页面中的超链接是否能够正常跳转也是一个值得重视的问题。此外，将本地站点文件夹在计算机硬盘中移动位置，可以测试超链接能否正常工作。

(2) 发布网站。如果网站在测试中没有什么问题，就可以着手进行发布网站的工作，在这之前首先要申请域名和 Web 服务器，进行 ICP 备案，然后将网站上传到服务器上，这样就可以实现全球范围内的浏览。

(3) 随着网站的发布，应根据浏览者的建议，不断修改和更新网站中的信息，并从浏览者的角度出发，进一步完善网站。另外，网站经过一段时间的运转后，还需要不断更新变化，以丰富网站的实用性和美观性。

2.6 网站规划案例

下面将通过一个案例来介绍撰写网站规划方案的要求。

(1) 网站名称：×××室内设计网。

(2) 域名与服务器：暂定域名为 www.sndesign.cc，在某知名 ICP 服务商处申请域名和云服务器。

(3) 网站建设目标。

依据"创造满足人们物质和精神生活需要的室内环境"作为室内设计的目的，经过与客户的多次沟通，经过市场分析、竞争对手分析、公司自身条件分析，最后确定×××室内设计网站的建设目标为：

- 方便浏览者即时在线浏览室内设计企业的服务、作品、优秀设计师信息的平台。
- 建立室内设计企业在网上的良好形象，宣传企业形象及企业服务项目。
- 有利于企业设计师、目标客户之间顺畅沟通、交流、互动的通道。
- 有利于企业管理人员统一管理信息的发布，并提供目标客户或潜在客户咨询需求信息的平台。
- 建立室内设计企业的设计资源和设计案例的网上共享平台。

(4) 目标实现要求。

在平台设计中，建议强调以下原则：

- 即时性。访问者能够即时了解室内设计企业的最新动态及相关信息；管理人员能够快速通过管理后台发布室内设计企业的最新信息。
- 实用性。网站不但能够提供信息浏览、查询平台，而且要求实现企业、设计师及客户之间交流、互动的平台，让网站更加人性化。
- 易用性。功能易用，界面清晰，访问者以最快的速度找到所需的信息及内容，做到一目了然，清晰明了。
- 安全性。系统建设需要充分考虑到企业信息的保密性和安全性，尤其是在数据库设计与后期运行中应采用安全有效的方式，实行深度防护——多模块操作，利用分散的防护策略来管理风险。另外，还要有失败安全保护措施，在系统运行失败时有相应的措施来保障软件的安全。

(5) 网站页面创意设计。

网站页面是室内设计企业对外宣传的关键部分，是树立企业形象、宣扬企业文化、展示企业设计实力的必要途径。

① 首页设计。

首页是企业整体形象的浓缩，其不仅要美观简洁、大气、专业化，还要体现企业的形象与企业实力。

② 内页设计。

内页设计追求在风格上统一，但又要因内容不同而各有特色，不同的功能页面又将体现出和功能内容相符的个性风格。

内页主要用来展示企业形象和服务内容，这些内容会有定期更新。

(6) 网站栏目设计。

根据以上分析，结合企业自身的特点，可以将网站设计为以下几个模块。

一级栏目：设计类型、设计作品、设计师记、设计前沿、关于我们、加强合作、其他链接。

二级栏目包括的模块如下。

设计类型：空间设计、建筑设计、艺术设计

设计作品：最美酒店、最美餐厅、最美住宅

设计师记：名师荟萃、名师对话

设计前沿：前沿新闻、设计赛事

关于我们：企业简介、企业文化、设计理念、人才招聘

加强合作：合作伙伴、品牌设计

其他链接：企业微博、微信公众号

该网站的栏目框架图如图 2.11 所示。

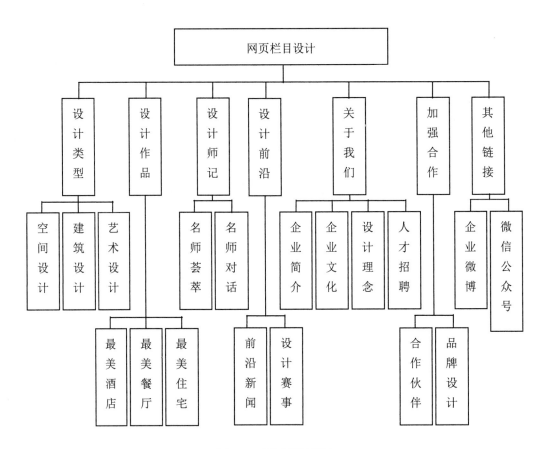

图 2.11　网站栏目框架

(7) 网页配色方案：白色为背景色，主色调为黄色，辅色调有黑色、灰色、棕色等。

(8) 网站风格：属于时尚型网站风格，采用扁平化设计方式，将室内设计作品进行合理搭配，突显"轻设计、高逼格"。

(9) 技术架构图(略)。

(10) 网站后台功能。

网站的后台功能涉及网站的新闻发布系统、栏目设置系统、用户管理系统、文章搜索系统、客户注册系统、客户服务系统等模块，这些模块的具体实现可以根据需要进行改动。限于本书的篇幅，在此不再详细介绍各个功能模块。

(11) 企业网站费用预算(略)。

(12) 网站的宣传与推广(略)。

针对本案例，所设计网站的首页如图 2.12 所示。

第 2 章　网 站 规 划

图 2.12　×××室内设计网

小　结

本章主要介绍了网站规划的流程、内容、要点和原则，域名与服务器申请，以及网站的测试、发布与维护，最后通过一个案例讲述了网站规划方案的撰写要求等。

练 习 题

1. 什么是网站规划？网站规划的流程是什么？
2. 网站规划的内容主要包括哪些方面？
3. 网站设计应遵循的主要原则是什么？
4. 浏览 Internet，推荐两个优秀网站，并分析这两个网站的特点。

上 机 实 验

1. 背景知识

根据已经掌握的网站规划的知识，自选某个行业，确定真实企业或自拟企业，进行网站规划，并写出网站规划方案。

2. 实验准备工作

保证 Internet 连接畅通，在主机上安装相应的网页设计与制作软件：Dreamweaver、Photoshop、Axure RP 等。

3. 实验要求

确定某个行业，确定该行业的某个企业(可假设或实地联系企业)为目标客户，充分了解企业的需求后，进行网站规划，并写出网站规划方案。

4. 课时安排

上机实验课时安排为2课时。

5. 实验指导(略)

第 3 章

网页设计基础理论

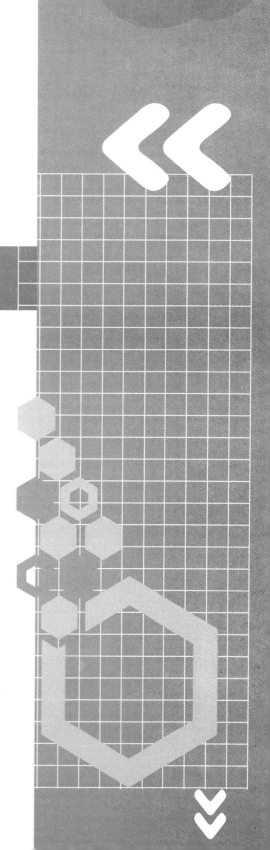

精美的网页设计，对于提升企业的互联网品牌形象至关重要。如何运用平面设计软件制作出让浏览者流连忘返的精美网页是非常关键的，但在进行网页界面设计时，首先要充分掌握平面设计的基础理论知识。

本章首先介绍平面设计的基础理论，如图像类型、图像分辨率、图像文件格式、图像设计的分类等，接着介绍色彩模式和网页配色方案，最后通过多个网页设计案例，来详细介绍网页设计工作的流程。

【本章学习目标】

通过本章的学习，读者能够：

- 了解平面设计的基础理论：图像类型、图像分辨率、图像文件格式、图像设计的分类等
- 掌握色彩的应用：色彩模式、网页配色
- 掌握网页的构图：构图目的、构图性质、构图的视觉表现形式
- 掌握网页设计的工作流程

3.1 平面设计基础

平面设计是所有设计的基础,是将二维平面作为载体,以理性的逻辑分析与视觉上的客观呈现为条件,依据特定的需求目的,对既有信息进行分析与归纳并通过图形、文字、色彩等基本要素进行设计创作的过程。它符合现代社会的需求,通过外在的设计给受众传达一定的信息。它能将视觉设计轻松融于生活,在设计理念和组织形式上,具有创意、设计、制作三合一的特点。

3.1.1 图像类型

图像类型分为矢量图和位图两种。

1. 矢量图

矢量图是用线条和填充色等数学信息来描述图形的,其基本元素是计算机图形学中的一些点、线、矩形、多边形、圆弧线等。因为该图具有无论放大、缩小或旋转图像都不失真、不会改变图形显示品质的优点,所以常被用于标志、字体、招贴、VI 等设计上。用于制作矢量格式图形的软件有 Illustrator、Freehand、CorelDRAW、AutoCAD、Xara 等。

下面是矢量图的优点和缺点。

1) 矢量图的优点

(1) 文件小。矢量图形文件的大小与分辨率及图像大小无关,只与图像的复杂程度有关。

(2) 图形可编辑。由路径节点创建的图像可进行编辑修改。

(3) 图像可无损缩放。因为矢量图的缩放与修改不受分辨率影响,所以修改后的图像不会产生锯齿状效果。

(4) 图像的分辨率不依赖于输出设备。矢量图像的显示效果不受设备硬件显示质量的影响。

2) 矢量图的缺点

(1) 真实度还原效果相对于位图而言较差。

(2) 无法制作出色彩层次多变的图像。

2. 位图

位图也称为点阵图像或栅格图像,它是用像素点来描述图像的。在位图中,图像的显示效果由每一个像素点的位置和色彩决定。位图的图像品质与生成时采用的分辨率(即在一定面积的图像上包含固定数量的像素)有关。也就是说,单位像素数量越多,位图显示品质越高,色彩显示也越细腻。但当图像被放大显示时,就会变成马赛克状。因此放大位图图像的尺寸,会降低图像的显示品质,如图 3.1 所示。用于制作位图的软件有 Photoshop、Fireworks、

ImageReady 等。

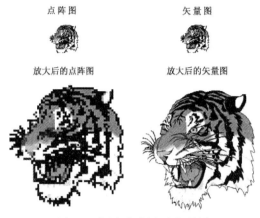

图 3.1 位图(点阵图)和矢量图

3.1.2 图像分辨率

  分辨率决定了一幅图像的品质，以及图像被打印或显示后的效果。分辨率的单位为像素/英寸(英文缩写为 dpi)，它表示图像上每一线性英寸的像素数。线性是指在直线上计算像素数，比如，一个图像的分辨率是 72dpi，即每英寸 72 像素，则每平方英寸上有 5184 像素。如果一幅图像中的像素数是固定的，这时增加图像的尺寸将会降低其分辨率，反之亦然。
  分辨率的大小会直接影响图像的品质。分辨率越高，图像越清晰，文件也就越大，在计算机上显示就越慢。所以在制作图像时，要考虑为不同用途的图像设置适当的分辨率。例如，打印输出的图像分辨率就需要高一些，一般设置为 300dpi；如果只是在网页上显示的图像，72dpi 就足够了。

3.1.3 图像文件格式

  在计算机绘图中，有多种图形和图像处理软件可供选择，而不同的软件所保存的图像格式则是不相同的。
  例如，Photoshop 软件支持的位图文件格式有 PSD、TIF、BMP、JPG、GIF 和 PNG 等 20 余种。其中 PSD 是 Photoshop 软件的源文件格式，可保留图层等图像文件的全部信息。另外，PSB(Photoshop Big)格式可用于存储大小超过 2GB 的文件。

3.1.4 图像设计的分类

  图像设计可以分为以下几类。

1. 标志设计

标志是品牌形象的核心部分(英文俗称为Logo)，它是一种表明事物特征的符号语言。通过对设计对象的特征提炼与创意构思，设计出具有简洁、直观、易识别特点的图形符号来表达深刻的含义和寓意，用以突出设计对象鲜明的个性特征。标志可通过含义明确、造型单纯的视觉符号或文本信息，把企业的理念、功能、规模、经营的内容，产品的主要特性等要素准确地传达给消费者，以达到对企业高度的识别与精确的认同，如图3.2所示。

(a)   (b)

图3.2 标志设计

2. 文字设计

视觉传达设计的核心三要素是图形、文字、色彩，其中文字是历史文明传承的重要符号与载体。文字排列组合的好坏，直接影响着版面的视觉效果与信息传达的准确性。因此，文字设计对增强视觉传达效果、提高作品的诉求力有着至关重要的作用，是赋予版面审美价值的一种重要构成技术，如图3.3所示。

文字设计是视觉传达设计的重要手段之一，其主要任务就是要对文字的形象进行艺术处理，让其符合设计对象的特性要求，以达到增强文字的传播效果，表现出使人赏心悦目的美感。

(a)   (b)

图3.3 文字设计

3. 卡片设计

卡片主要包括名片、邀请卡、工作证、贺卡、礼品券、VIP卡、请柬、宣传单等。卡片设计要求实用、美观，这样才能让人对卡片印象深刻和爱不释手，卡片将以一种实物状态的图像存在,如图 3.4 所示。

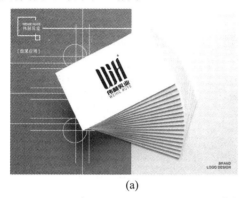

(a)   (b)

图 3.4   卡片设计

4. 平面广告设计

平面广告是传递信息的一种方式,多以招贴海报的形式出现。平面广告是广告主与受众间的媒介,其结果是为了达到一定的宣传目的、商业目的或政治目的,具有广而告之的特点,如图 3.5 所示。在当代社会发展中,受新媒体技术的影响,平面广告的图像展示模式不再单纯地局限于传统的纸媒,更多的可能性正在聚焦于动态虚拟模式的展示。

(a)   (b)

图 3.5   招贴海报设计

5. 产品包装设计

产品包装设计是功能性与视觉审美相结合的设计,综合运用自然科学与美学知识,将创意图像经过理性的思考运用到产品的包装造型、包装结构和包装装潢设计方面。产品包装设计应首先考虑产品包装的功能性、经济性、宣传效果等方面,其次考虑包装设计的美化性,如图 3.6 所示。在设计包装的过程中，应考虑将绿色环保、可持续性回收等因素作为重中之重，避免给人以铺张浪费的印象。

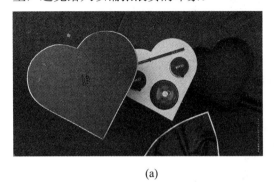

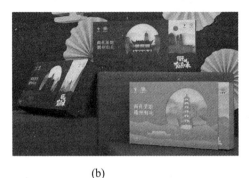

(a)　　　　　　　　　　　　　　　(b)

图 3.6　产品包装设计

6. 插画设计

插画的创作风格没有固定形式，创作张力较大。近些年，兴起的文创产品包装设计多为利用绚丽多彩、视觉吸引力极强的插画来吸引消费者购买。插画细分为三类：一是商业插画，是以视觉的方式来突出产品的某种特质，以达到拉动经济、提升销售量与复购率为其目的的创作；二是文化类插画，此类插画多应用于出版领域，如绘本、书籍等，是以插画的形式来表达主题，以突出文化精神内涵为主要任务；三是艺术插画，主要表现为艺术家以插画的形式来表达某种观点或内心思想为主，此类创作与商业插画和文化类插画相比，具有更强烈的主观性，是艺术思想的高度浓缩与升华，如图 3.7 所示。

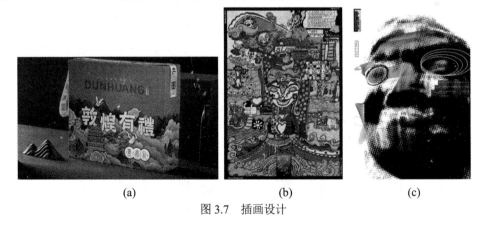

(a)　　　　　　　　(b)　　　　　　　　(c)

图 3.7　插画设计

7. UI 设计

UI 设计又称为界面设计，是基于人机交互、行为操作逻辑以及界面的整体美观度的设计。其分为 GUI 设计与交互设计。GUI 设计是指 UI 图标与界面的创意美观，而交互设计指人机交互层面的设计，包含物理层面、心理层面等。良好的 UI 设计不仅会让软件变得有个性有品位，还会让用户的操作体验变得更简单舒适，如图 3.8 所示。

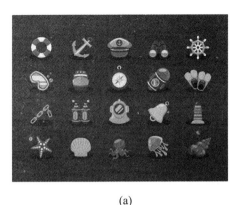 

(a) (b)

图 3.8 UI 图标设计

8. 网页设计

网页是构成网站的基本元素，是承载各种网站应用的平台，体现了企业希望向浏览者传递的信息，这些信息包括产品、服务、理念、文化等。精美的网页设计，对于提升企业的互联网品牌形象至关重要。因此，如何运用平面设计软件制作出让浏览者流连忘返的精美网页是非常关键的，如图 3.9 所示，本书主要介绍如何利用平面设计软件来进行网页设计。

(a) (b)

图 3.9 网页设计

鉴于篇幅有限，平面设计中所涉及的其他类型在此就不一一列举了。

3.2 色彩的应用

3.2.1 色彩模式

为了能更好地应用色彩来设计网页，先来介绍色彩的一些基本概念。自然界中的万物都具有多种色彩，人类通过感官识别不同的色彩可带来视觉上、精神上甚至心理上的多重感受。例如，玫瑰是红色的，大海是蓝色的，叶子是绿色的。最基本的色彩有三种(红、绿、蓝)，其他的色彩都可以由这三种色彩调和而成，所以这三种色彩称为"三原色"。

现实生活中的色彩可以分为彩色和非彩色。其中，黑、白、灰属于非彩色系列，其他的色彩都属于彩色,如图3.10和图3.11所示。

图3.10 彩色图　　　　　　　　　　　　图3.11 非彩色图

色彩模式是数字世界中表示颜色的一种算法。在数字世界中,由于成色显示原理不同于纸媒呈现,因此决定了显示器、投影仪、相机这类靠色光直接合成色彩的设备,与打印机、印刷机这类靠使用颜料生成最终色彩的输出设备存在明显的差别。

下面介绍四种常用的色彩模式。

1. HSB 模式

这是一种从视觉角度定义的色彩模式。在 HSB 模式中,H 表示色相,S 表示纯度,B 表示亮度,HSB 模型描述了颜色的 3 个特征。色相,是指纯色,即组成可见光谱的单色;饱和度,表示色相中彩色成分所占的比例,即色彩的纯度;亮度,是色彩的明亮程度。把这三个要素做成立体坐标,就构成了色立体,其中非彩色只有明度属性,如图 3.12 所示。

1) 色相 H(Hue)

色相也叫色调,指颜色的种类和名称,是指颜色的基本特征,是一种颜色区别于其他颜色的因素。色相和色彩的强弱及明暗没有关系,它只是纯粹表示色彩相貌的差异。"孟塞尔色相环"的色彩表示法是以亨赫尔兹的五颜色理论为基础的,即色相环被红、黄、绿、蓝、紫五种色相平均分割为五等份,再加上这五色的五个中间色相(橙、黄绿、蓝绿、蓝紫、紫红),得到 10 个基本色相,再将每个色相分成 10 等份,最后形成 100 个色相的色相环。"孟塞尔色相环"中的十色环如图 3.13 所示。

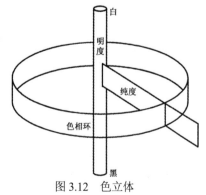 

图3.12 色立体　　　　　　　　　图3.13 十色环

2) 纯度 S(Saturation)

纯度也叫饱和度，指色彩的鲜艳程度。纯度，是指原色在色彩中所占据的百分比，是色彩鲜艳度的判断标准。以正红为例，有鲜艳无杂质的纯红，有涩而干残的"凋玫瑰"红，也有较淡薄的粉红。

一般来说，原色最纯，颜色的混合色越多，纯度越低。如某一鲜亮的颜色，加入了白色或黑色，会使得它的纯度降低，颜色会趋于柔和、沉稳。

3) 明度 B(Brightness)

明度也叫亮度，指颜色的深浅、明暗程度，其没有色相和饱和度的区别。不同的颜色，由于反射的光量强弱不一，因而会产生不同程度的明暗。非彩色的黑、灰、白较能形象地表达这一特质，其中白色为最亮，黑色为最暗，黑白之间不同程度的灰，它们都具有明暗强度的表现。彩色则根据自身所具有的明度值，并通过加减灰和白来调节明暗，如图 3.14(a)和图 3.14(b)所示。

(a) 明度高　　　　　　　　　　　　　(b) 明度低

图 3.14　明度

2. RGB 色彩模式

RGB 色彩模式是工业界的一种颜色标准，表示红色、绿色、蓝色，又称为三原色，英文分别为 R(Red)、G(Green)、B(Blue)，通过它们相互之间的叠加可以得到其他各种颜色。

通常情况下，RGB 各有 256 级亮度，用数字表示就是从 0、1、2 至 255，共 256 级。按照计算，256 级的 RGB 色彩总共能组合出约 1678 万种色彩，即 $256\times256\times256=16777216$，通常也被简称为 1600 万色或千万色，也被称为 24 位色(2 的 24 次方)。

对于单独的 R、G 或 B 而言，当数值为 0 时，代表这种颜色不发光；如果为 255，则该颜色为最高亮度。因此，不同的颜色表示 RGB 三种色光的数值不同。例如，纯白的 RGB 值就为(255, 255, 255)；黑色的 RGB 值是(0, 0, 0)。R 意味着只有红色存在，且亮度最强，G 和 B 都不发光，因此最红颜色的数值是(255, 0, 0)；同理，最绿颜色的数位就是(0, 255, 0)；而最蓝颜色就是(0, 0, 255)。黄色较特殊，是由红色加绿色而得的，所以黄色的数值为(255, 255, 0)。

RGB 模式是显示器的物理色彩模式。这就意味着无论在软件中使用何种色彩模式，只要是在显示器上显示的，图像最终都是以 RGB 方式显示。通常来讲，网页端的电子设备显示的色彩模式均为 RGB 模式。RGB 模式下的色彩相较于印刷中广泛使用的 CMYK 四色模式，有着更广的色域，色彩显示更为鲜亮、色彩种类更为丰富。目前普遍的印刷输出设备默认的色彩模式是CMYK的四色模式，但是也有少数印刷设备则可以在RGB的色彩模式下进行印刷输出，如德国海德堡微喷机、RISO独立印刷机等。

3. CMYK模式

CMYK模式与RGB模式相反，是一种减色模式。CMYK代表印刷上用的四种颜色，其中C表示青色(Cyan)，M表示洋红色(Magenta)，Y表示黄色(Yellow)，K表示黑色(Black)。CMYK模式针对印刷媒介，即基于油墨的光吸收/光反射特性，眼睛看到的颜色实际上是物体吸收白光中特定频率的光而反射的其余光的颜色。

CMYK在印刷中代表4种颜色的油墨，每种CMYK 4色油墨都可使用从0至100%的值来表示。由于CMYK为减色原理，所以CMYK以白色为底色开始减，即CMYK均为0是白色，均为100%是黑色(但在实际中，由于油墨的纯度等问题得不到纯正的黑色，这里只是引入黑色)。

♥注意：

在Photoshop中，在准备用印刷颜色打印图像时，应使用CMYK模式。对于基于RGB模式进行设计的图像，完成编辑后，最好将图像转换为CMYK模式。如果以RGB模式输出图片直接打印，则印刷品的实际颜色将与RGB预览颜色有较大差异(部分微喷印刷机可识别RGB模式，可直接输出印刷)。

4. Lab模式

Lab颜色模式是在1931年国际照明委员会(CIE)制定的颜色度量国际标准的基础上建立的。在1976年，它又被重新修订。Lab颜色模式由三个要素组成，一个要素是亮度(L)，另外两个要素分别是a和b这两个颜色通道。其中a包括的颜色是从深绿色(低亮度值)到灰色(中亮度值)再到亮粉红色(高亮度值)；b包括的颜色是从亮蓝色(低亮度值)到灰色(中亮度值)再到黄色(高亮度值)。Lab颜色模式是Photoshop默认的颜色模式。由于该模式是目前所有模式中色彩范围(称为色域)最广的颜色模式，它能毫无偏差地在不同系统和平台之间进行转换。因此，该模式是Photoshop在不同颜色模式之间转换时所使用的中间颜色模式。

3.2.2 应用色彩

色彩使宇宙万物充满情感，生机勃勃。色彩作为一种最普遍的审美形式，存在于人们日常生活的各个方面，人们的衣、食、住、行、用，均与色彩发生着密切的联系。色彩是网页设计中最直接、最有力的表现形式，优秀的色彩应用可以准确地表现网站风格、树立网站形象，给人留下深刻的印象。

可以从以下几个方面对色彩进行应用。

1. 色彩的冷暖

红、黄、橙等颜色会使人联想到阳光、热情，故称为"暖色"；绿、青、蓝等颜色与清爽、寒冷相关，故称为"冷色"。网页设计中对于色彩冷暖的合理运用，具有凸显网页主题内容的作用，例如，食品类的网页多采用暖色调，因为暖色调相比于冷色调更能让人产生食欲；科技类网页则多采用具有科技感与高级感的冷色调进行色彩搭配。

2. 色彩的轻重

不同色彩给人的轻重感也会不同，从色彩得到的轻重感，实际上是质感与色感的复合感觉。如果浅色密度小，则给人分量轻的感觉；如果深色密度大，则给人分量重的感觉。色彩的明度和纯度对色彩的轻重感也有影响，比如如下几种。

a. 明度越高则色感越轻，富有动感。
b. 明度越低则色感越重，富有稳重感。
c. 明度相同时，纯度高的颜色轻于纯度低的颜色。
d. 颜色从轻到重次序为：白、黄、橙、红、灰、绿、蓝、紫、黑。

色彩的轻重在不同领域起着不同作用，例如，纺织、文化、自然等领域可用轻感色，而机械、科技等领域适合重感色。

在网页设计中，应注意色彩轻重感对浏览者所产生的心理效应，例如，网页上灰下艳、上白下黑、上素下艳等，会给人一种稳重沉静之感，忌反之。

3. 色彩的前进与后退

如果等距离地观察两种颜色，可以给人不同的远近感。暖色比冷色更富有前进的特性。两色之间，亮度和饱和度偏高的色彩呈前进性。例如，观察一张由蓝色、绿色、红色组合而成的色彩构成图，就会发现红色显得距离最近，蓝色显得距离最远。由此可知，颜色可以通过改变距离而发生变化。例如，红色从近处看显得更明亮一些，离远看时则显得发蓝。

4. 色彩的对比

色彩对比强烈，视觉刺激性便强；色彩对比弱，则易产生协调的效果；色彩若无对比关系，便会出现混沌、模糊等效果。如果是单色，饱和度越高，色彩越艳丽。饱和度越低，色彩越素雅。除了饱和度，亮度也有一定的关系。

5. 色彩的软硬

色彩的软硬与明度有关，明度低则显得坚硬、冷漠感强；明度高则显得柔软、亲切感强；软色调给人以明快、亲切之感；但是黑白两色的软硬感就不那么明确，要视环境而定；高纯度、低明度的色彩感觉更坚硬；低纯度、高明度的色彩给人更柔软的感觉。

6. 色彩的动静

色彩的动静是人的情绪在视觉上的反映，例如，红、橙、黄色给人兴奋感；青、蓝、灰给人以沉静感、稳重感；绿、紫介于二者之间；白色、黑色及高纯度颜色给人以紧张感。所以网页的布局排版要具有层次性的色彩设计，才会增强页面的动感性。

7. 色彩的艳丽与素雅

对于单色来说，其饱和度越高，色彩越艳丽；其饱和度越低，色彩则越素雅。除了饱和度，亮度也和色彩艳丽有着一定的关系。不论什么颜色，其亮度高时，即使饱和度低也能给人艳丽的感觉。

8. 色彩的均衡

网页设计要想让人看上去舒适协调，除了文字、图片的合理排版，色彩的均衡也是相当重要的一部分。一般网站不可能只运用一种颜色，因此色彩均衡问题也是设计者必须要考虑的问题之一。舒服均衡的色彩搭配，往往对浏览者有更好的吸引力，促使浏览者更长久地在网站浏览，并进一步加深印象，从而让网站达到宣传推广的目的。失败的色彩搭配，则会导致网页对浏览者的吸引力下降。

3.2.3 配色方案的应用实例

不同的颜色可以代表不同含义，例如，红色不仅让人联想到爱情、玫瑰、喜庆、兴奋与活力，还代表仇恨、危险、进攻性与欲望；白色不仅让人联想到纯洁、干净、诚实、简单与虔诚，还代表着永恒、轻快、现代、纯洁与冬季；紫色不仅象征着高雅、浪漫、非自然、奇特与幻想，还象征着暧昧、傲慢、虚荣、自私与多愁善感；蓝色不仅象征高科技、自由、理智、清新与松弛，还象征着友好、和谐、专注、勇气与信任；橙色不仅代表了醒目、甜美、收获、欢快，还代表了可爱、柔和、时尚与外向；绿色不仅代表了青春、舒适、健康、希望与活力，同时也隐含猜忌、吝啬、酸、毒性等视觉含义。当然不是说某种色彩就一定代表了什么含义，在特定的场合下，即使同种色彩也可以代表不同的含义。更多的色彩知识可参考专业的色彩理论与应用方面的书籍，这里仅介绍几种常用的网页色彩配色实例。

1. 红色色系

红色是最鲜明生动的、最热烈的颜色，因此红色也是代表热情的情感之色。鲜红色非常容易吸引人们的目光。在主要由红色成分构成的色彩中，粉红色象征可爱、温馨、梦幻与天真；暗红色象征深沉与压抑；桃红色象征时尚、柔软与明亮。下面给出的是红色的配色案例，如图 3.15 所示。

高亮度的红色通过与灰色、黑色等非彩色搭配使用，可以给人以现代且醒目激进的感觉。

低亮度的红色具有冷静沉重的感觉，可以用来营造古典高雅的氛围。

红色如果要与亮度、饱和度较强的冷色(如蓝色、绿色)相配时，中间最好能有一些过渡性的颜色。例如，纯红与纯蓝相配时，中间可以插入一些面积适中的白色或绿色；大红与大绿相配时，中间可以用棕色或黑色来过渡。

当红色与暗黄色搭配时，则显示出雍容华贵的气质感；而当红色与明黄色搭配时，则给人以危险、警示的视觉感受。

图 3.15　网页红色系配色案例

2. 蓝色色系

蓝色是色彩中比较沉静的颜色，是现代商务领域常用的流行色。

主色调选择明亮的蓝色，再配以白色的背景和灰亮的辅助色，可以使站点显得干净而整洁，给人庄重、充实的印象。

蓝色、青绿色、白色的搭配可以使页面看起来非常干净清澈，如图 3.16 所示。

图 3.16　网页蓝色系配色案例

当蓝色与橙色一起搭配时，基于补色关系，给人极强的色彩冲击力。而当蓝色与同类色紫色搭配时，则给人一种寂静、神秘的感觉。

3. 其他色系

1) 橙色

使用高亮度的橙色的站点通常会给人一种晴朗新鲜的感觉，而通过将黄色、绿色等颜色与橙色搭配使用，通常能得到非常好的效果，而中等色调的橙色类似于泥土的颜色，可以用来创造自然的氛围。

2) 黄色

黄色是阳光的色彩，具有活泼与轻快的特点，给人年轻的感觉，浅黄色可以表示柔弱，灰黄色则表示病态。高彩度的黄色与黑色搭配能起到清晰整洁的效果；采用同一色调的深褐色与黄色的搭配，可以表达一种成熟的城市时尚感。

3) 绿色

绿色代表大自然的色彩，给人以健康的感觉，代表着生命与希望，充满了青春活力，经常被用于与自然、健康相关的网站。合理地使用绿色可以给人增添视觉愉悦感。能与绿色搭配的近似色有其他种类的绿色、蓝绿色、黄绿色、较柔和的紫色等；与橙色、黄色、白色等搭配也可以形成鲜明对比的色彩组合。

绿色、粉红色的搭配能带给人柔软舒适的感觉，可以使网站营造出温馨舒适的风格。

绿色、蓝色为主并搭配白色、淡黄色的辅助色，能给人以自由轻快的色彩感受。

4. 黑白灰色彩

黑白灰是万能色，可以跟任意一种色彩搭配。当用户为某种色彩的搭配苦恼的时候，不妨试试黑白灰。当用户觉得两种色彩的搭配不协调时，试试加入黑色或灰色。对一些明度较高的网站，如果配以黑色，则可以适当地降低明度。

白色是网站使用最普遍的一种颜色。很多网站甚至留出大块的白色空间，作为网站的一个组成部分，这就是留白艺术。留白，能给人一种遐想的空间，让人感觉心情舒适、畅快。恰当的留白对于协调页面的均衡起到相当大的作用，比如，目前国内外的一些设计型网站页面就较多地运用大量留白，或呈现灰色调，目的是通过中性色的搭配，体现艺术设计的高级感。

作为展示给浏览者的页面，色彩是视觉感受的重要因素，色彩的搭配、功能布局等，都可以通过色彩来进行视觉上的空间划分。此类色彩设计同样也要根据适用的人群和整体风格来进行展示。

一个网站不可能单一地只用一种颜色，这样会让人感觉单调、乏味；但是也不可能将所有的颜色都运用到网站中，会让人感觉轻浮、花哨。所以一个网站应该有一种或两种主题色，这样才不至于让浏览者迷失方向，也不至于单调、乏味。所以，确定网站的主题色也是设计者必须考虑的问题之一。

网页色彩搭配应符合网站的内容风格以及企业形象设计(英文缩写为 CIS)应用要素的规范要求，为网站整体风格指定一套色彩组合，用于网站的视觉传达设计，以体现网站的整体形象或特点，从而强化及增强对网站的识别。

首先，基于网站的形象选择标准色，并根据标准色，来确定辅助色。网页色彩可采用同种色系，即先选定某种色彩后再调整其亮度或者饱和度，从而产生新的色彩，用于网页。这样的页面看起来色彩统一，具有层次感。

其次，如果采用对比色彩。先选定一种色彩，然后选择它的对比色，如用蓝色和橙色，整个页面色彩对比强烈但不凌乱。或者，采用同一个明度的色彩，例如，淡蓝、淡黄、淡绿或者土黄、土灰、土蓝等。在网页配色中还要注意：一个页面尽量不要超过 4 种色彩，因为用太多的色彩会让人感觉页面没有方向、没有侧重点。另外，还需要考虑色彩的哪种因素占主要地位，是明度、纯度还是色相？

5. 背景与各个网页元素的色彩搭配应用

若一个网站用了背景色，需要考虑到背景色与前景色的搭配、文字与图片风格是否匹配等问题。

1) 背景与文字

一般网站侧重的是文字信息，所以背景可选择纯度或明度较低的色彩，文字则采用较为突出的颜色，并且中文多使用黑体字、楷书等字体笔画较为明显粗壮的字体，拉丁文字则采用无明显字脚及弧度变化的无衬线字体。这样让最终设计出的效果一目了然。

2) Logo 与 Banner

Logo 与 Banner 是网站宣传的重要组成部分之一。Logo 在页面中要达到醒目、脱颖而出的效果。一般 Logo 选用鲜亮的色彩或者选用与主题色相反的色彩，都会令其更为突出。

Banner 的设计要突出重点，采用有吸引力的宣传用语；合理安排画面内容，做到主次对比鲜明；颜色不宜过度夸张，要努力营造愉悦、舒服的感受。

3) 导航与小标题

导航与小标题主要起到指引、帮助浏览者了解网站结构与内容的作用，在页面间跳转需要通过导航和小标题来实现。因此可采用具有跳跃性的色彩以吸引浏览者的视线，能让浏览者感受到网站清晰明了、层次分明。

4) 链接颜色设置

文字与图片的链接是网站不可或缺的一部分。由于链接有别于其他文字，因此色彩要与其他文字有所区分，这样利于浏览者快速找到链接。

雅诗兰黛官网的色彩搭配如图 3.17 所示。

如想了解更多的知识，请查看《网页设计配色实例分析》等参考书籍。

图 3.17 雅诗兰黛官网的色彩搭配

3.3 网页设计的构图

3.3.1 构图概述

构图一词为造型艺术术语，属于音译词。在《辞海》中，谈到"构图"时解释为艺术家为了表现作品的主题思想和美感效果，在一定的空间，安排和处理人、物的关系及位置，把个别或局部的形象组成艺术的整体。在中国传统绘画中，称"构图"为"章法""布局"或"经营位置"。这些术语包含着一个基本而概括的意义，那就是把构成整体的那些部分统一起来，在有限的空间或平面上对作者所表现的元素进行组织，形成画面的特定结构，借以实现设计者的表现意图。

通常说的构图法，例如，均衡、对称、分割、对比、视点，就是要通过位置关系，突出主体，主次分明，令人赏心悦目。如果考虑得更广泛一些，还要考虑图片中所有元素的存在以及各个元素之间的相互关系，这些元素不仅包括明确的实体，还包括看得见的光影虚实、气氛、情感等，它们也是构图之一。构图在我国传统艺术里也称为"意匠"。任何视觉设计都离不开构图，如绘画、平面设计、摄影、影视、广告等。

在现代设计中，大众遵循的构图法则基本都是沿袭西方现代主义设计中的版式设计。版式设计的本质是对于信息的梳理与有效编排，设计师根据主题与要求，在预先设定的版面空间内，运用审美法则，将文字、图形及色彩等信息要素，依据视觉传达目的，进行有规律的组合排列的设计行为与过程。

网页设计中的构图正是根据既定的版面空间应用视觉语言对给定的信息进行合理与美观的编排。使最终呈现出的页面既有利于信息合理有效地被浏览者接收，同时还具备了良好的形式美感。

1. 构图的目的

每一个设计题材,都蕴含着视觉审美要点,简称视觉焦点或视觉兴趣点。当观察生活中的具体物象时,应该从它们的外在视觉特征中抽离出来,转而聚焦到它们的基础形态,如线条、材质、色彩等方面。将其归纳为基础的点、线、面构成形态。构图的基本任务是尽最大可能阐明作者的思想。构图的目的是:把主体形象通过合理的逻辑梳理,运用视觉化的表现形式加以强调、突出,舍弃那些次要的东西,并恰当地安排陪衬体,营造整体环境,使作品达到源自于生活但高于生活的艺术效果。总的来说,就是把设计的主题思想情感传递给他人。

2. 构图的性质

构图和设计从某一方面来看可以相互理解,因为它们表达的含义相似。设计的精确概念及其原始含义是构思与创新,即设计师为了明确表达自己的思想而适当安排各种视觉要素的某种构思。

古人将构图比作下棋,因此把构图称为画面纲要。构图就像写文章一样,要遵循有法可依、主次有序、相互照应、虚实对比等构图规律,既要服从于主题的表现需求,又要达到整体形式感的和谐统一。

3. 构图的视觉表现形式

将表现主题的各个构成要素按照一定章法放置在画面中相应的区域,形成有规律的视觉感受,准确表现出设计意图,就叫构图,而主体元素与辅助元素要按照什么形式规格出现就是构图的形式。不同的主题或产品使用不同的构图形式,它们有着内在的规律。无论是摄影、平面广告、Banner 还是互动设计稿,在构图上原理是一致的。下面讲解构图的形式及相应的特征分析。

如图 3.18 所示的构图表现形式(一),这种构图能充分显示景物的高大和深度。摄影方面常用于表现郁郁葱葱的森林与参天大树、险峻的山石、飞泻的瀑布、摩天大楼,以及用竖直线所形成的其他画面。在产品 Banner 设计方面常用于表现单薄细长的物体。这种构图给人以满足的感觉,画面结构显得完美无缺、安排巧妙、对应而平衡。

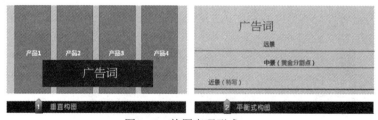

图 3.18 构图表现形式(一)

如图 3.19 所示的构图表现形式(二),分为立式斜垂线和平式斜横线两种。在摄影方面常用于表现运动、流动、倾斜、动荡、失衡、紧张、危险、一泻千里等场面。有的画面也利用斜线指出特定的物体,起到固定导向的作用。设计方面通常被用于表现运动鞋、运动服以及细长的铅笔、牙刷、灯管等产品对象的构图。

图 3.19　构图表现形式(二)

　　以主体为核心，元素呈向四周扩散放射的构图形式，常被用于需要突出主体而元素又多、又复杂的场景，或者是用于产品多但单个产品和画面比例严重失调的情况。这种构图形式适合表现单薄细长的物体或是中景拍摄的物体。

　　如图 3.20 所示的构图表现形式(三)，把主体安排在对角线上，能有效利用画面对角线的长度，同时也能使广告词与主体发生直接联系。这样会富于动感，显得活泼，更容易产生线条的汇聚趋势，吸引人的视线，达到主体突出、视觉均衡的效果。

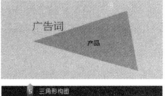

图 3.20　构图表现形式(三)

　　三角形构图具有安定、均衡、灵活等特点。如果用正三角形则有安定的感觉，而逆三角形相对而言则具有不安定的感觉效果。以三个视觉中心为景物的主要位置，有时是以三点成一面的几何形成安排景物的位置，构成一种稳定的三角形。这种三角形可以是正三角，也可以是斜三角或倒三角。其中斜三角较为常用，也较为灵活。

　　如图 3.21 所示的构图表现形式(四)，用景物的框架做前景，能增加画面的纵向对比和装饰效果，从而使图片产生深度感。设计方面用主元素左右填充形成中间空白，空白处用来放置广告词。或者将主体或重要元素放在"九宫格"交叉点的位置，"井"字的四个交叉点就是表现主体的最佳位置。一般认为：右上方的交叉点最为理想，其次为右下方的交叉点。但也不是一成不变。这种构图格式较符合人们的视觉习惯，使主体自然成为视觉中心，具有突出主体，并使画面趋向均衡的特点。

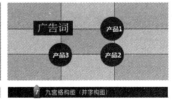

图 3.21　构图表现形式(四)

　　网络技术日新月异的发展给网页设计也带来了新的表现形式。在网络世界里，技术始终起着先导作用，设计随着它的发展而发展，技术更新对网页版式设计的影响无疑是巨大的，以下是网页的构图表现形式。

如图 3.22 所示的左右对称布局构图是网页布局中最常用的一种。这里的"左右对称"属于非绝对意义上的对称，仅仅指视觉上的相对对称，而非几何意义上的绝对对称，这种布局分割将网页划分成左右两部分。一般采用这种布局划分的网站均把导航区域设置在网页的左半部，右半部则作为主要内容显示区域。左右对称布局的优点是便于浏览者直观地获取信息，但不适合较大信息量的承载，所以这种布局对于图片文字内容较多的大型网站来说并不合适。

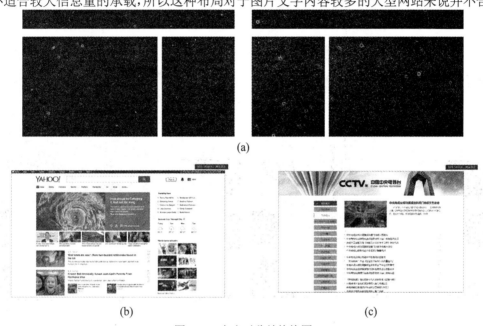

图 3.22　左右对称结构构图

如图 3.23 所示的"同"字型布局构图名副其实，采用这种布局的网页，往往将导航栏区域置于页面的顶端，将广告条、搜索引擎、登录面板等内容置于页面两侧，中间区域为主体内容展示区域，这种布局比均衡的左右对称布局要复杂，从视觉逻辑上具有更强的条理性与直观性，并且同样具有视觉上的平衡感。这种布局的缺点是缺少变化，较为固定、僵化。使用这种结构时，合理的色彩搭配技巧可以规避僵硬的缺陷。

图 3.23　"同"字型结构构图

如图 3.24 所示的"回"字型结构实际上是在"同"字型结构的基础上延伸出的一种布局，

即在"同"字型结构的下面增加了一个水平方向的通栏,这种变形将画面中容易忽视的页脚部分充分利用了起来,增大了主体展示空间,对于版面率有较高的利用,但往往会使版面的展示信息较多,缺少条理性,显得拥挤不堪。

和"回"字型布局一样,如图 3.25 所示的"匡"字型布局其实也是"同"字型布局的一种变形,可理解为将"回"字型布局的右侧区域去掉而得到的布局结构,这种布局是两种布局结构的折中处理,所承载的信息量既具有"同"字型布局的优点,也改善了"回"字型布局中存在的封闭布局问题。

图 3.24　"回"字型结构构图　　　　图 3.25　"匡"字型结构构图

如图 3.26 所示的自由式结构布局相对而言就没有那么"安分守己"了,这种布局具有较强的随意性,颠覆了传统的以图文为视觉中心的表现形式,它是将静态图像、Gif 动画或者视频作为主体内容,版面中的其他元素均被分布到周围起装饰作用,这种布局在时尚类网站中使用得比较多,尤其是在时装、化妆品的网站中。这种布局富于较强的形式美感,可以吸引大量的浏览者欣赏,但是却因为文字过少,而难以让浏览者长时间驻足。另外一个缺陷是起指引作用的导航条不明显,不便于浏览者操作。

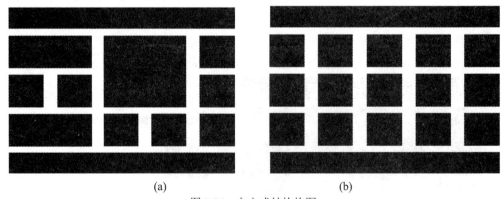

(a)　　　　　　　　　　　　(b)

图 3.26　自由式结构构图

3.3.2　构图范例欣赏

下面给出一些构图范例让大家欣赏。图 3.27～图 3.32 所示为一些典型的构图范例。

图 3.27 采用垂直式构图，前提是画面的模特是中景距离，模特外形细长。

图 3.27　垂直式构图

图 3.28 和图 3.29 采用三角式构图。三角式构图具有稳定画面布局的特点，可用于不同景别，如近景人物、特写等。

图 3.28　倒三角式构图

图 3.29　正三角式构图

图 3.30 采用放射式构图。放射式构图亦称"向心式构图"，即主体位于画面中心位置，而周围元素采用向中心汇集的构图形式，能将人的视线聚焦到主体中心。

图 3.31 采用斜线式构图。斜线式构图的特点是产品外形瘦长、形体单薄，多呈线状布局，不容易形成面的感觉，所以在组织产品时适合用单向斜线。

图 3.30　放射式构图

图 3.31　斜线式构图

当然，应根据不同的行业、不同的产品特性灵活并运用构图技巧来表现设计主题和设计形式美，如图 3.32 所示。

图 3.32　生活中的构图

3.4　网页设计的流程

3.4.1　网页策划

策划是指个人、企业、组织机构为了达到一定的目的，经过充分市场调研后，按照一定的逻辑方式，对策划对象进行系统、周密、科学预测并制订科学的可行性的方案。网页设计中的策划在创造性思维的基础上，进行系统的、全面的筹划。在市场调研的基础上，综合考虑网页设计的应用情况而制订的网站策划方案就是网页策划。

在进行网站页面设计之前，必须对企业有足够的了解，对网站的定位、背景、收入、预期，有一个足够清楚的认识。

下面以一个企业网站为例，如图3.33所示。这是一个关于为企业提供电子商务服务的企业网站，业务类型是电子商务，主要客户群是国内用户，为传统知名品牌及企业提供全网、全渠道的一站式电商全托管服务。设计者参与了网站建设方案的讨论，提出了自己的建议，将它定位为一个极具构图质感、充满现代气息的电子商务网站。

图 3.33　网站效果图

3.4.2　设计网页原型图

在前期讨论有了一定的结果后，可以开始初步设计网页草稿了，即为初稿。初稿既可以是纸质手绘，也可以是计算机上的简单图形。初稿无须太正式，主要是对于网页整体风格的定位、结构布局的划分、板块功能的示意以及各层级元素的布局有个初步的设计。在初稿设计中需讨论网站风格是否定位准确，结构布局是否合理，板块功能是否有缺失，各层级元素如何摆放等。初稿一般需要设计为至少风格不同的两种稿子，一是给客户提供选择的权利，二是体现出设计者的专业性。

通过简单的线框原型图，就能达到网站上显示的效果。完成线框原型图后，这个网站的雏形已经出来了，再与客户沟通交换意见，询问是否有什么不妥，流程是否合理，体验是否妥当。在一个网站的建设过程中，初稿的沟通非常重要，就像盖楼需要打地基一样，初稿为后续网站的整体设计奠定了基础。初稿的沟通过程可能需要花费较长的时间，所以在沟通的过程中需要保持足够的耐心，站在客户的角度去理解客户的想法。同时还要保存好之前设计过的稿子，因为在实际案例中，经常会出现推翻二稿、三稿转而继续采用初稿的情况。在确定初稿原型图没有任何问题后，开始下一步设计。

3.4.3 设计网页效果图

首先要确定整个网站的主色调，例如，商务网站常用的颜色是灰色和蓝色。再根据网站的需求，在首页上，重点突出立体效果的 Banner，让周围的模块弱化。而在设计的细节上，不要过多花哨的设计，几个简单的渐变，以及纯色块，更加符合网站的定位和受众群体的喜好。需要特别注意的是，网站必须规整、严谨，才能体现出设计者的专业性。要与客户探讨一些细节上的问题，进行网页效果图的细化和完善，最后才能确定网站总体效果。

3.4.4 网页设计实例——嘟嘟甜品网站设计

本案例进一步全面地为大家讲解商业网站的整体设计，包含了最初的品牌视觉形象设计、包装设计到网站设计的全过程。通过本案例的分析，有助于大家更全面地了解网站设计的工作流程。

1. 设计构思

嘟嘟甜品专卖店是一家开设已有 5 年的店铺，其主要售卖各种西式甜点，包括生日蛋糕、各种甜点、面包等。主要消费群体是年龄在 18~30 岁的年轻女性客户。消费定位为轻奢型，主要是大学生与小资白领。在对随机的 200 名消费者进行线上问卷调查后，数据反馈的信息如下：86%的消费者为女性；复购率最高的产品为生日蛋糕与面包；对产品的第一印象色彩为以粉色、黄色为主的暖色调；期望的产品视觉形象关键词有：柔软、甜、温暖、美好等。因此，可以根据以上的调查结果来确定广告词和色彩搭配。

2. 设计前的准备工作

1) 标志的设计

近年的标志设计趋势是去除图形化，从一些高端品牌的案例中可以发现，如香奈儿、迪奥等国际一线品牌的标志，近几次的修改提升均没有出现图形标志，而是继续完善以文字为标志的设计。因此，该网站的标志初步确定为以拼音"DUDU"为标志的文字设计，将色彩的取值范围确定在以粉色为主色、黄色为辅助色的暖色调搭配。

与"DUDU"类似的同类型的甜品店，如塞拉维、米奇等品牌也采用了文字设计类标志。文字类的标志后续在包装、平面广告、网页设计中的延展应用识别度比较高，容易给消费者留下深刻的印象。设计师设计三款不同的标志给客户挑选。如图 3.34~3.36 所示。最终客户挑选了图 3.34 所示的方案。后续又将其延展至包装设计与宣传手册设计，以及网站设计。

图 3.34 嘟嘟甜品标志(1)

图 3.35 嘟嘟甜品标志 (2)

图 3.36 嘟嘟甜品标志(3)

2) 确定网站风格

设计师最初希望整个网站的主题色调沿用标志配色，柔软的色彩搭配非常符合嘟嘟甜品的网站设计风格。而客户却有着不同想法，客户希望网站以干净、高端的黑色调为主，再重点突出甜点图片，从而形成网站基色高端大气，甜点图片给人柔软可口的搭配效果。沟通后，设计师尊重了客户的设计思路。

3) 划分网站功能模块

对于网站的功能模块划分，在网站首页的设计上，主要以甜点的图片为底图，再配上标题字与标志，让人一目了然地获取信息，如图 3.37、图 3.38 所示。按照高端大气的基本要求，在导航栏及二级页面上并没有采取特别多的链接设计，而是力求通过简洁的设计体现出高端的设计感。

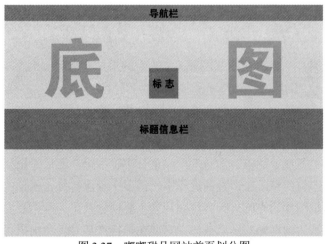
图 3.37 嘟嘟甜品网站首页划分图

图 3.38　嘟嘟甜品网站首页效果图

4) 撰写软文

由于消费群体多为年轻女性，又依据"嘟嘟"标志的文字设计，最后确定两组核心广告词："青春时光，不负有你"和"嘟嘟甜品——让你的生活每天都快乐地嘟起嘴"。

5) 搜索关键词

在准备素材之前要先对出现的元素进行关键词搜索，如甜点、蛋糕、面包、奶油、柔软、西式、西式纹样、美味、可口、青春、美丽、贴心、温暖、高贵、奢华等。

6) 按关键词发散思维

在准备好基本的关键词后，再对这些关键词进行筛选、过滤，并对关键词进行思维导图演示，从中找到设计灵感，如图 3.39 所示。

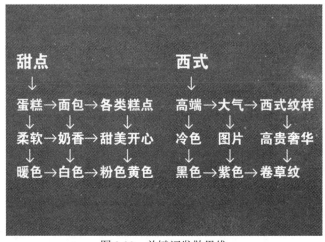

图 3.39　关键词发散思维

7) 收集素材

首先为甜品店的蛋糕、甜点、面包等产品进行实物拍摄，然后对拍摄的图片的色调、光感、细节等进行修饰与调整。在调整的过程中，需要注意保持每张图片的色彩饱和度、纯度应尽量一致，特别是图片的光感，因为以图片为主要视觉效果的网站需要高度保持图片素材的视觉统一性。为了达到良好的展示效果，需要在拍摄产品时注意拍摄构图，例如是拍摄产品整体形象还是局部特写。如果有特殊需要，可以准备辅助道具增加产品的情景感，如图 3.40~3.43 所示。

图 3.40　产品拍摄图 1

图 3.41　产品整体拍摄

图 3.42　产品光线调整

图 3.43　产品拍摄道具辅助

3. 网站首页设计

网站首页设计要将准备好的素材按照事先画好的草图进行设计,如图 3.44 所示。在布局中最上方为导航栏,包含首页、品牌故事、新品推荐、缤纷商品、最新动态、招商加盟、联系我们等多个导航链接,中间部分是品牌标志、品牌名称和软文。

图 3.44　网站首页

4. 网站各层级页面设计

在网站首页设计完成后,接着按照统一风格继续完成二级页面的设计,如图 3.45~3.49 所示。

图 3.45 二级页面整体效果图

图 3.46 二级页面-新品推荐

图 3.47 二级页面-单品介绍

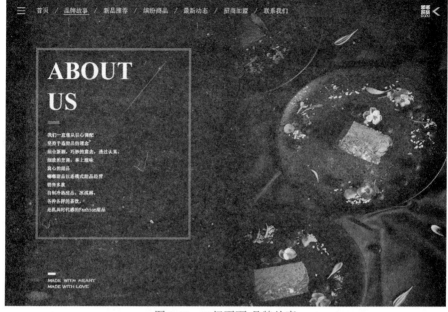

图 3.48 二级页面-品牌故事

图 3.49 二级页面-缤纷商品

在将网站交付给客户之后，还需定期为品牌更换图片，以及每隔固定时间对相关用户群体进行调研，将得到的信息梳理统计后，及时交付给客户，并与之沟通是否需要跟进修改。

3.4.5 网页设计实例——海派婚纱网站设计

1. 设计构思

海派婚纱是贵州一家主营婚纱摄影的工作室，其主要的服务业务包括室内婚纱摄影、室外婚纱摄影,以及包含了欧洲7国、亚洲6国在内的旅行婚拍。海派婚纱的服务理念一直以"留住新人最幸福的瞬间"为目标,因此,从网页设计的角度要体现出这一服务理念。

2. 设计前的准备工作

1) 通过标志对品牌进行解析

海派婚纱的标志运用"海派"二字的首字母"HP"进行设计,是在法国的经典衬线字体 Didot(迪多体)的基础上进行的变形,这款字体本身就体现着高贵、优雅的气质,非常符合品牌的定位,从内在气质彰显品牌特性。同时,这款字体也是世界知名时尚杂志"时尚芭莎"的标志所运用的字体,整个标志给人一种简洁、高档的感觉,如图3.50所示。

图 3.50 "海派婚纱"标志

2) 搜索关键词

准备素材之前先对出现的元素进行关键词搜索,如婚礼、爱情、欧式、浪漫、奢华、高贵、典雅等。

3) 图片的拍摄与修饰

在与客户沟通并得到许可后,选择了部分客户的实拍图与模特拍摄的效果图作为网站展示用图。随后需要将图片进行后期处理以达到最佳视觉效果,处理方式主要借助于 Adobe Photoshop 以及 Adobe Lightroom 等软件,对图片的光感、构图、透视等方面进行调整,并按照客户的要求,进行相应的美化修饰。

3. 网站页面设计

(1) 首页设计。先将页面分成上、中、下三栏,上部主要设计为导航栏,排列有品牌名称及标志、各二级页面的导航链接。

(2) 其次将选定的图片与文字进行排列合成,设计好首页的海报图片。图片一般放置于首页的显眼位置,并适合大面积展示,然后将首页下端的图片与文字排列好,注意与底图的层级关系,最后将两部分内容放置于导航栏事先预留出的位置上,完成首页设计,如图3.51所示。

(3) 二级页面设计,如图3.52所示。

图 3.51 海派婚纱首页效果图

图 3.52 海派婚纱二级页面效果图

小 结

本章主要介绍了网页设计的基础理论包括以下内容。
1. 平面设计的基础知识：图像类型、图像分辨率、图像文件格式、图像设计的分类等。
2. 色彩的应用：色彩模式、网页配色方案。
3. 网页的构图：构图的视觉表现形式有哪几种，如何避免在构图中出现错误。
4. 通过多个网站设计案例详细介绍了网页设计的流程。

练 习 题

1. 图像类型有哪几种？各有什么特点。
2. 常用的色彩模式有哪几种？各有什么特点。
3. 什么是图像分辨率？网页的图像分辨率一般是多少？
4. 简述网页设计的工作流程。

上机实验

1. 背景知识

本章所学的网页设计基础理论，如色彩的应用、网页的构图、网页设计的工作流程等。

2. 实验准备工作

保证 Internet 畅通。

3. 实验要求

设计网站的首页草图；分析企业的特点——面对的客户群体、提供的服务等；确定网站类型；网页构思；确定配色方案；收集素材；确定网页构图；最后完成网站首页草图的设计。

4. 课时安排

上机实验课时安排为 4 课时。

5. 实验指导

网站设计方案的确定：可根据下面推荐的主题选择网站主题或自定义网站主题，如表 3.1 所示。

表 3.1　推荐的网站主题

综合门户	娱乐游戏	卡通漫画	网络数码	建筑装饰
美容时尚	手机通信	学校教育	生活购物	服饰品牌
医疗保健	食品饮料	文化艺术	金融财经	休闲体育
交友社区	公司展示	个性展示	儿童宠物	汽车品牌
影视音乐	风景旅游			

其他部分，由学生自由发挥(略)。

第 4 章

Axure RP 原型设计

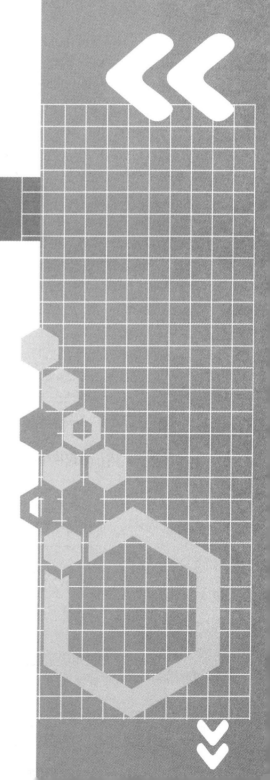

不论是移动端 UI 设计还是网页设计,原型设计的重要性是显而易见的。原型设计可以让设计师和开发者将基本的概念和构想形象化地呈现出来,让参与进来的每个人都可以查看、使用并且给予信息反馈,从而在最终版本定下来之前可以进行必要的调整。

本章首先介绍 Axure RP 软件的使用方法,然后通过多个原型交互实例的制作过程,讲解如何利用 Axure RP 进行网站的原型设计。

【本章学习目标】

通过本章的学习,读者能够:

- 了解原型设计的基础知识
- 掌握 Axure RP 软件的基础操作
- 掌握 Axure RP 原型设计软件的预览和发布
- 掌握利用 Axure RP 软件进行交互制作

4.1 原型设计基础

4.1.1 原型设计概念

在实际的项目设计过程中，获得设计直观性的最佳方法之一是进行某种形式的原型设计，其中包括早期的和按比例缩小的产品版本，以检查当前设计中是否存在问题。原型设计为设计师提供了将他们的想法直接实现的可能，测试当前设计的可用性，并且可以调查用户对产品的想法和感受。原型通常被用于实现设计想法的测试阶段，以确定用户对原型的交互行为是否满意，揭示问题和提供新的解决方案，或者确定当前的解决方案是否成功。然后，可以根据这些用户测试的结果来重新定义和解决在项目早期阶段所出现的一个或多个问题，并处理用户在预期使用环境与产品交互时可能面临的问题，从而建立更充分、更合理的解决方案。原型设计就是要快速地展示项目需求，它本身并不能直接上线，一般会把它添加在需求文档中。

当设计师想要确定并准确了解用户将如何与产品交互时，最直接的方法是测试用户如何与产品交互。直接生产出供用户使用的成品是鲁莽和毫无意义的。相反，设计人员可以提供其产品的简单的、按比例缩小的版本，然后通过观察，记录，判断特定元素或用户的一般行为、交互行为、对产品的反应来衡量产品的性能水平。这些早期的版本被称为原型。它们不一定存在于最终产品的设计中，因为在后续不断改进的过程中，最初的想法可能会被摒弃。

原型的建立是为了让设计师能够以一种不同的方式思考他们的设计方案，制作出有形的产品而不是抽象的想法。同时也是为了快速而高效地制作产品，这样就可以减少错误的重复工作，因为有一些想法在最后的验证中是行不通的，所以如果在一开始就能验证项目的可行性，就可以把这些节省下来的时间用在最终效果的展示上。

4.1.2 Axure RP 简介

Axure RP 是一款专业的快速原型设计工具，Axure，代表美国的 Axure 公司；RP 则是 Rapid Prototyping(快速原型)的缩写。Axure RP 是美国 Axure Software Solution 公司的旗舰产品，是一款专业的快速原型设计工具，它能够让负责定义需求和规格、设计功能和界面的专家快速创建应用软件或 Web 网站的线框图、流程图、原型和规格说明文档。作为专业的原型设计工具，它能快速、高效地创建原型，同时支持多人协作设计和版本控制管理。该原型软件可以快速设计产品和需求文档的原型图、流程图，并且能够导出 HTML 页面用于公司各部门的交流。

Axure RP 的使用者主要包括商业分析师、信息架构师、产品经理、IT 咨询师、用户体验设计师、交互设计师、UI 设计师等。另外，架构师和程序员也会使用 Axure RP。

1. Axure RP 当前版本

Axure RP 当前版本为 9.0,该版本在 8.0、7.0 版本的基础上更新了很多功能,下面几张图片是三个版本的启动页面,在启动页面的设计上有了不同的变化,版本的不断升级与更新,使用户在操作软件时也更为得心应手,如图 4.1 所示。

图 4.1　Axure 软件图标

2. Axure RP 主要功能

Axure RP 作为原型设计软件,最主要的功能为原型设计,其最常用的工具为元件库。在元件库中,除了可以使用软件自带的元件库,用户还可以制作自定义元件,也可以下载网络上的第三方元件库。在 Axure RP 的元件库分类里除了原型设计这一功能外,在元件库的下拉列表中还可以选择"Flow"(流程图元件),其中包括流程图的一些基本形状,如图 4.2 所示。

图 4.2　Axure 元件库

3. 其他原型设计工具

Axure RP 是当前最为主流的原型设计工具,在 Axure RP 还没有普遍应用前,产品经理、设计师、程序员等之间的原型交流工具还有 Visio、Photoshop、PowerPoint、笔和纸等。

纸和笔作为最原始的原型设计工具至今都起着重要的作用,许多设计师在拿到需求时,都会先手绘一些想法或者原型图,在项目的最初阶段这种方法便于随时修改与交流,一般对成形的想法手绘出原型后,再通过原型设计工具完成原型设计。

Visio、Photoshop、PowerPoint 也是原型设计中常用的工具,这些软件也提供了一些基本图形工具,设计师常用这几款软件进行原型图的制作。

4. 流程图的制作

页面流程之所以会出现在产品经理的设计工作中,是因为页面流程的作用主要有以下几个方面:首先了解项目全局对于设计团队的所有人来说是非常重要的,通过页面流程图可以大概了解整个网页或者 APP 界面的情况;其次可以传达需求给视觉设计师,知道要做多少视觉稿,具体每个页面有哪些视觉元素;对于前端工程师,知道自己该写多少个页面,来搭建页面代码结构;可以用页面数量来评估各自的工作量,可以大概估算出项目的工期;梳理项目页面流程是项目进行的直接体现,根据实际项目反复研究和梳理,最终可以让产品整体变得更简洁,结构变得更完美,用户体验感更好等。

5. 低保真原型图

Axure RP 可以制作低保真和高保真原型图,在制作低保真原型图时(又称为交互原型图),一般由交互设计师完成。一般会先出低保真,然后再出高保真(视觉稿),设计师在制作低保真原型图时可以直接用纸和笔手绘,也可以用 Axure RP 制作低保真原型图。

低保真原型图的优点:快速高效,可以随时进行更改并测试;设计人员能够以最少的时间和精力制作产品的整体原型图,而不是把时间用在细节的处理上,忽视了原型图的本来用意,主要考虑产品功能模板的设计及交互的演示,而不考虑设计细节的完美;可供所有项目成员使用;无论设计效果如何,都能够先设计出基本的原型图,以便征询用户或甲方的意见;因为低保真原型图快速和高效,所以可以出多个版本的方案供项目组选择权衡。

低保真原型图的缺点:由于低保真原型图的基本性质,因此其制作的效果不是那么精细,低保真原型图可以说是一个项目最开始阶段的产品雏形,所以最终的产品有时会摒弃低保真原型图,对上线产品的适用性和有效性比较低。

根据整个项目的制作,低保真原型图的制作并不是最终产品,只是一个项目开始阶段的想法,通过第一版低保真原型图会衍生出很多新的想法和交互效果,这样才能对最终的原型图做交互测试,用户才能从产品的使用中给出评价,这种用户测试才是有效的。如果制作的产品是针对特殊人群,那么低保真原型图就无法反映真实的效果,也无法做产品的真实用户测试,对产品的评估无法从低保真原型图上获得。

6. 高保真原型图

项目团队根据低保真原型图定稿之后,会继续制作高保真原型图,高保真原型是指外观和操作更接近于成品的原型。例如,制作一个 VR 室内设计 APP 模型,用户操作的产品与最终的产品交互效果相同,APP 原型的保真度较高。同样,使用设计软件(例如 Sketch 或 Adobe Illustrator)制作的产品原型设计与纸质低保真原型相比也具有很高的保真度。

高保真原型图的优点:设计效果吸引人,项目甲方可以直观地看到他们的需求效果,并能够从高保真原型图上看到与他们所期望的项目效果之间的差距,对乙方需要修改的地方能直观准确地讲清楚,而不是盲目地提意见。

通过对高保真原型图的用户测试,可以高度有效地收集到真实的用户信息和用户对产品使用的感受。原型与上线产品越接近,设计团队对产品的完善和修改就越能满足用户的需求。

高保真原型图的缺点：与低保真原型图相比，其制作时间更长，也更注意细节的制作。当测试原型时，测试用户更倾向于关注和评论原型的表面特征，而不是内容。一般来说设计师通过低保真原型图来制作高保真原型图，包括产品外观和交互行为，所以对于客户不满意的地方设计师往往不愿意进行修改。另外，软件原型可能还会给客户一个错误的理解，会让他们觉得制作完成产品非常快，于是会提更多意见让设计师进行修改，但这并不是最终的上线产品，对原型进行更改可能会花费很长时间，因此会延长整个项目的时间。

鉴于低保真原型图和高保真原型图的优缺点，在产品设计项目的早期阶段通常使用低保真原型图，而在测试阶段会使用更加细化的高保真原型图。

4.2　Axure RP 的工作界面

Axure RP 的工作界面主要由四部分组成，包括最上面的菜单栏与工具栏，左侧面板，右侧面板和中间编辑区域等组成(在这里需要说明一下，Axure RP 软件不论是安装在 Mac 系统上，还是 Windows 系统上，其操作界面都是一致的，只有部分快捷键有差别。本书的案例讲解中，使用的是 Windows 系统)，如图 4.3 所示。

图 4.3　Axure RP 的工作界面

1. 菜单栏与工具栏

菜单栏主要包括一些常规菜单，如文件、编辑、视图、项目、布局、发布、团队等。

工具栏包括：文件的新建、打开和保存，选择、连接、钢笔，缩放，元件图层顺序排列，组合与取消组合，对齐与分布，锁定与解锁等。

1) 选择、连接、钢笔

选择工具：包括相交选中和包含选中。相交选中工具指的是只要部分元件在选择范围内就能全部选中,快捷键为 Ctrl+1;包含选中工具指的是元件必须全部包含在选择范围内,快捷键为 Ctrl+2。

连接工具:通常用于制作流程图,一些产品经理和设计师也会用到 Visio、Xmind 等,每个人都可以根据自己的习惯与偏好来选择想要使用的工具,如图 4.4 所示。

图 4.4 流程图工具

钢笔工具:可以绘制矢量图形,与 Photoshop(PS)、Illustrator(AI)中的钢笔工具很相似,可以单击绘制直线,也可以在绘制的过程中拖动手柄绘制曲线,绘制的图形上会有锚点,选中锚点并单击鼠标右键,可以在三种模式之间来回切换:直线、曲线或者删除当前选中的锚点。

2) 缩放

其默认值为 100%,这里所指的缩放为设计工作区域中元件的放大或者缩小,它只是视觉上的放大或者缩小,元件本身的宽高比并没有变化。

3) 元件顺序排列

在制作原型图时,会使用大量的元件,添加元件时,元件之间会出现遮挡或者覆盖,所以在展示原型图时前后的主次关系就要依靠元件的显示位置来决定,在这里就需要设置元件顺序,包括四种模式:置于顶层(组合键为 Ctrl+Shift+])、置于底层(组合键为 Ctrl+Shift+[)、上移一层(组合键为 Ctrl+])、下移一层(组合键为 Ctrl+[)。

4) 组合与取消组合

制作原型图时工作区域会有多个元件,组合是为了在操作或者移动时更为便捷。如果需要移动整个界面中的几个元件,未组合元件就需要一个一个地单独移动,把这些元件进行组合之后就可以统一移动了。在设置样式时也可以对组内的元件进行统一的更改,以提高工作效率。用于组合的快捷键为 Ctrl+G,用于取消组合的快捷键为 Ctrl+Shift+G。

5) 对齐与分布

在 Axure RP 中拖动元件时,会出现蓝色辅助线,手动就可以将其对齐。

对辅助线可以进行以下几种操作。

- 添加辅助线:在画布标尺上拖曳出辅助线。
- 删除辅助线:把辅助线拖曳出画布。
- 辅助线显示:单击"布局"菜单→"栅格和辅助线"选项,在弹出的对话框中选中"显示页面辅助线"复选框。

对齐与分布功能在对界面没有特别要求的情况下很少使用,因为对于一般的操作,当手动拖动元件时,会出现蓝色智能参考线,手动即可对齐。如果制作多个元件需要对齐且平均分布时,一般的步骤为:选中多个元件,单击工具栏中的"对齐"下拉列表,选择某种对齐方式，然后再单击"分布"下拉列表，选择水平分布或垂直分布。

6) 锁定与解锁

在 Axure RP 的操作中，制作原型图时界面上会有许多元件，在设计某个元件或者对某个元件进行操作时有时会出现误操作，尤其是有遮挡关系的元件，会出现选不中的情况，这时就需要将这些元件锁定。锁定后的元件就不能再进行其他操作了，锁定前的元件边框为绿色，锁定后的元件边框为红色。在操作完成后，还可以通过解锁再继续进行设计操作。锁定的快捷键为 Ctrl+K，解锁的快捷键为 Ctrl+Shift+K。还有一点值得注意，锁定后的元件不能利用定界框来更改图形大小，但是可以直接输入数值来更改宽、高。

7) 元件样式管理

在"样式"面板中，可以设置元件样式，包括字体/类型/字号/样式，文本对齐居中，项目符号，文本颜色，填充阴影，边框/线段/箭头样式，位置/尺寸等选项。更改宽和高时，可以直接输入数值进行更改，也可以按长宽比进行更改，根据自己的需要单击按钮图标即可。在面板的最下面可以看到复制元件样式按钮，单击该按钮可以将元件样式复制到其他元件上面。如果要给一个页面上的多个元件赋予相同的样式，就需要用到复制按钮。

2. 左侧面板

左侧面板主要由页面(也称为站点地图)、元件库和母版库组成。

1) 页面(站点地图)

在软件界面的左上角显示的是页面，index 指的是首页，下面页面的选项是 page1、page2、page3 等，在页面下还可新建二级或三级子页面。它类似于一个提纲或者框架，在进行网页设计或者 APP 界面设计时，可在一级页面、二级页面和三级页面之间相互跳转，用户可以根据页面导航的提示跳转到相关页面进行编辑或查看，站点地图就是对所有的页面做了一个汇总，可以在其中添加文件夹或者页面，组织汇总原型图，产品经理需要对整个项目做一个宏观的布局，确定每个页面需要放置的动效或者设计内容，设计师和程序员再根据相关的要求进行具体的设计。

2) 元件库

结构搭建完之后就要进行里面内容的填充，内容主要是通过元件来组成的，元件在 Axure RP 软件界面左侧的第二部分，这个模块界面对所有的元件进行了梳理和分类。元件库分为默认元件库、流程元件库及图标元件库等。最常用的是默认元件库，默认元件库又细分为四类元件库：基本元件、表单元件、菜单和表格元件、标记元件。设计者可在元件库里快速地搜索到所需要的元件。在制作原型图时使用最多的是默认元件库。在元件列表里，可以管理元件库、下载元件库或者载入元件库，也可创建和编辑自定义元件库。对于不需要的元件库，也可以在元件列表中选择卸载该元件库。

元件的使用方法：在制作原型页面时，在元件库里找到所需要的元件，单击此元件，按下鼠标左键拖动到设计工作区域，之后松开鼠标左键，元件就会出现在页面上，选中元件时会出现定界框。若页面中有多个元件，在移动元件时，会出现智能参考线，使当前元件自动对齐界面或者其他元件。

(1) 基本元件。

基本元件包括以下类型。

矩形：在基本元件库里，矩形元件分为有线框矩形元件、深灰色无线框矩形元件、浅灰色无线框矩形元件。

椭圆形：初始状态为有线框正圆形，可拖动调节点修改其尺寸大小，还可修改其填充或线框的颜色等。

绘制矩形或椭圆后，单击定界框右上角的灰色小圆点，可将其转换为自定义图形。

图片：拖动图片元件到工作区域，单击鼠标右键，在弹出的快捷菜单中选择"导入图片"命令，在弹出的对话框中选择要插入的图片，单击"确定"按钮后，图片元件就会显示出所需要的图片。

占位符：占位符是指先在原型界面中占据一个固定位置，之后再往里面添加内容的符号。占位符的使用较为广泛，比如，当原型图上的一些位置不确定要放什么时，就可以使用占位符元件。

按钮：主要分为三类，分别是按钮、主要按钮、链接按钮。

标题：分为一级标题、二级标题、三级标题等。

文本标签/文本段落：文本标签即所输入的文本，文本段落主要是指所输入的成段的文字信息。

水平线/垂直线：在原型图的绘制中应根据需要选择此元件。

注意：在将以上多个元件拖入工作区域后，可单击定界框右上角的灰色圆点，将其转换为自定义形状。

热区：是在网页上进行链接的区域，即在浏览过程中单击或者触碰的区域。

动态面板：这是 Axure RP 软件学习中一个重要的知识点，动态面板的应用较广泛，像制作网页或者 APP 界面中的轮播图，就会用到动态面板，后续会详细讲解其原理和制作方法。

(2) 表单元件。

表单元件用于原型图中表单的制作，主要包括：文本框、多行文本框、下拉列表框、列表框、复选框、单选按钮、提交按钮等。

(3) 菜单和表格元件。

菜单元件一般应用于导航栏、菜单栏的设计。表格元件一般用于组织二维数据，可对表格中的每个单元格设置样式。

(4) 标记元件。

当界面中的元件比较多时，可以添加标记元件，对元件添加说明。

在实际的原型设计过程中，可能会发现这些系统自带的元件并不能满足设计的要求，或者不符合项目的设计风格，所以在实际的项目制作过程中，需要对一些基本的元件进行组合和样式的设置才能得到需要的效果。

Axure RP 中自带的元件都是基本元件，在一个项目里如果设计好的元件需要重复利用，并且项目组成员都需要用到这些元件,就需要对元件库进行添加和设计。元件库的设计一方面可以提高原型设计的工作效率,另一方面还可以保证整个项目组原型设计的一致性原则。

提高原型设计效率是制作原型设计的目的,经常使用的对象可创建为为元件库中的元件,设计其样式,然后在后续的制作过程只需将它拖曳到页面即可,这样就可以提高效率,为后续的设计节省时间。

由于一个项目有多人参与,元件库的一致性能保证原型图制作的效果统一,而不再需要每个人都制作一次,只需要设计此项目的元件库,提供给项目组成员使用即可。

3) 母版库

在制作 PPT 时经常会用到母版,在母版里制作标题或者添加图标,之后每一页 PPT 的相同位置上都会出现相同的标题和图标。在 Axure RP 中,母版的作用也与此类似,能够将某些设定好的元素添加到每个页面上或者指定的页面中。在制作网页或者 APP 界面时,像状态栏、导航栏、工作栏会在每一页出现,为了避免重复工作,就会把页面中的相同部分做成母版后,再添加到各个页面中。当对母版进行编辑时,应用了母版的页面也会跟着改变。

Axure RP 中母版的创建有两种方法,第一种方法是在左侧母版面板中单击"添加母版"按钮;第二种方法是在工作区域绘制元件,然后单击鼠标右键,在弹出的快捷菜单中选择"转换为母版"命令。创建母版后,可定义母版的名称,双击创建好的母版进入母版编辑界面,操作方法和页面编辑方法一样。在母版编辑过程中,可拖入元件和添加交互行为等内容。删除母版时需要先将所有关联母版的页面移除母版,然后才可以将其删除。

母版在页面中的使用:制作完母版后,在母版库中选中需要应用于页面的母版,单击鼠标右键,在弹出的快捷菜单中选择"添加到页面"命令,在弹出的"添加母版到页面中"对话框内,选中需要添加母版到下列页面的某个或某几个页面选项。

"添加母版到页面中"对话框内包括:"全部选中""全部取消""选中全部子页面""取消全部子页面"等多个按钮。另外,还有两个位置选项,分别是"锁定为母版中的位置"和"指定新的位置",可以根据原型图的实际需要进行相应的选择。

此外,在制作网页页面或者 APP 界面时,每一页可能都会出现相同的导航栏、状态栏,这时将某个或某几个元素选中,单击右键,在弹出的快捷菜单中选择"转换为母版"命令,在转换母版时需要进行位置的设置,如图 4.5 所示。

图 4.5 转换为母版

任何位置:可以将母版拖到工作区域的任意位置。

固定位置:是指在制作母版时,母版距离 X 轴和 Y 轴的距离,会同步到子页面中。

脱离母版：将母版内容拖到页面上的任何区域，这些内容就会与母版脱离关联。

3．中间编辑区域

中间编辑区域主要是指中间的空白区域，也称为设计工作区域。

选中元件并拖入工作区域之后，单击鼠标右键，在弹出的快捷菜单中包含多个选项，如：改变形状、引用页面、交互样式、禁用与选中、转换为母版、转换为动态面板等。

其中交互样式在 Axure RP 原型设计中是一项常用功能，元件的交互样式主要包括四种状态：鼠标悬停、鼠标按下、选中状态和不可用状态。

一般会设置元件按钮有两种状态，即原始状态，鼠标悬停或者称为鼠标经过。当鼠标经过元件按钮时，会设置形状或文本颜色的变化，鼠标原本的指针状态也会变为手形，单击之后颜色会变为阅读浏览之后的状态。不同事件下的状态效果设置也是不同的，可以在交互样式设置的面板中进行更改。

4．右侧面板

右侧面板主要由属性、样式、概要：页面组成。

属性和样式主要用于元件事件的添加，元件属性样式变化的编辑等。

"属性"面板包括交互的三种状态：鼠标单击时、鼠标移入时、鼠标移出时。"属性"面板用于添加用例，以及交互样式的设置，即鼠标按下、鼠标悬停、选中、禁用。

1)"属性"面板→用例编辑

当对元件进行事件的添加时，在右侧的"属性"面板中，双击某种交互状态，即可弹出"用例编辑"对话框，该对话框中包含四个部分：当前用例名称下的"添加条件""添加动作""组织动作""配置动作"，如图 4.6 所示。

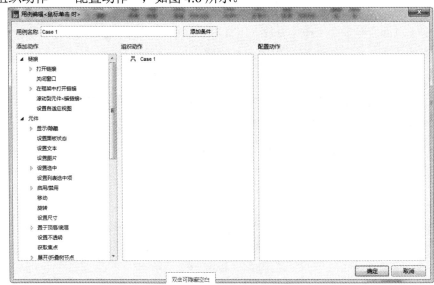

图 4.6 "用例编辑"对话框

（1）添加动作：添加动作是指鼠标单击(或移入或移出)元件按钮时，或是其他情形时，页面所做出的响应动作。

(2) 组织动作：调整添加动作元件的前后顺序。

(3) 配置动作：选择设置动作的目标元件，对其进行相关数值的设置。

(4) 添加条件：为设置的动作添加条件，只有在满足设置的条件之后，才能触发相应的动作。

2) "属性"面板→"样式"面板

"样式"面板可以设置元件的样式，包括元件的大小、元件的颜色、阴影和边框，字体样式的设置，边框和对齐方式等。

3) 概要：页面

工作区域中的所有元素都可在"概要：页面"面板中显示，选中某个元素，单击右键，在弹出的快捷菜单中可以对相应的元素进行设置，例如，可设置动态面板为"隐藏"。

4.3 Axure RP 软件操作基础

1. 元件的命名

不论制作网页或者 APP 界面，原型图都会涉及很多元件，每个元件还会有不同的触发条件和动作。为了更方便地识别每个元件，需要给每个元件命名，命名要求及时、规范，要起有语义的名称，可以用拼音或者英文来命名元件，并且也要避免出现重复等情况。

在原型设计中，一个项目至少会包含几十个元件甚至几百个元件，如何快速地在众多元件中找到所需要的元件？可以在右侧"概要：页面"面板中直接找到该元件名称，当元件过多时还可通过搜索元件名称进行查找。

2. 交互样式的设置

可以为 Axure RP 中的基本元件设置交互样式，设置元件的交互样式主要有以下三种方式：

- 选中元件，单击鼠标右键，在弹出的快捷菜单中选择"交互样式"命令。
- 选中元件，在界面右侧的"属性"面板中单击"交互样式设置"中的某个样式链接。
- 选中已有的交互样式，用格式刷复制到元件上。

元件主要有鼠标悬停、鼠标按下、选中、禁用四种状态的样式及动作设置，通过设置样式可显示元件的不同状态。

以图 4.7 为例，在工作区域输入 HELLO AXURE 的字样，然后在"属性"面板中找到交互样式设置，单击"鼠标悬停"链接，在弹出的"交互样式设置"对话框中，设置字体颜色为红色，在浏览器中可以预览效果，若这时将鼠标放置在字体上面，字体的颜色就会由黑色变为红色，这就是交互样式的基本设置。

图 4.7　字体交互样式的设置

3. 基本图形元件的样式设置

1) 形状设置

绘制矩形元件时，单击元件定界框左上角的小三角，就可以设置圆角大小；单击右侧的小圆点，在弹出的菜单中可改变元件的形状，比如之前是矩形，单击小圆点后可以直接切换成其他形状，如图 4.8 所示。

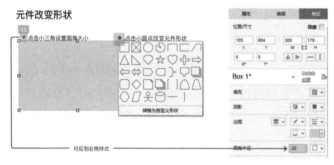

图 4.8　形状设置

2) 元件的尺寸、位置和旋转设置

可以在样式中直接输入数值设置元件的尺寸，也可利用元件定界框来放大或缩小元件。如果需要元件等比例放大或者缩小，可单击"保持宽高比例"按钮，输入数值时将按等比改变宽度与高度；这里 X 和 Y 指的是元件距离设计操作界面左和上边界的距离；设置元件的旋转角度和里面文字的旋转角度；单击"水平翻转"或"垂直翻转"按钮可以设置元件的翻转效果；单击"自动适合文本宽度"和"自动适合文本高度"，元件会适应文字的大小而改变

宽度或高度尺寸，如图4.9所示。

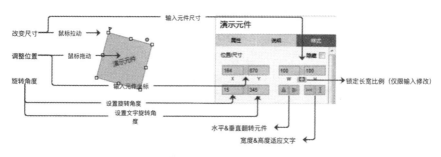

图4.9　元件基本样式的设置

辅助线分为两种：页面辅助线和全局辅助线，单击"布局"菜单→"栅格和辅助线"选项→"创建辅助线"命令，弹出"创建辅助线"对话框，选中"全局辅助线"选项，即为"全局辅助线"，否则为"页面辅助线"。添加页面辅助线只会在当前页面出现，全局辅助线则会在每个页面出现。需要注意的是：当设置的辅助线过多时，可单击"布局"菜单→"栅格和辅助线"选项→取消"显示辅助线"或者"删除辅助线"命令。

3) 元件显示设置

元件的颜色可从调色板中选取，颜色的填充类型可以为纯色和渐变色。渐变色的填充会出现色条，单击色条会出现滑块，每个滑块都可以设置不同的颜色，还可以设置渐变色的角度，添加阴影及阴影的位置。设置的阴影分为两种：外部阴影和内部阴影，参数的选项中包括阴影偏移和模糊发光等效果。还可设置颜色的不透明度，数值从0~100，其中100表示100%显示，颜色纯度最高，0表示完全不显示，如图4.10所示。

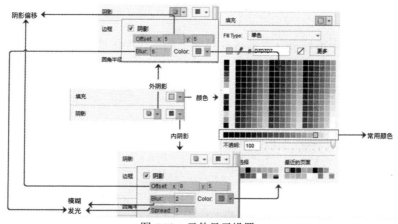

图4.10　元件显示设置

4) 文字元件的设置

文字元件包含一二三级标题，H1一级标题为32px粗体，H2二级标题为24px粗体，H3三级标题为18px粗体。文本标签字体大小为14px，默认为一行显示，加大高度后可输入多行文本，文本段落字体大小为13px。可在右侧"样式"面板或文档界面上方横向显示的工具栏中设置文字样式，如图 4.11 所示。

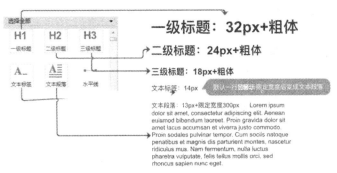

图 4.11　文字元件的设置

5) 文字样式的设置

可以在工具栏和右侧的文字样式中修改文字样式，具体操作类似于 Word 中的文档设置。可以设置段落、行间距、项目符号，这里要强调的是在制作 Axure RP 原型图时，里面的文字一般采用系统自带的文字，这样不论是在 PC 端还是在移动端，兼容性都会更好，形状元件中文字设置的大小一般为 13px。

6) 文本框的设置

插入文本框元件，单击鼠标右键，在弹出的快捷菜单中，可选中文本框类型，其中包含 Text、密码、Email、Number、Phone Number、查找、文件、日期等。例如：

密码格式：输入的内容会被隐藏。

数字格式：只能输入数字。

文件格式：可选择文件。

另外，在文本框中可预置文本，可在右侧"属性"面板的"提示文字"框中输入预置文本。

7) 内联框架

内联框架类似于一个大容器，可调用 Axure RP 中内部或者外部的内容文件，单击内联框架元件，在右侧的"属性"面板中单击框架目标，可链接到原型设计的相关页面，还可链接到外部的网页。

4. 动态面板

动态面板是原型设计中的核心元素。动态面板元件在元件库中的基本元件库，图标显示为三层，也就是说，可将动态面板比喻成一个容器或者一个相册，它包含很多内容。动态面板可包含多个状态，默认显示的是第一个状态的内容，可在"概要：页面"面板中重新排列前后关系。当动态面板的尺寸小于其内容尺寸，内容不能完全显示的，可在右侧的"属性"面板中，选中动态面板→"自动调整为内容尺寸"复选框，这样内容就可以完整显示。

将动态面板元件拖到工作区域，它将显示为半透明的矩形，内容为空。双击动态面板元件，会弹出"面板状态管理"对话框，默认显示 state1，双击 state1，跳转至 state1 的页面编辑区域，可像编辑页面一样对动态面板的状态进行编辑。可以看到，在 state1 的页面编辑区域有一个和主页面的动态面板一样的矩形框，只有在矩形框内的内容才能被显示出来，超出的部分在页面上是显示不出来的。

双击动态面板元件，弹出"面板状态管理"对话框，在其中可命名动态面板的名称。该对话框中还包括多个面板状态的编辑按钮，例如：新建、复制、上移、下移、编辑状态、编辑全部状态、删除等。

新建：单击加号，新建一个状态，状态内容为空。
复制：选中一个需要复制的状态，单击"复制"按钮。
上移和下移：单击"上移"或"下移"按钮调整状态的次序。
编辑状态：选中需要编辑的状态，双击或单击"编辑状态"按钮，可进行状态的编辑。
编辑全部状态：单击"编辑全部状态"按钮，打开所有状态的编辑页面。
删除：选中不需要的状态，单击"删除"按钮。
打开动态面板的状态编辑页面，可添加元件，还可设置背景图片和背景颜色等。

5. 母版的使用

在原型图的制作过程中，多个页面都会用到相同的内容，并且这个元件会出现在每个页面的相同位置。选中这部分内容，单击鼠标右键，在弹出的快捷菜单中选择"转换为母版"命令，在弹出的对话框中，对母版进行命名，设置"拖放行为"为"固定位置"。

在编辑新页面时，在"母版库"面板中找到命名好的母版，将其拖到设计工作区域，就会自动放置到上一页面相同的位置，如图 4.12 所示。在元件转换为母版后，母版元件上面会覆盖一层半透明的红色矩形。

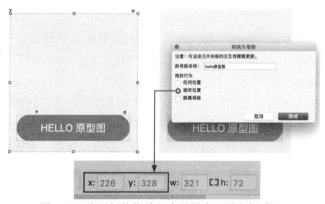

图 4.12　将母版的拖放行为设置为"固定位置"

从上图可以看到，拖动母版固定的位置一直为 X：226，Y：328，并且不能更改该数值，数值颜色呈现灰色的状态。所以无论母版被复制到任何页面，其显示的位置都是固定的。

4.4　Axure RP 预览、发布与生成

1. 生成和预览的设置

在 Axure RP 中查看原型的方法有预览和发布两种，可以在浏览器中查看原型设计效果，发布时可以生成 HTML 文件，最终完成原型图的制作后，可存储源文件，也可生成 HTML 文档后进行保存。

2. 关于预览设置

在 Axure RP 的设计工作区域不能查看原型图的浏览效果，只能查看当前的设计效果，可通过工具栏最右边的"预览"按钮进行查看。单击"发布"选项右侧的黑色三角形，选择"预览选项"命令，在弹出的"预览选项"对话框中进行设置，如图 4.13 所示。

图 4.13　预览选项设置

选择预览 HTML 的配置文件，选择打开的浏览器，选中是否打开页面列表或工具栏。在制作原型图的过程中，可随时按下快捷键 F5，打开浏览器，查看原型图的预览效果。

3. 关于生成设置

可把制作的整个项目打包成一个大的文件夹，把生成的 HTML 文件放置在此文件夹中，这样方便查找文件及汇报项目。

操作步骤为：单击"发布"选项右侧的黑色三角形，在弹出的菜单中选择"生成 HTML 文件"(或按下快捷键 Ctrl+8)命令，打开"生成 HTML"对话框，如图 4.14 所示，在该对话框的右侧可以设置 HTML 文件的保存路径，单击右侧的"…"按钮可修改保存路径。在对话框的下方，设置打开 HTML 文件的浏览器，这里会显示设备中安装的所有浏览器，根据实际项目选中所需要使用的浏览器。设置是否显示页面列表或工具栏，最后单击"生成"按钮，即可输出 HTML 文件。在"生成 HTML"对话框中，选中左侧的"页面"选项，可设置哪些页面需要生成，还可设置元件说明、字体、图标、页面说明等内容的显示。在生成 HTML 文件时，一般选择默认设置就可以完成项目的制作。

在 Axure RP 8.0 中，在发布的选项中还新增了一个选项 Axure Share，将制作好的原型可以发布到 Axure Share 上。Axure Share 需要先注册账号才可以发布。

图 4.14 生成 HTML 对话框

4. 发布到移动端

对于设计好的原型图，可在 PC 端直接通过浏览器预览查看。如果设计的是移动端原型图，在浏览器中查看就没有那么直观，不便于看出问题，那么如何在移动端查看原型图呢？可在"生成 HTML"对话框中，在左侧选中"移动设备"选项，设置移动设备的相关参数，一般只需要将复选框"包含视口标签"选中即可，其他设置不用修改，如图 4.15 所示。

图 4.15 发布到移动端

只有选中"包含视口标签"复选框之后,生成的页面显示才符合移动端展示的效果。如果不选中"包含视口标签"复选框,则出现的页面和在浏览器中预览的效果是不一样的,没有自适应分辨率。

4.5 Axure RP 交互制作

4.5.1 交互事件与交互样式

元件的交互事件与交互样式是 Axure RP 中非常重要的一个模块。制作原型图,就是要模拟整个项目,项目设计师和程序员根据原型图开发完整的上线项目,所以要尽可能地保证原型动态效果的直观性与准确性。原型交互事件主要通过右侧"属性"面板中的交互与交互样式进行设置,原型设计要求快速高效地实现效果,有一些动态效果无法在 Axure RP 中实现,可通过文字说明来体现。

添加交互事件在 Axure RP 中称作"添加用例",添加用例等于添加交互事件,在"属性"面板中,"添加用例"下方是交互事件常用的三种状态,若需要添加其他的状态则要单击"更多事件"下拉框。

1. 关于元件交互事件的添加

较常用的元件交互事件包括鼠标单击时、鼠标移入时、鼠标移出时这三种基本状态。

- 鼠标单击时:指当鼠标单击元件时所产生的交互事件,比如在浏览器端,鼠标单击网页导航按钮,跳转到相对应的页面,就是对这一事件的添加。
- 鼠标移入时:指当鼠标移到元件上面产生的交互事件,比如鼠标移入图标时,图标由蓝色变为红色,每次移入事件都会重复执行。
- 鼠标移出时:指当鼠标移出元件时产生的交互事件,每次移出事件都会重复执行。

【例 4.1】 设置基本元件事件。

在页面中有一个按钮,按钮显示的文本为"鼠标移入试试吧",当鼠标移入按钮时,出现一个提示气泡,提示文本为"在按钮上单击鼠标",鼠标移出时,提示气泡隐藏,鼠标单击按钮时,出现提示气泡,提示文本为"已经单击了按钮,鼠标请移出按钮试试"。

操作步骤如下:

(1) 在元件库→基本元件库中,单击"按钮"元件,拖入页面工作区域,双击"按钮"元件,添加文本"鼠标移入试试吧"。

(2) 在基本元件库中,单击"矩形"元件,拖入页面工作区域,单击"矩形"形状右上角的"小圆点"图标,在弹出的对话框中,转换为"气泡"形状,在"检视:气泡"面板中,将其命名为"tips",修改"气泡"的大小与圆角角度,设置背景颜色,修改气泡文本为"在按钮上单击鼠标",在该用例的交互事件开始时,提示气泡 tips 是不显示的,因此,选中气泡,单击鼠标右键,在弹出的快捷菜单中选择"设为隐藏"命令,结果如图 4.16 所示。

第 4 章 Axure RP 原型设计

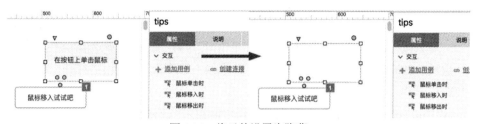

图 4.16 将元件设置为隐藏

(3) 选中"按钮"元件,在右侧"属性"面板中,双击"鼠标移入时"事件,在弹出的"用例编辑"对话框的"添加动作"选项区域中,选择"显示/隐藏"选项,在"配置动作"选项区域中,选中"tips(气泡)显示"复选框,设置完成后,单击"确定"按钮,如图 4.17 所示。

图 4.17 鼠标移入时事件的添加

(4) 再选中"按钮"元件,在右侧"属性"面板中,双击"鼠标移出时"事件,在弹出的"用例编辑"对话框的"添加动作"选项区域中,选择"显示/隐藏"选项,在"配置动作"选项区域中,选中"tips(气泡)隐藏"复选框,设置完成后,单击"确定"按钮。

(5) 继续选中"按钮"元件,在右侧"属性"面板中,双击"鼠标单击时"事件,在弹出的"用例编辑"对话框的"添加动作"选项区域中,选择"设置文本"选项,在"配置动作"选项区域中,设置文本为"值"="已经单击了按钮,鼠标请移出按钮试试",设置完成后,单击"确定"按钮。

(6) 按下快捷键 F5 查看在浏览器中显示的实际效果。

在"属性"面板中有"添加用例"和"创建连接"两个选项。"创建连接"一般用于设置元件被鼠标单击跳转到当前项目的其他页面。"添加用例"用于添加触发事件,打开"用例编辑"对话框,以配置相应的动作。

交互原型设计是由触发事件、判断条件组成的,其中每种不同的情形状态会包含不同的动作。在 Axure RP 的交互事件中,触发事件就是"属性"面板中的"鼠标单击时""鼠标移入时""鼠标移出时"等事件。情形状态就是触发事件中添加的用例(英文为 case),要判断条件和执行动作，则需要在"用例编辑"对话框中进行编辑。例如，单击按钮后打开某个页面的链接，那么按钮添加交互事件就为"鼠标单击时"→在弹出的"用例编辑"对话框中"添加动作"选项→"链接"选项的"打开链接"命令→"配置动作"选项→打开位置，选择"当前窗口"→选中"链接到 URL 或文件"，输入链接地址，例如，输入百度地址 https://www.baidu.com/。当按钮被单击时，在浏览器的当前窗口打开百度页面。

　　在 Axure RP 中，用例的动作是由上而下执行的，所以顺序的排列至关重要，对事件从开始到结束要做一个步骤梳理，不能打乱这个顺序。在 Axure 中，还可以给一个触发事件添加多个用例。在用例编辑器左侧的"添加动作"列表中有多种动作类型，每种动作类型下还包含更多该类型的动作，需要注意的是，每种动作类型前方的三角形图标为白色时，则表示该类型的动作列表为收起的状态；当动作类型前方的三角形图标为黑色时，则表示动作列表为展开的状态。

　　在一个交互事件中如果添加了两个以上用例，在生成 HTML 文件时，会弹出一个菜单，其中会有两个选项，分别是 case1、case2，只有单击其中一个用例后才能执行相应的动作。

　　可在"生成 HTML"对话框中进行交互设置，选中"交互"选项，在"用例行为"中有三个选项，默认情况下是第二项被选中，即"只在同一事件包含多个用例时显示用例名称"；第一项为"始终显示用例名称"，指不论事件添加了多少个用例，在被触发时都会显示用例的名称，在单击用例名称后执行相应的用例；最后一项为"从不显示用例名称(使用首个用例)"，指不论事件包含多少个用例，都只执行第一个用例，如图 4.18 所示。

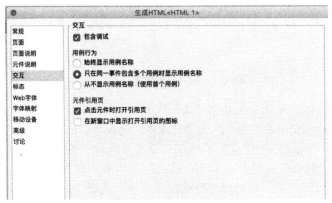

图 4.18　"生成 HTML"对话框

　　一般情况下，如果多个动作都需要执行，就要把动作添加在第一个用例中，这样软件就会按从上而下的顺序去执行这多个动作。当用例被添加条件时，同一触发事件下的所有用例都会产生关联，这时候 Axure RP 软件内部能够自动根据是否满足条件而执行一个或者多个用例。

2. 关于条件判断

　　通过给用例添加条件，可以让系统根据条件判断选择执行一个或多个用例。例如，选择下拉列表框中的不同选项，打开相应的搜索引擎主页。

　　下拉列表框是用来输入数据的元件，将"表单元件"库中的下拉列表框拖入工作区域后，在"检视:下拉列表框"中输入下拉列表框名称,此处命名为list。双击工作区域中的"下拉列表框"元件,或者单击右键,在弹出的快捷菜单中选择"编辑列表项"命令,打开"编辑列表项"对话框,单击该对话框中的"+"号进行逐个添加,也可单击"编辑多个"按钮,在输入每个选项后,按回车键换行。

完成选项的输入后,要在选项列表中选中默认显示的选项,如果不选中任何一项,元件会默认选中第一个选项,如图4.19所示。完成下拉列表框的设置后,在工作区域再拖入一个"提交按钮"元件,双击它并修改其文字为"打开搜索引擎主页"。在浏览时,单击这个按钮,页面会出现条件判断,通过不同的选项可以打开不同的搜索界面。

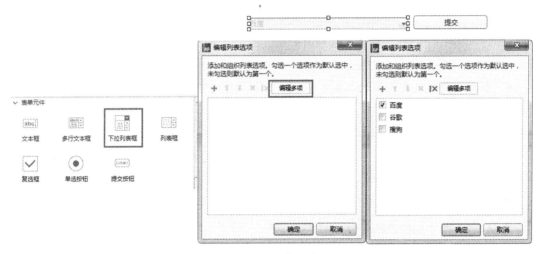

图4.19 添加用例

操作步骤如下:

(1) 选中"提交按钮"元件,在右侧的"属性"面板中会出现交互,包括这个元件的各种触发事件。

(2) 双击"鼠标单击时",在弹出的"用例编辑"对话框中,单击"添加条件",打开"条件设立"对话框。选择下拉列表框中的"被选项",系统会自动显示下拉列表框的名称,在下拉框中选择需判断的选项值,首先选择"被选项"为list,选项值为"百度",然后单击"确定"按钮,在"组织动作"区域中会显示之前所设置的条件,如下所示:

```
case1
  If 被选项于 list ==百度
```

(3) 单击"添加动作"选项→"打开链接"→"新窗口/新标签"命令,在"配置动作"中,设置"链接到url或文件",输入超链接地址:https://www.baidu.com/,单击"确定"按钮。

同理重复步骤(2)和(3),将被选项的选项值改为"谷歌"和"搜狗",超链接地址改为https://www.google.com/和https://www.sogo.com/。

(4) 生成HTML,查看下拉列表框的浏览效果,在下拉列表框中选择"百度"这个选项时,单击按钮就会在新标签或者新窗口中打开百度界面,选择其他选项则打开其他网页界面。

常用的条件判断主要包括 If、Else If、Else If True、If True 类型。这里 If 的含义为"如果",Else 的含义为"否则",True 的含义为"真"。以下是对条件判断各类型的说明:
- If 单独出现时,表示如果满足什么样的条件,就会执行什么样的动作。
- Else If 则会在 If 所在用例之后的用例中出现,表示当满足另外一个条件时,会执行什么样的动作。
- Else If True 会在一组条件判断的全部用例的最后一个用例中出现,表示如果前面所列举的条件都未满足时,执行什么样的动作。
- If True 表示无条件地执行动作,只会在多组条件中出现。

3. 关于动态面板事件的添加

在动态面板中,状态是动态面板独有的属性,对于每个状态可添加不同的内容,但是动态面板每次只能显示一个状态内容。
- 状态改变时:指的是动态面板中多个状态相互切换时发生的动作。
- 拖动时:选中动态面板,按下鼠标左键并拖动动态面板,触发事件的产生。
- 拖动结束时:指拖动动态面板后,交互事件完成后结束动作。
- 向左拖动结束时:指的是向左拖动动态面板,触发交互事件。
- 向右拖动结束时:指的是向右拖动动态面板,触发交互事件。
- 载入时:一般是做准备工作时使用的。

【例 4.2】单击标题切换垂直幻灯片的制作。

在网页和 APP 的原型设计中,有自动轮播幻灯片也有交互跳转幻灯片。本案例制作鼠标经过标题才进行幻灯片的切换。

操作步骤如下:

(1) 在元件库中选中图片元件,拖入设计工作区域,单击右键,在弹出的快捷菜单中选择"导入图片"命令,插入一张图片。选中该图片,单击鼠标右键,在弹出的快捷菜单中选择"转换为动态面板"命令,在右侧的"检视:动态面板"中,将此动态面板命名为 pic。

(2) 在右侧的"概要:页面"面板中,双击"动态面板 pic",在弹出的"面板状态管理"对话框中选中"state1",单击"复制"按钮两次,添加两个状态:state2 和 state3。双击 state2 状态,进入 state2 的编辑界面,选中图片,单击鼠标右键,在弹出的快捷菜单中选择"导入图片"命令,用其他图片替换 state1 状态的图片。

state3 的编辑方法与 state2 相同,用另一张图片替换 state1 状态的图片。

(3) 返回页面编辑界面(本案例中为 index 页面),在动态面板的右侧,从元件库中拖入 3 个按钮,作为切换幻灯片的按钮,分别选中这 3 个按钮,将其文本分别修改为 pic1、pic2、pic3。

(4) 全部选中 3 个按钮,单击鼠标右键,在弹出的快捷菜单中选择"交互样式"命令,修改鼠标悬停状态,根据项目需要修改背景色,在本案例中选择浅灰色作为鼠标移入的显示效果,如图 4.20 所示。

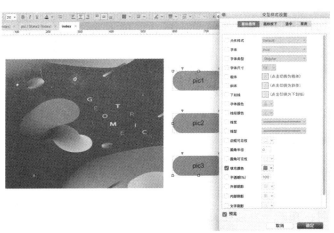

图 4.20　鼠标悬停交互样式的添加

(5) 添加交互事件，当鼠标移入 pic1 按钮上时，按钮变灰并且幻灯片跳转到 pic1 上，也就是动态面板的 state1 的图片显示状态。

(6) 选中 pic1 按钮，在"属性"面板中，单击"鼠标移入时"选项，在弹出的"用例编辑"对话框中，设置添加动作为"元件"→设置面板状态；设置配置动作为选中 pic(动态面板)→选择状态为 state1，可定义进入动画和退出动画的选项，如图 4.12 所示，这里设置的进入与退出动画效果均为向上滑动，也可根据需要选择不同的进入和退出动画效果。

(7) 在右侧的"属性"面板中复制 pic1 的交互事件，分别单击另外两个按钮，粘贴此交互事件，双击用例事件，在"用例编辑"对话框中，分别将状态"state1"改为 state2 和 state3，其他设置不变。

(8) 按快捷键 F5 预览效果，鼠标将分别移入 3 个按钮，会向上滑动并且自动切换到相应的图片。

图 4.21　鼠标移入时事件的添加

4. 关于文本事件的添加

在文本框中添加交互事件主要有 3 种方式：文本改变时、获取焦点时、失去焦点时，对这 3 种方式的具体描述如下。

- 文本改变时：可以在文本输入框中输入任意文字，以设置触发事件时获取的文本内容。
- 获取焦点时：焦点是指正在操作的文字元件，当单击文本输入框时，可以触发事件，获取焦点。当输入框获取焦点时，输入框会由灰色变为蓝色。
- 失去焦点时：当鼠标离开文本框后，触发事件将取消，不显示状态。

5. 关于页面事件的添加

关于页面事件的添加，包括3种状态：页面载入时、窗口尺寸改变时、窗口滚动时，对这3种状态的具体描述如下。

- 页面载入时：指的是页面在浏览器中开始正常显示内容的时候，可以设置页面初始化的状态。
- 窗口尺寸改变时：通过鼠标事件改变页面在浏览器中显示的大小时，触发事件发生。
- 窗口滚动时：窗口显示滚动条时触发事件发生。

4.5.2 交互事件动作介绍

1. 响应式页面/自适应视图设置

响应式页面的制作是为了适应不同的设备和浏览器，页面中的内容采用不同的布局以适应不同大小的屏幕的显示。比如，设计了一个 PC 端的网页，又需要让它显示在移动端，因为屏幕分辨率是不同的，所以即使内容相同，它们的布局方式也是不同的。如果只按照一种分辨率来制作原型图，就可能导致内容在移动端显示不全。

现在基本所有企业的官网都是既能在 PC 端显示又能在移动端显示，并且使用的是同一个设计页面，所以在制作原型设计时，就需要用到响应式页面设计。

如图 4.22 所示，通过网易云音乐 PC 端和移动端的页面设计，分析如何制作原型图的响应式设计，分析网易云音乐 PC 端与移动端的页面设计布局的差别。

图 4.22　PC 端与移动端页面

观察上图可以发现，首先导航栏菜单不同，PC 端导航栏包含的内容全面，移动端则位于轮播图的下方，并且简化了内容。其次页面的排版不同，例如，推荐歌单的图片 PC 端一排放置了 5 个图片，因为 PC 端的界面比较宽，移动端则放置了 3 个图片，一排显示的内容相对较少。在响应式页面的原型图制作中，为了减少设计的复杂性，一般都会根据轮播图的大小及每行图片的展示数量来进行制作。

下面模拟一下响应式原型图的制作方法。

【例 4.3】响应式原型图的制作。

操作步骤如下：

(1) 单击页面空白区域，在右侧的"属性"面板中，选中并启用"管理自适应视图"图标。

(2) 设置自适应视图的分辨率，单击页面工作区域右上角的"管理自适应视图"按钮，打开"自适应视图"对话框，在"预设"下拉列表中选择高分辨率(1200px 及以上)，在"自适应视图"对话框中单击加号，在名称处输入"新视图"，输入宽度为 640px。这表示在屏幕分辨率宽度为 640px 及以下时显示该视图效果。

(3) 此时，工作区域会显示高分辨率为 1200px 的视图和屏幕分辨率宽度为 640px 的新视图，如图 4.23 所示。

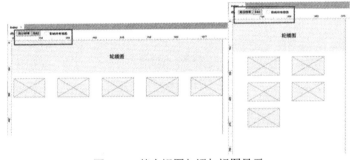

图 4.23　基本视图与添加视图显示

(4) 在工作区域的左上角，单击高分辨率出现 PC 端视图，单击设计区域左上角 640 的按钮，出现 640px 的视图。

(5) 在这个自适应视图对话框中可以添加多个分辨率，不过需要注意的是，在移动端界面，图片的设置大小不应该超过边界线，并且需要在原始元件上更改大小，而不是重新添加元件，否则将无法显示。

(6) 预览并验证效果，按预览快捷键在浏览器中查看是否能够正常预览。首先在窗口中会看到 1200 像素的界面显示，接着将窗口宽度调整至 640 像素，可以看到页面中的内容将以 640 像素的宽度来展示。通过自适应方式进行页面的设计，可以在同一个页面中展示不同的布局样式。

2. 打开链接与关闭窗口

在链接菜单下打开链接有 4 种状态可供选择，在配置动作中也有 4 种状态，这和前面添加动作下面的链接是一样的。链接可以打开本地页面也可以打开外部网页。具体案例操作如下。

【例 4.4】链接与打开窗口的制作。

操作步骤如下：

(1) 在元件库中选中按钮元件，拖至工作区域，双击按钮元件，在按钮元件中输入字符"当前窗口打开百度"。

(2) 在右侧的"属性"面板中添加交互用例，双击"鼠标单击时"，弹出"用例编辑"对话框。

(3) 在"添加动作"中，选择"链接"→"打开链接"→"当前窗口"选项。

(4) 在"配置动作"中，选择"当前窗口"→"链接到 URL 或文件"，在超链接输入框中输入网址"http://www.baidu.com"，如图 4.24 所示。

(5) 按下快捷键 F5 预览效果，单击按钮可以从当前窗口跳转到百度页面。

图 4.24　在当前窗口中打开链接地址

3. 元件交互动作——显示/隐藏

交互对象都是针对元件的，元件的几种交互动作的设置如下。

- 显示/隐藏：设置元件的显示和隐藏，切换这两种状态。
- 显示：元件可见。
- 隐藏：元件不可见。
- 切换可见性：两种状态轮换。

设置元件的显示/隐藏效果，或者来回切换显示/隐藏，在显示/隐藏动态面板时，要在配置动作中设置"更多选项"，包括灯箱效果、弹出效果、推动元件效果等。

- 灯箱效果：制作弹出显示，突出当前元件。
- 弹出效果：类似于右击弹出的快捷菜单，其特点是可以在弹出的元件中进行操作。
- 推动元件效果：如果被推动元件的坐标>=显示/隐藏元件的坐标(x 方向或 y 方向)，该元件就会被推动一定距离(显示元件的高度或宽度)。

【例4.5】制作显示/隐藏弹出窗口。

1) 设置显示/隐藏效果

操作步骤如下：

(1) 在元件库中，单击"按钮"元件，拖至工作区域，重复拖入3个按钮元件，分别输入文本为"灯箱效果""弹出效果"和"推动元件效果"，用于分别展示动态面板的3种不同的效果。

(2) 单击矩形元件，拖至工作区域，调整矩形的尺寸，在"样式"面板中设置矩形的填充颜色，模拟弹出窗口效果，在矩形框中输入文本"这是弹出效果显示"。从元件库中拖入一个按钮元件，输入按钮文本为"关闭"，将按钮置于矩形框下方的中间位置，选中矩形框和按钮，单击鼠标右键，在弹出的快捷菜单中选择"转换为动态面板"命令，将此动态面板命名为tanchu1。

(3) 在页面中拖入一个矩形元件，单击矩形上方的小圆点，在弹出的形状对话框中选择"提示气泡"元件，双击此元件，输入文本"弹出相关提示信息"，选中"提示气泡"元件，单击右键，在弹出的快捷菜单中选择"转换为动态面板"命令，将此动态面板命名为tanchu2。

(4) 在页面中拖入一个矩形元件，双击此元件，输入文本"推动下方元件的距离为此元件的高度"，单击右键，在弹出的快捷菜单中选择"转换为动态面板"命令，将此动态面板命名为tanchu3。

(5) 完成整个页面的布局后，选中动态面板，单击鼠标右键，选择弹出菜单中的"隐藏"命令，将动态面板的初始状态设置为"隐藏"，将3个动态面板的初始状态均设置为"隐藏"。

(6) 步骤(1)~(5)的操作效果如图4.25所示。

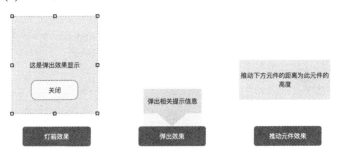

图4.25 显示/隐藏弹出窗口

2) 设置灯箱效果

(1) 灯箱效果显示为弹出的动态面板呈现为半透明背景，单击动态面板之外的半透明背景可自动关闭弹出的动态面板。

(2) 选中文本为"灯箱效果"的按钮，在"属性"面板中选择"鼠标单击时"事件。

(3) 在弹出的"用例编辑"对话框中，单击"添加动作"选项区域中的"元件"→"显示"选项，在"配置动作"选项区域中，选中tanchu1，设置动画效果为"逐渐"，设置"更多选项"为"灯箱效果"，背景色选择默认颜色，单击"确定"按钮。

(4) 双击动态面板tanchu1，进入动态面板编辑状态，选中"关闭窗口"按钮，在"属性"面板中选择"鼠标单击时"事件，在弹出的"用例编辑"对话框中，单击"添加动作"选项区域中的"元件"→"隐藏"选项，在"配置动作"选项区域中，选中tanchu1，单击"确定"按钮。

3) 设置弹出效果

弹出效果与灯箱效果的区别是，弹出效果没有半透明背景，在鼠标移出按钮后弹出的对话框会再次隐藏起来。

(1) 选中文本为"弹出效果"的按钮，在"属性"面板中选择"鼠标单击时"事件。

(2) 在弹出的"用例编辑"对话框中，单击"添加动作"选项区域中的"元件"→"显示"选项。

(3) 在"配置动作"选项区域中，选中tanchu2，设置动画效果为"逐渐"，设置"更多选项"为"弹出效果"，单击"确定"按钮。

4) 设置推动元件效果

推动元件效果是指在被显示的元件下方或者右侧的其他元件会被移动一定的距离，该距离为显示的元件的高度(下方推动)和宽度(右侧推动)。

(1) 选中推动元件效果按钮，在"属性"面板中选择"鼠标单击时"事件。

(2) 在弹出的如图4.26所示的"用例编辑"对话框中，单击"添加动作"选项区域中的"元件"→"显示"选项。

(3) 在"配置动作"选项区域中，选中tanchu3，设置动画效果为"逐渐"，设置"更多选项"为"推动元件"，设置"方向"为"下方"，设置"动画"为"线性"，单击"确定"按钮。

按下快捷键F5，预览动画效果。

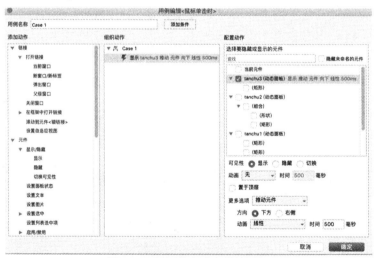

图4.26　鼠标单击时事件的添加

4. 文本设置

文本包括标题、提示信息、按钮提示信息、页面文字、变量设置等，以及带有文字内容的元件，如矩形框、标签和变量等。

文字内容可以直接输入，也可以通过多种方式给它赋值，从而设置文本的多种状态，如下所示。

- 值：可以直接输入文本内容。
- 富文本：既可设置显示文本内容的格式，又可输入带有格式的文本内容，比如可以设置文字的大小和颜色、阴影等。
- 变量值：设置指定的变量内容，如果设置变量 name 为 "hello"，那么文本的内容就会显示 "hello"。
- 变量值长度：设置指定变量值的长度，如果设置变量值 name 为 "hello"，那么长度为 5。
- 元件文字：设置元件上面显示的文字，比如图片上的文字。
- 元件文字长度：指的是元件上文字内容的长度。
- 被选项：指的是列表中的被选中项。
- 选中状态：指的是当前元件是否为选中状态。
- 面板状态：指的是动态面板的名称和状态。

【例 4.6】 模拟单选按钮交互制作。

模拟单选按钮，通过设置元件显示每个元件的 "选中" 状态。从元件库拖入 3 个矩形元件，模拟单项选择，即 3 个选项中只能选择其一。

操作步骤如下：

(1) 在工作区域添加文字标签和 3 个矩形元件，矩形元件为浅灰色，设置文字标签内容为 "爱好"，在 3 个矩形框中分别输入文字为："玩" "学习" "就不告诉你"，将 3 个矩形框分别命名为 play、study、no。

(2) 设置交互样式，全部选中 3 个矩形框，单击鼠标右键，在弹出的快捷菜单中选择 "交互样式" 命令，设置鼠标悬停和选中状态的样式，这里设置鼠标悬停时填充颜色变为红色，字体为黑色，而选中后的样式为填充且为绿色，字体颜色为白色，可根据实际项目修改相关参数。

(3) 再次同时选中 3 个矩形框，单击鼠标右键，在弹出的快捷菜单中选择 "设置选项组名称" 命令，将组名设置为 "hobby"，3 个按钮元件为同一按钮组，如图 4.27 所示。

图 4.27 设置选项组

(4) 模拟单选按钮是指在任何状态下都只能选择其中一个按钮，选择文本为 "玩"（名称为 play）按钮，添加 "鼠标单击时" 事件，设置 "添加动作" 为 "设置选中"，选中 "play" 按钮，设置值为 "true"。

(5) 因为 3 个选项的鼠标单击事件是一样的，所以制作完 "play" 按钮的鼠标单击事件后，可以直接将其复制到另外两个按钮元件上，在 "用例编辑" 对话框中，将原来选中的 "play" 按钮，分别改为 "study" 和 "no"，值不变。

(6) 按下快捷键 F5，预览效果，分别单击 3 个按钮，每次只能选中其中一个按钮，并且在鼠标悬停或选中时，按钮样式会改变。

【例 4.7】 设置图片的缩放效果。

登录一些网站或者 APP 时，经常会遇到这样的操作，就是当鼠标悬停在某个图片时，图片会稍微放大，鼠标离开图片时，又会恢复原状。本案例模拟制作图片的缩放效果。

操作步骤如下：

(1) 首先在工作区域添加 4 张图片，调整每张图片的大小，宽和高均设置为 220，将图片全部选中，先设置对齐方式为顶部对齐，再设置分布方式为水平分布，效果如图 4.28 所示。

图 4.28　基本界面布局

(2) 选中图片 1，双击"鼠标移入时"事件，在弹出的"用例编辑"对话框中，设置"添加动作"为"设置尺寸"，在"配置动作"中选中当前元件，设置宽和高分别为 220，锚点为中心，动画效果为缓进缓出，如图 4.29 所示。

图 4.29　鼠标移入时事件的添加

注意，在此案例中不必命名元件名称，每个图片的交互事件都是一样的，不命名是为了方便复制并粘贴交互事件。

(3) 选中第一张图片，双击"鼠标移出时"事件，在弹出的"用例编辑"对话框中，设置"添加动作"为"设置尺寸"，在"配置动作"中选中当前元件，设置宽和高分别为 220，锚点为中心，动画效果为缓进缓出。

(4) 将图片 1 的"鼠标移入时"事件和"鼠标移出时"事件，粘贴在其他三张图片的对应事件上。

(5) 按下快捷键 F5，预览效果。

要说明的是，Axure RP 中提供的内置动画效果，基本可以满足交互原型的设计，注意，动画只需要适当加入即可,不必太过于夸张。

4.6　Axure RP 综合实例操作

本节将结合前面所讲的知识进行实际场景的操作应用,包括动态面板、变量函数、母版应用、动画效果设置、交互事件添加等场景的应用。

【例 4.8】制作网页分享弹出窗口。
操作步骤如下:
(1) 标题栏的制作。拖入一个矩形元件到工作区域,作为标题栏。修改标题栏样式,在右侧的"样式"面板中,将矩形的背景色设置为深灰色,输入文本"分享",文本颜色设置为白色,设置左填充为 20,为的是让文字与矩形左侧有一定的距离,上下右填充均设置为默认值 2,标题栏的阴影偏移 X 和 Y 均设置为 2,模糊值设置为 5,颜色设置为浅灰色,圆角半径根据需要进行调整。

(2) 标题栏右侧关闭按钮的制作。选中元件库里的 icons 库,查找"关闭"元件,选中它并将其拖到工作区域中,调整大小并且摆放在标题栏的合适位置。

(3) 设计共享弹出窗口。拖入一个矩形元件,矩形宽度与标题栏宽度一样,高度自定,背景偏移和模糊值效果的设置与标题栏保持一致,在"样式"面板的圆角半径处设置窗体下方的左右为圆角。

(4) 添加窗口中的内容。拖入两个矩形元件,调整矩形尺寸,分别输入文本"分享给大家""私信分享",选中表单元件库中的"多行文本框"元件,拖入工作区域。

(5) 设置"分享""取消"按钮。拖入两个按钮元件,修改按钮的文本,一个按钮的输入文本为"分享",另一个按钮的输入文本为"取消",设置按钮元件为圆角矩形。选中文本为"分享"的按钮,添加填充颜色为渐变,渐变颜色为浅蓝色至深蓝色,角度为 90 度,细节设计可以根据项目需要进行调整,如图 4.30 所示。

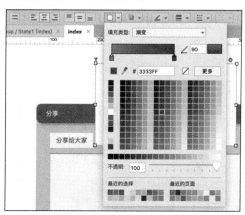

图 4.30　渐变颜色的添加

(6) 继续制作"取消"按钮,方法同上,只是颜色设置为浅灰色。
(7) 添加交互事件。将上方的整个标题栏选中,单击鼠标右键,在弹出的快捷菜单中选择"转换为动态面板"命令,将动态面板命名为"title"。再选中标题栏和分享窗口,单击鼠标右键，在弹出的快捷菜单中选择"转换为动态面板"命令，将动态面板命名为"popup"。

(8) 双击动态面板 popup，选择 state1，双击进入动态面板内部，选中"标题栏"，单击"拖动时"交互事件，在弹出的"用例编辑"对话框中，设置"添加动作"为"移动"，选中 popup(动态面板)，设置移动方式为"拖动"，在界限处单击"添加边界"，默认值只有顶部，顶部默认值为>=0，不修改，继续单击"添加边界"，添加底部、左侧和右侧值，单击底部右侧的"fx"，弹出编辑值对话框，底部边界<=[[Window.height]]，即小于窗口高度，同理设置右侧边界<=[[Window.width]]，即小于窗口宽度，左侧值默认为>=0，如图 4.31 所示。

图 4.31　拖动时事件的添加

(9) 按下快捷键 F5 预览效果，拖动"分享"窗口的标题栏时，鼠标会变为拖动光标，可移动弹出窗口。如果将它拖到窗口的四个边角之外的地方，则会出现无法移动的现象。若不加边界限制，则可以移出显示器窗口，如图 4.32 所示。

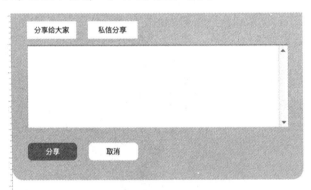

图 4.32　最终效果图

【例 4.9】综合实例-模拟制作企业网站

模拟制作企业网站原型图设计，包括企业网站首页，跳转到二级页面的制作，制作导航菜单，鼠标悬停状态改变，鼠标经过一级菜单，自动弹出显示二级菜单。在制作本案例时，要思考整个项目的流程，包括前期的竞品分析、流程图、低保真原型图、高保真原型图、用户的操作习惯、对企业网站设计的深度解读等，也包括整个章节所讲到的案例与知识点，读者应该学会融会贯通，做到举一反三。

本案例需要掌握的技术包括：动态面板事件，交互样式，动态面板的显示与隐藏，显示动画效果，企业网站原型图的搭建，页面之间的跳转等。

(1) 制作企业网站首页，主要包括三部分：标题栏、导航栏和内容区域。该过程中需要制作页面顶部导航栏，调整整个导航栏的颜色，使交互时标题的颜色和背景相融合，如图 4.33 所示。

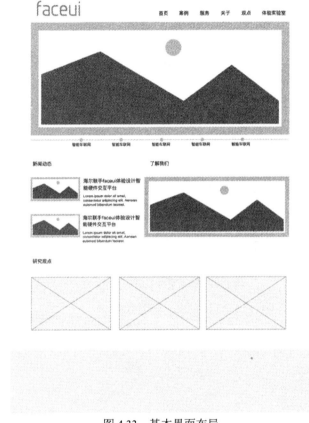

图 4.33　基本界面布局

(2) 弹出二级菜单的显示方式。当鼠标经过一级菜单时，自动弹出二级菜单，鼠标移出一级菜单或者二级菜单时，二级菜单隐藏。

(3) 添加导航菜单。在元件库中拖曳文字标签到工作区域，设置交互样式，鼠标悬停时，文字显示为橙色，导航元件被选中时也是橙色，当菜单被单击后显示选中的颜色。

(4) 将"首页"导航菜单复制并粘贴 5 个，并且依次修改这 5 个导航菜单的文本为：案例、服务、关于、观点、体验实验室，修改完文本后设置上下对齐，水平分布。

(5) 二级菜单的制作。首先添加一个矩形，然后单击矩形右上方的小圆点，在弹出的形状对话框中选择"提示气泡"形状，在"样式"面板中，设置该形状的填充颜色为橙色，设置该形状为"垂直翻转"。

(6) 添加二级菜单的链接。在"提示气泡"形状中添加文字标签，选中该形状，单击鼠标右键，在弹出的快捷菜单中选择"交互样式"命令，在交互"样式"面板中，设置鼠标悬停时，文字由白色变为黑色。选中二级菜单的气泡元件和文本标签，单击鼠标右键，在弹出的快捷菜单中选择"转换为动态面板"命令，将动态面板命名为submenu1。

（7）复制动态面板submenu1，粘贴在"服务"下方，重新命名为submenu2，并修改其中的文本标签，设置完成后，将submenu1和submenu2同时设置为隐藏状态，如图4.34所示。

图4.34 将动态面板设置为隐藏

（8）选中一级菜单"案例"，设置"鼠标移入时"事件，在"添加动作"中选中"隐藏"，在"配置动作"中设置隐藏submenu2，再在"添加动作"中选中"显示"，在"配置动作"中设置显示submenu1，设置显示的动画效果为向下滑动，如图4.35所示。

图4.35 设置鼠标移入时事件

（9）同理，选中一级菜单"服务"，设置"鼠标移入时"事件为隐藏submenu1，显示出submenu2。

（10）设置二级菜单submenu1和submenu2的"鼠标移出时"事件，均为鼠标移出时隐藏该状态，如图4.36所示。

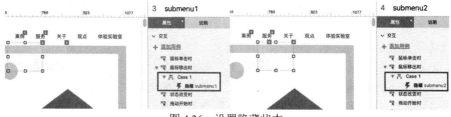

图4.36 设置隐藏状态

对首页进行布局，可在页面的相应位置插入其他元素，如：图像、文本、占位符等。同理，制作另一个页面 page1。

按下快捷键 F5 预览上述效果，当鼠标分别经过"案例"和"服务"两个导航栏菜单时，颜色会发生改变，并分别显示出二级菜单 submenu1 和 submenu2；当鼠标移出 submenu1 和 submenu2 时，隐藏效果。

(11) 制作首页跳转到内容页面(page1)，当在 index.htm 页面单击"服务"菜单时，链接会跳转到二级子页面。选中"服务"文本标签，双击"鼠标单击时"，在弹出的"用例编辑"对话框中，在"添加动作"中，选择"链接"→"打开链接"→"当前窗口"，在"配置动作"中选择"page1"，如图 4.37 所示，单击"确定"按钮。

图 4.37　添加页面交互事件

(12) 制作内容页面(page1)跳转到首页链接，即当在"服务"页面单击"首页"时，会跳转到 index 页面，企业网站内容页原型图如图 4.38 所示。选中"首页"文本标签，双击"鼠标单击时"，在弹出的"用例编辑"对话框中，在"添加动作"中选择"链接"→"打开链接"→"当前窗口"，在"配置动作"中选择"index"。

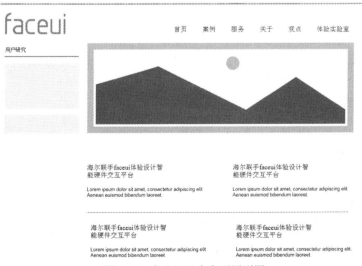

图 4.38　企业网站内容页原型图

(13) 返回顶部按钮的制作。当网页较长时，一般会添加一个返回顶部按钮。在页面的右下角添加一个矩形元件，填充颜色为黄色，将其转换为动态面板，命名为 back。在右侧的"属性"面板中单击"固定到浏览器"链接，在弹出的"固定到浏览器"对话框中，选中"固定到浏览器"选项，将水平固定设置为右，边距设置为 50，垂直固定设置为下，边距设置为 50。

(14) 设置单击按钮返回的位置。选中网页 faceui 的标志，将其命名为 logo。选中"返回顶部"按钮，设置"鼠标单击时"事件，在"添加动作"中选择"链接"→"滚动到元件<锚链接>"，在"配置动作"中选中 logo 图片，选中"仅垂直滚动"，将动画设置为线性动画。

(15) 按下快捷键 F5，预览整体效果。

在本案例的制作中，banner 区域的轮播图交互事件可以自行添加，这样可将企业网站交互原型设计得更为完善。

小　　结

本章主要介绍了以下内容：

1. 原型设计基础知识。

(1) 原型设计的基本概念。

(2) Axure RP 流程图、低保真原型图与高保真原型图的概念。

2. Axure RP 软件的操作：元件交互样式的设置、基本图形元件样式的设置、动态面板的创建与应用，母版的使用方法等。

3. 在 Axure RP 软件中的交互制作：元件交互事件的添加，动态面板事件的添加，文本事件的添加，页面事件的添加等。

4. 结合知识点能够进行综合实例的操作。

练　习　题

(1) Axure RP 的主要功能是什么？

(2) 什么是低保真原型图？什么是高保真原型图？

(3) 制作一个完整项目的流程是什么？

(4) 制作轮播图幻灯片涉及的知识点有哪些？

上机实验

1. 背景知识

根据本章学习的原型设计知识，制作企业网站网页原型，包括静态原型图及交互原型图的制作，熟练掌握使用 Axure RP 制作网页或者 APP 界面的流程。

2. 实验准备工作

保证 Internet 连接畅通,因为交互原型图需要随时在浏览器中查看界面效果,在主机上安装相应的原型制作软件:Axure 8.0 或者 Axure 9.0 版本,本书的案例采用 8.0 版本制作。

3. 实验要求

(1) 制作互联网新媒体雷锋网的首页及相关子页静态原型设计。要求:利用 Axure RP 中的元件库、站点地图进行静态低保真制作,包括标题栏、导航栏和内容区域,如图 4.39 所示。

(2) 制作网页的交互设计。要求:动态面板的应用,固定导航栏的制作,判断当前页面的滚动位置,回到顶部按钮制作。

4. 课时安排

上机实验课时安排为 4 课时,实验要求:(1)为 2 课时,(2)为 2 课时。

5. 实验指导

操作步骤如下:

(1) 模拟制作当窗口向下滚动超过一定距离时,导航菜单会一直固定在界面最上方,右下方出现回到顶部的图标,单击该图标会返回到页面顶部。

(2) 搭建基础界面,主要包括三部分:标题栏、导航栏和内容区域。

制作页面顶部导航栏,命名为 title,因为回到顶部需要用到该导航栏,调整整个导航栏的颜色,让标题和背景相融合,如图 4.39 所示。

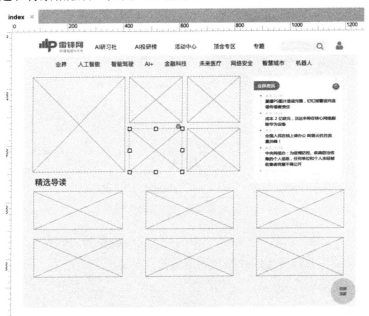

图 4.39 基本界面布局

(3) 添加一个矩形元件到工作区域,调整其大小,作为导航菜单,在属性栏中修改矩形元件名称为"menu",在矩形元件上双击,输入文本,文本内容为"业界　人工智能　智能驾驶　AI+　金融科技　未来医疗　网络安全　智慧城市　机器人",在右侧"样式"面板中,选择左侧对齐,设置矩形边框的可见性为:只显示下边框,调整阴影显示的偏移值与模糊值。

(4) 复制并粘贴步骤(3)中制作的导航菜单,将其命名为"f-menu",单击鼠标右键,在弹出的快捷菜单中选择"转换为动态面板"命令,将此动态面板命名为"f-panel",此导航菜单的作用是作为页面向下滚动一段距离之后出现在页面中的浮动导航菜单,其初始状态显示时浮动导航菜单"f-panel"是设置为隐藏的。

(5) 制作页面内容区域,添加占位符,调整占位符大小并且排列整齐,页面上需要添加足够多的占位符,这样在浏览器中预览时,页面上才能出现垂直方向的滚动条。

(6) 在页面的右下方制作一个圆形按钮,输入文本为"回到顶部",设置背景颜色为浅灰色,设置文字颜色为深灰色,将其转换为动态面板,将此动态面板命名为"back",单击圆形按钮可以回到页面顶部,开始预览页面时,与浮动导航栏菜单一样,是隐藏效果。

(7) 设置动态面板"f-panel"和按钮"back"的属性。

首先设置"f-panel"的属性,在"属性"面板中,默认选中的是"自动调整为内容尺寸"复选框(此项不修改),单击"固定到浏览器",在弹出的"固定到浏览器"对话框中,选中"固定到浏览器窗口"复选框,设置"水平固定"为"居中","垂直固定"为"上",如图4.40所示。

图4.40　将动态面板设置为固定到浏览器

(8) 设置按钮"back"的属性,默认选中的是"自动调整为内容尺寸"复选框(不修改),单击"固定到浏览器",在弹出的"固定到浏览器"对话框中,选中"固定到浏览器窗口"复选框,设置"水平固定"为"右",边距为100,设置"垂直固定"为"下",边距为50,如图4.41所示。

设置动态面板"f-panel"和按钮"back"的初始状态为隐藏,当页面向下滚动超过一段距离后才能显示出来。为此,只需选中该动态面板,单击鼠标右键,在弹出的快捷菜单中选择"隐藏"命令即可。

图 4.41　固定到浏览器的设置

（9）当页面处于初始化状态时，需要将导航栏菜单的宽度设置为和浏览器窗口一样的宽度，在页面的空白处单击鼠标，给页面添加"页面载入时"事件。

① 单击页面空白处，在"属性"面板中双击添加"页面载入时"事件。

② 在弹出的"用例编辑"对话框中，在"添加动作"中选择"元件"→"移动"，在"配置动作"中，选中导航栏菜单"menu"和浮动导航栏菜单"f-menu"，参数使用默认值，不做修改。

③ 在当前的"用例编辑"对话框中继续进行设置，在"添加动作"中，选择"元件"→"设置尺寸"。

④ 在"配置动作"中，选中要设置的对象为导航栏菜单"menu"和浮动导航栏菜单"f-menu"。首先设置 menu 和 f-menu 的宽度，其宽度保持和浏览器窗口宽度一致。先选中 f-menu，单击宽度设置右侧的 fx，在弹出的窗口中单击"插入变量或函数"，调用窗口函数 [[Window.width]]。单击"确定"按钮。menu 的宽等于 [[Window.width]]，即保持和浏览器窗口一样的大小，高度设置为 58，如图 4.42 所示，menu 的参数设置与 f-menu 的参数设置相同。

图 4.42　设置"页面载入时"事件

(10) 设置窗口滚动事件。

① 单击页面空白处,在"属性"面板中选中"窗口滚动时"事件。

② 双击"窗口滚动时"事件,在弹出的"用例编辑"对话框中,单击"添加条件"按钮,在弹出的"条件设立"对话框中设置条件,在下拉框中选择"值",插入 fx 变量为[[Window.scrollY]],如图4.43所示,当值≥110时,在"添加动作"中,选择"元件"→"显示/隐藏"→"显示",在"配置动作"中,选中浮动导航栏菜单"f-panel"和返回按钮"back"。

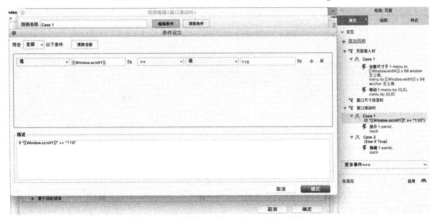

图 4.43　设置"窗口滚动时"事件

(11) 再次双击"窗口滚动时"事件,在弹出的"用例编辑"对话框中,添加条件分支 case2。如果不满足以上条件(Else If True),就在"添加动作"中,选择"元件"→"显示/隐藏"→"隐藏",在"配置动作"中,选中浮动导航栏菜单"f-panel"和返回按钮"back",如图4.44 所示。

图 4.44　设置"窗口滚动时"事件分支

(12) 单击"返回顶部"按钮事件。当单击按钮时,则页面滚回到顶部,并且浮动导航栏菜单"f-panel"和返回按钮"back"会自动隐藏。

① 选择"返回顶部"按钮 back,在"属性"面板中双击"鼠标单击时"事件。

② 在弹出的"用例编辑"对话框中，在"添加动作"中选择"链接"→"滚动到元件<锚链接>"。

③ 在"配置动作"中选中"title"，选中"仅垂直滚动"，将动画设置为线性，时间设置为默认值，即 500 毫秒。

④ 继续选择"添加动作"为隐藏。在"配置动作"中，选中浮动导航栏菜单"f-panel"和返回按钮"back"，其他值选择默认值即可。

(13) 按下快捷键 F5 预览效果。在预览最终效果时，若窗口向下滚动超过一定距离，浮动导航栏菜单就固定出现在页面最上方，此时页面右下角会出现回到顶部的按钮，单击该按钮即可返回到页面顶部。在检查无误后保存源文件即可。

说明：本章节中所选用的图片来源于网络及企业官网截图，仅作为教学案例使用。

第 5 章

利用Photoshop设计网页

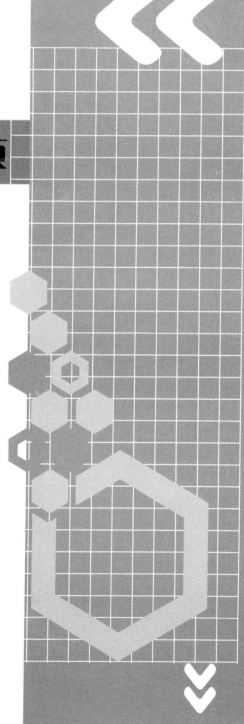

  Adobe Photoshop 由美国 Adobe 公司在 1990 年首次推出，是一款功能强大的图像处理软件，在图像处理和计算机绘图领域占据重要地位。经过多次更新换代，功能已不断增强与完善，新推出的 Photoshop CC 增加了许多功能，如相机防抖功能、Camera Raw 修复功能、Camera Raw 径向滤镜功能、Camera Raw 自动垂直功能等，使原有功能更加完善。

  本章首先介绍 Photoshop CC 软件的操作方法，然后通过多个图像和网页实例的设计过程，讲解如何利用 Photoshop 进行网页设计。

【本章学习目标】

通过本章的学习，读者能够：

- 了解 Photoshop CC 的工作界面
- 掌握 Photoshop CC 软件操作
- 掌握利用 Photoshop CC 软件进行平面设计
- 掌握利用 Photoshop CC 软件进行网页设计

5.1　Photoshop CC 简介

Photoshop 的应用领域很广泛，在图像、网页设计、视频、Web 出版各方面都有涉及。Photoshop 的专长在于图像处理，而不是图形创作，主要用于平面设计、网页设计、绘画、标志设计、数码照片处理及一些后期处理等方面。

1. 平面设计

平面设计是 Photoshop 应用最为广泛的领域，无论是我们正在阅读的图书封面，还是在大街上看到的招贴海报，这些具有丰富图像的平面印刷品，基本上都需要用 Photoshop 软件对图像进行处理，如图 5.1 所示。

图 5.1　平面设计

2. 照片修复

照片修复是指对老旧破损的照片，通过计算机技术进行修复，包括对褪色、残缺损坏的照片或胶片等的修复，修复时利用曲线调整图层进行照片亮度的调节，并且修复曝光过度的照片。Photoshop 具有强大的图像修饰功能，利用这些功能，可以快速修复破损的老照片，也可以修复人脸上的斑点等缺陷，如图 5.2 所示。

图 5.2　照片修复

3. 广告摄影

广告摄影是以商品为主要拍摄对象的一种摄影，通过反映商品的形状、结构、性能、色彩和用途等特点，从而激起顾客的购买欲望。广告摄影作为一种对视觉要求非常严格的工作，其最终成品往往要经过 Photoshop 的修改才能得到满意的效果，如图 5.3 所示。

图 5.3　广告摄影

4. 影像创意

影像创意是 Photoshop 的特长，通过 Photoshop 的处理可以将原本风马牛不相及的对象组合在一起，也可以使用"狸猫换太子"的手段使图像发生面目全非的巨大变化，如图 5.4 所示。

图 5.4　影像创意

5. 艺术文字

艺术文字经过变形后，可以突出和美化文字，使文字千姿百态，变化万千，这是一种字体艺术的创新，常用来创建主题鲜明的标志或标题。利用 Photoshop 可以使文字发生各种各样的变化，这些艺术化处理后的文字可以为图像增加效果，如图 5.5 所示。

图 5.5　艺术文字

6. 图标制作

Photoshop 中的效果和图层样式极为丰富，可使用 Photoshop 制作非常精美的图标，如图 5.6 所示。

图 5.6　图标制作

7. 网页设计

网络的普及是促使更多人需要掌握 Photoshop 的一个重要原因，因为在设计网页时，Photoshop 是必不可少的网页设计处理软件，如图 5.7 所示。

图 5.7　网页设计

8. 软件界面设计

软件界面设计是一个新兴的领域，已经受到越来越多的软件企业及开发者的重视，由于当前还没有用于界面设计的专业软件，因此绝大多数设计者使用的都是 Photoshop，如图 5.8 所示。

图 5.8　软件界面设计

9. 数码绘画

使用数位板通过 Photoshop 可在 PC 平台上进行绘画创作。其优点在于可以节省纸张、颜料等，还可以体现出传统绘画的材料。因为数码绘画具有像素值很高、非常清晰的特点，所以广泛地用于商业插画和广告制作，如图 5.9 所示。

图 5.9　数码绘画

5.2　Photoshop CC 的工作界面

Photoshop CC 的工作界面由"菜单"栏、"属性"栏、"图像编辑"窗口、状态栏、工具箱、控制面板等组成，如图 5.10 所示。

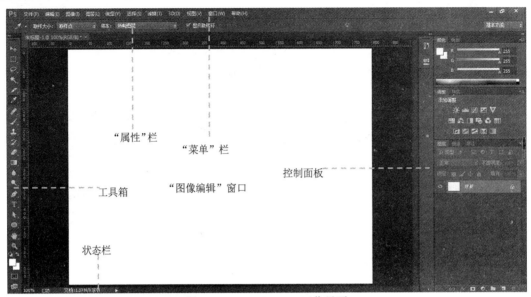

图 5.10　Photoshop CC 工作界面

1．"菜单"栏

"菜单"栏为整个 Photoshop 环境下的所有窗口提供菜单控制，包括"文件""编辑""图像""图层""选择""滤镜""视图""窗口"和"帮助"等菜单项。

Photoshop 中通过两种方式执行所有命令：一是菜单，二是快捷键或组合键。

2．"属性"栏

"属性"栏是动态变化的，选中某个工具后，"属性"栏就会改变成相应工具的属性设置选项，可更改相应的选项。

3．"图像编辑"窗口

"图像编辑"窗口是 Photoshop 的主要工作区，用于显示图像文件。"图像编辑"窗口带有自己的标题栏，提供了打开文件的基本信息，如文件名、缩放比例、颜色模式等。

如果同时打开了两幅图像，可通过单击"图像编辑"窗口的标题栏进行切换，也可使用 Ctrl+Tab 组合键进行切换；按 Tab 键可直接隐藏/查看工具栏和面板；按 Shift+Tab 组合键则只隐藏右边的面板。

4．工具箱

工具箱中的工具可用来选择、绘画、编辑以及查看图像。拖动工具箱的标题栏，可移动工具箱。有些工具的右下角有一个小三角形符号，这表示在该工具位置存在一个工具组，其中包括若干个相关工具。

当单击选中某工具时，"属性"栏中会显示该工具的属性。工具箱的最后一项用于切换屏幕模式，共有三种模式供选择，按下 F 键可进行屏幕模式的切换。

5. 控制面板

Photoshop CC 有多个面板，可通过单击"窗口"菜单→"××"命令，来显示某个面板，如单击"图层"命令，即会显示"图层"面板。

按 Tab 键会自动隐藏控制面板、"属性"栏和工具箱，再次按该键，则显示以上组件。按 Shift+Tab 组合键，可隐藏控制面板，保留工具箱。

6. 状态栏

状态栏位于 Photoshop CC 文档窗口的底部，显示文档的大小、文档配置文件，文档窗口的缩放比例等。单击状态栏中的向右箭头，可在弹出的菜单中选择状态栏所要显示的内容。

5.3 Photoshop CC 基本应用

5.3.1 Photoshop CC 基本操作

1. 变换图像

在图像编辑过程中，有时需要对图像进行拉伸、挤压、旋转或其他形式的更改。这些操作可以通过"编辑"菜单→"变换"选项中的某一项来实现，如图 5.11 所示。

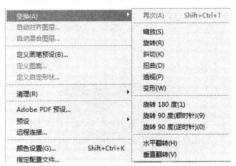

图 5.11 "变换"图像的命令

各项的功能如下：

- 缩放：缩放操作通过水平或垂直方向拉伸或挤压图像内的一个区域来修改该区域的大小。
- 旋转：旋转操作允许用户改变一个图层的内容或一个选择区域的对角方向。
- 斜切：沿着单个轴，即水平或垂直轴倾斜一个选择区域。斜切的角度影响最终图像倾斜的程度。要想斜切一个选择区域，拖动边界框的节点即可。
- 扭曲：当扭曲一个选择区域时，用户可以沿着它的每个轴进行拉伸操作。与斜切不同的是，倾斜不再局限于每次一条边，设定一个角，两条相邻边将沿着该角拉伸。
- 透视：挤压或拉伸一个图层或选择区域的单条边，进而向内外倾斜两条邻边。
- 变形：可以对图像进行任意拉伸，从而产生各种变换。

实现自由变换图像的快捷键为 Ctrl+T。

2. 选取颜色

网页中的色彩有些是通过素材图像自身的色调形成的，而有些则是通过选择、填充制作出来的。在 Photoshop 中既可以独立设置颜色，也可以借用现有的颜色。

Photoshop 中的"色板"控制面板中包括多种模式的颜色，在"色板"控制面板的上方右侧选项中根据需要选择一种颜色模式即可，如图 5.12 所示。

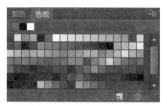

图 5.12 "色板"控制面板

使用工具箱中的"吸管"工具吸取素材图像中的某种颜色，方法是：使用"吸管"工具在图像中单击，将颜色提取到前景色中。

3. 管理图层

图层的基本工作原理就是将构成图像的不同对象和元素隔离到独立图层上进行编辑操作。组成图像的各个图层就相当于一个单独的文档，相互堆叠在一起，透过上一个图层的透明区域可以看到下一个图层中的不透明像素；透过所有图层的透明区域，可以看到背景图层。最终呈现在用户面前的就是一幅完整的平面作品。

"图层"控制面板如图 5.13 所示。

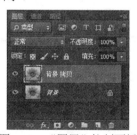

图 5.13 "图层"控制面板

第一行按钮依次表示：选取滤镜类型、像素图层过滤器、调整图层过滤器、文字图层过滤器、形状图层过滤器、对象过滤器和过滤器开关。

第二行按钮依次表示：设置图层的混合模式、设置图层的总体不透明度。

第三行按钮依次表示：锁定透明像素、锁定图像像素、锁定位置、锁定全部和设定图层内部的不透明度。

第四行和第五行的大眼睛图标是图层可见性按钮，代表当前图层可见，单击后变为隐藏。

第五行的锁图标代表该层已锁定，不可编辑。

最后一行按钮依次表示：链接、添加图层样式、添加图层蒙版、创建新的填充或调整图层、创建新组、创建新图层、删除当前图层。

可以依据按钮功能创建各种功能的图层或编辑当前图层，为当前图层添加效果。

1) 图层的分类

在 Photoshop CC 中，图层的类型有很多，了解并且掌握不同类型图层的功能及特点对于正确地处理图像有很大的帮助。图层可以分为：普通图层、文字图层、填充或调整图层、样式图层、剪贴蒙版图层和智能对象图层等。

2) 图层的混合模式

混合模式是 Photoshop 最强大的功能之一，它决定了当前图像中的像素如何与底层图像中的像素混合，使用混合模式可以轻松地制作出许多特殊的效果。可将混合模式分为如下六大类：

(1) 组合模式(正常、溶解)。

(2) 加深混合模式(变暗、正片叠底、颜色加深、线性加深)。

(3) 减淡混合模式(变亮、滤色、颜色减淡、线性减淡)。

(4) 对比混合模式(叠加、柔光、强光、亮光、线性光、点光、实色混合)。

(5) 比较混合模式(差值、排除)。

(6) 色彩混合模式(色相、饱和度、颜色、亮度)。

【例 5.1】 图层混合模式的运用。

(1) 混合模式为正常模式。改变图层的不透明度可与下层产生遮罩效果。打开 Photoshop 软件，打开风景素材图像。单击"矩形"工具，按下鼠标左键拖动，绘制矩形，复制"矩形"图层，分别填充红、绿、蓝三种不同颜色，如图 5.14 所示。

图 5.14 绘制矩形并填充颜色

(2) 单击"矩形"图层，调整图层的不透明度至合适的百分比，效果如图 5.15 所示。

图 5.15 调整图层的不透明度

(3) 将三个"矩形"图层的混合模式分别设置为颜色加深、正片叠底、变暗模式，效果如图 5.16 所示。

图 5.16　设置图层的混合模式

(4) 将三个"矩形"图层的混合模式分别设置为线性减淡、滤色、变亮模式，效果如图 5.17 所示。

图 5.17　设置图层的混合模式

(5) 当混合模式设置为溶解模式时，改变图层的不透明度，将与下方图层产生杂点效果。打开 Photoshop 软件，单击"文件"菜单中的"打开"命令打开老鹰素材图像，按下 Ctrl+J 组合键复制图层，按下 Ctrl+T 组合键调整大小，排列至合适的位置，如图 5.18 所示。

图 5.18　复制图层

(6) 单击位于下层的老鹰素材图像，激活当前层，再单击"滤镜"菜单→"模糊"选项→"高斯模糊"命令，设置半径为 19.4，设置图层混合模式为溶解模式，图层的不透明度为 48%，按下 Ctrl+T 组合键，自由变换大小和角度，排列至合适的位置，再复制该图层，并调整图层不透明度、自由变换大小等，移动至合适的位置，效果如图 5.19 所示。

图 5.19　溶解模式的效果图

3) 图层样式

图层样式是应用于图层的一种或多种效果。Photoshop 提供了各种效果(如阴影、发光和斜面)来更改图层内容的外观、图层效果等。移动或编辑图层的内容时，会对所修改的内容应用相同的效果。

在 Photoshop 中，单击"图层"菜单→"图层样式"命令，或单击"图层"工作面板下方的"添加图层样式"按钮，弹出"图层样式"对话框，如图 5.20 所示。

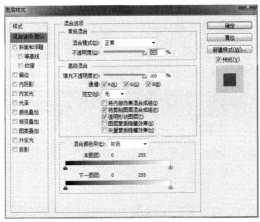

图 5.20　"图层样式"对话框

在该对话框中，左侧是样式的所有分类，例如投影、斜面和浮雕、渐变叠加等。图层样式的选择可以是多项的，这样效果会有更多的变化。若选项背景为蓝色，表明此选项处于工作状态，此时中间将出现相应的参数设置。对话框的右侧是操作按钮和预览效果。

5.3.2　Photoshop CC 常用工具详解

1．移动工具

(1) 使用移动工具时，可以选中"属性"栏中的"自动选择"复选框，并单击"组或图层"下拉框，选择"图层"命令，再单击画面中需要的部分，即可移动其位置。

(2) 使用移动工具的组合键为"Alt+鼠标左键拖动"。

(3) 按下 Ctrl 键并单击图层缩略图，可提取该图层的选区。

2．选区工具

(1) 多种选框：分为矩形选框、椭圆形选框、单行选框、单列选框等。

(2) 套索工具：分为套索、多边形套索、磁性套索等，可在"属性"栏中设置选区工具的基本属性，如容差，容差值越大，Photoshop 区分颜色的能力就越弱。

(3) 魔棒工具：区别不同颜色的区域，是一种快速选择工具，用于区别图像的形状边缘。对于上述的(2)和(3)，可设置容差，容差值越大，Photoshop 区分颜色的能力就越弱。

按下 Shift 键的同时，单击鼠标左键可增加选区；按下 Alt 键的同时，单击鼠标左键可减少选区；取消选区则是在空白位置按下快捷键 Ctrl+D。

3．裁剪工具

(1) 单击裁剪工具，调整图像，放置裁剪边框，按下 Enter 键，可对图片进行裁剪。

(2) 使用透视裁剪工具，按下鼠标左键绘制形状，拖动参考线上的控制点，形成透视效果，按下 Enter 键，可对图片进行透视裁剪。

4．切片工具和切片选择工具

(1) 使用切片工具把大的图片分割成自然连接的矩阵，然后保存为 Web 所用格式，可选择为 HTML 和图像。软件会自动生成一个文件夹和一个网页，在文件夹里面按次序存放着分割好的图片，可在网页编辑软件中对网页进行编辑。

(2) 使用切片选择工具可将切割后的某幅图片单独进行设置与保存。

5．渐变工具

可利用渐变工具填充渐变颜色，渐变类型有：线性渐变、径向渐变、角度渐变、菱形渐变等。

6．绘制路径工具

路径是 Photoshop 中的重要工具，主要用于选择图像区域及辅助抠图、绘制光滑和精细的图形、定义画笔等工具的绘制轨迹、输出/输入路径以及在选择区域之间进行转换。

Photoshop 中的路径工具包括贝塞尔路径工具和形状路径工具、选择路径工具以及调整路径工具，如图 5.21 所示。

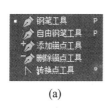  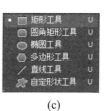

  (a)   (b)   (c)

图 5.21 路径绘制工具

(1) 贝塞尔路径工具。

  钢笔工具：绘制由多个线段连接而成的贝塞尔曲线。

  自由钢笔工具：可以自由手绘形状路径。

(2) 形状路径工具。

  矩形工具：创建矩形路径。

  圆角矩形工具：创建圆角矩形路径。

  椭圆工具：创建椭圆路径。

  多边形工具：创建多边形或星形路径。

(3) 选择路径工具。

  路径选择工具：选择并且移动整个路径。

  直接选择工具：选择并且调整路径中节点的位置。

(4) 调整路径工具。

  添加锚点工具：在原有路径上添加节点以满足调整、编辑路径的需要。

  删除锚点工具：删除路径中多余的节点以适应路径的编辑。

  转换点工具：转换路径节点的属性。

♥注意：

  用钢笔工具绘制直线时，同时按下 Shift 键将绘制呈 45 度角的直线；用钢笔工具绘制曲线时，在节点处按下 Alt 键可转换曲线方向，或用直接选择工具修改曲线形状，或采用钢笔工具组进行修改，比如使用转换点工具等，如图 5.22 所示。

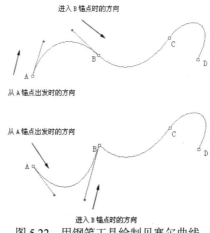

图 5.22 用钢笔工具绘制贝塞尔曲线

【例 5.2】 在可口可乐 Logo 之间绘制拟合曲线。

操作步骤如下：

(1) 单击钢笔工具，其快捷键为 P。

(2) 单击鼠标绘制第一个锚点，移动鼠标到相应位置，再次单击绘制出直线。如果要绘制水平或者垂直或者 45°夹角的线条，则按住 Shift 键。

(3) 在需要绘制曲线的地方，单击鼠标左键后，按下鼠标左键不松手并拖曳鼠标，即可绘制曲线。

在曲线中，手柄是用来控制曲线造型的，按住 Ctrl 键可调整曲线的曲率，按下 Alt 键可转换曲线的方向，如图 5.23 所示。

图 5.23　绘制拟合曲线

7. 文字工具

在工具栏中调用文字工具时，可直接单击文字工具，或按快捷键 T。文字工具内含有四个工具：横排文字工具、直排文字工具、横排文字蒙版工具、直排文字蒙版工具。

♥注意：

当我们输入文字之后就会自动生成一个文字图层，所以文字是以图层形式存在的。文字图层是一种普通的图层，可以对它进行移动、放大和缩小等操作。只有在文字图层处于选中状态时才能对它进行编辑。

(1) 输入段落文本：单击文字工具后，在准备输入文字处用鼠标拖出文本框后，即可在文本框中输入文字。

(2) 创建沿路径文字：单击钢笔工具，绘制路径，再单击文字工具，当光标靠近文字路径的时候，会变成"I"图标加波浪线的形状，单击鼠标左键，输入文字后，再按住 Ctrl+Enter 组合键进行确定。

8. 形状工具及布尔运算

对多个路径进行操作时，采用的是布尔运算。布尔运算的使用方法：单击"形状"工具，从"属性"栏中的路径操作工具组中选择某个路径操作工具。

使用布尔运算时，所有形状必须在同一图层上。首先用形状工具绘制多个形状，再选择路径操作工具组中的"合并形状"，最后调整布尔运算，如：减去顶层、相交等。

按住 Shift 键绘制图形相当于合并形状图层，按住 Alt 键绘制图形相当于减去形状图层。

有关其他工具的使用方法，请查阅 Photoshop 专业书籍，这里不再一一介绍。

9. 色彩调整

在 Photoshop 中，想要制作出精美的图像，色彩模式的应用和色彩的调整是必不可少的。打开一幅图像，选择"图像"菜单→"调整"选项中的某项命令，"调整"选项包括：亮度/对比度、色阶、曲线、色相/饱和度、替换颜色、通道混合器、反相、阈值、变化等命令，还可选择"自动色调"/"自动对比度"/"自动颜色"命令。

10. 应用滤镜

滤镜是 Photoshop 的特色之一，具有强大的功能。滤镜产生的复杂的数字化效果源自摄影技术。滤镜不仅可以改善图像的效果并且掩盖其缺陷，还可以在原有图像的基础上产生许多特殊的效果。Photoshop 设置了多组内置滤镜，可通过"滤镜"菜单进行访问。

1) 滤镜库

自从 Photoshop 中引入滤镜库命令后，对很多滤镜都提供了一站式访问。这是因为在滤镜库对话框中包含六组滤镜，这样在执行滤镜命令时，若想对一幅图像尝试不同的效果，就无须在滤镜之间来回切换，而是在同一个对话框中就可以设置不同的滤镜效果。要访问滤镜库，可以选择"滤镜"菜单→"滤镜库"命令，如图 5.24 所示，滤镜库对话框的名称是随所选滤镜的名称而定的。

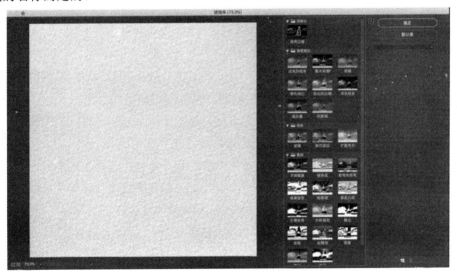

图 5.24　滤镜库的设置

滤镜库最大的特别之处在于应用滤镜的显示方式与图层相同。默认情况下，滤镜库中只有一个效果图层，单击不同的滤镜缩略图，效果图层会显示相应的滤镜命令。

如果要在保留滤镜效果的同时添加其他滤镜，可以单击右下角的"新建效果图层"按钮，即创建与当前相同的滤镜效果图层，然后单击"其他滤镜"命令，即可应用不同的滤镜效果。

2) 智能滤镜

虽然滤镜库中的效果图层可以为同一个图像添加两个以上的滤镜效果，但是仅限于在滤镜库对话框中，一旦关闭了滤镜库对话框，就无法查看图像究竟使用了哪些滤镜效果，也无法取消已使用过的滤镜效果。Photoshop CC 新增功能中的智能滤镜功能解决了这一问题。

在执行滤镜命令之前，首先执行"滤镜"菜单→"转换为智能过滤"命令，当前图层缩略图上会出现智能对象图标。接着选择"滤镜"菜单中的某项"滤镜"命令，图层下方会出现某项滤镜效果，如果继续选择执行"滤镜"菜单中的某项"滤镜"命令，则会发现图层下方出现了使用过的多个滤镜效果名称，如图 5.25 所示。

图 5.25　智能滤镜库的设置

滤镜效果名称的左侧带有眼睛图标，隐藏其中一个眼睛图标，相应的滤镜效果则被隐藏，而最终滤镜效果也会发生变化。

智能滤镜与图层样式一样，可以双击滤镜效果命令，再次设置滤镜参数，替换原来的效果。

【例 5.3】　利用滤镜制作风景水彩画。

使用多个滤镜命令得到的是混合效果，由于智能滤镜效果既可以隐藏，也可以通过调换顺序来更改混合效果，因此，可利用智能滤镜制作风景水彩画。

(1) 打开风景素材图像，按下 **Ctrl+J** 组合键，将背景图片复制一份，选中该图层，单击鼠标右键，在弹出的快捷菜单中选择"转换为智能对象"命令。

(2) 单击"滤镜"菜单→"滤镜"选项→"滤镜库"命令，选择"艺术效果"选项中的干画笔工具，调整参数画笔大小为 10，画笔细节为 5，纹理为 1，让它产生色块效果，可通过观察左边的预览框查看效果，如图 5.26 所示，然后关闭滤镜库。

图 5.26　图层滤镜库的设置

(3) 再次打开滤镜库，重复添加干画笔效果，画笔大小为 6，画笔细节为 4，纹理为 1。

(4) 双击图层面板第一个滤镜库右边的小图标，在弹出的窗口中设置混合模式为滤色，不透明度为 69%，如图 5.27 所示。

图 5.27　滤镜库混合模式设置

(5) 单击"滤镜"菜单→"模糊"选项→"特殊模糊"命令，设置半径为 8，阈值为 100，可产生水彩晕染的效果。再次单击图层面板特殊模糊右边的小图标，在弹出的菜单中将不透明度改为 70%。

(6) 单击"滤镜"菜单→"滤镜库"命令，选择"画笔描边"选项中的喷溅工具，喷色半径为 6，平滑度为 4，让画笔边缘产生水粉浸染的感觉。

(7) 单击"滤镜"菜单→"风格化"选项→"查找边缘"命令，再单击"图层"面板查找边缘右边的小图标，在弹出的窗口中，将混合模式改为正片叠底，不透明度改为 72%，加深水彩边缘效果。

(8) 单击"文件"菜单→"置入"命令，将水粉纸质感的素材导入文档中，按下 Ctrl+T 组合键进行图像变换，将纸质素材放大到铺满整个画面，将此图层的混合模式设置为正片叠底，命名图层为"底纹"，按住 Ctrl+J 组合键复制"底纹"图层，并将其移到背景图层上方。按住 Ctrl+Alt+Shift+E 组合键盖印图层，接着只保留"底纹"复制的图层和盖印图层，其他图层关掉图层可视(所谓盖印图层是指盖印可见图层，即将当前层下方所有可见图层合并，但各自原图层仍保留)。

(9) 单击盖印图层，在"图层"面板上单击"添加图层蒙版"按钮，然后单击画笔工具，单击"属性"栏中的"切换画笔面板"按钮，打开"画笔"面板，单击"画笔预设"选项卡，再单击下方的"打开预设管理器"按钮，在"预设管理器"对话框中，单击"载入"按钮，选择教材配套素材库中提供的"水粉画"画笔笔触，如图 5.28 所示。然后将前景色设置为白色，在蒙版上进行涂抹，这样就会出现水粉画涂抹效果，如图 5.29 所示。

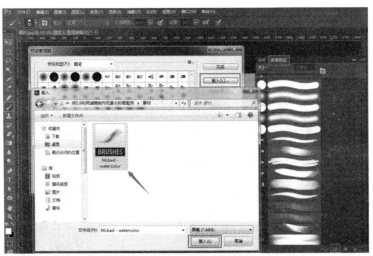

图 5.28　载入外部"画笔"

图 5.29　图层蒙版涂抹效果图

最终效果图与原图的对比，如图 5.30 所示。

图 5.30　最终效果图与原图的对比

3) Camera Raw 滤镜

Camera Raw 滤镜是 Adobe Photoshop 官方内置的数码相片调色滤镜，拥有强大的调色功能，如曲线调整、曝光调整、细节、透明等一系列的操作功能。Camera Raw 滤镜的集成化非常高，它主要是针对摄影后期而专门开发的功能，常用于在摄影后期将一些功能全部集中在一个 Camera Raw 滤镜界面中，单击"滤镜"菜单→"Camera Raw 滤镜"命令，即可打开"Camera Raw 滤镜"对话框。

11. 通道与蒙版

Photoshop 中的通道与蒙版是两个高级编辑功能。通道用于存储不同类型信息的灰度图像，它对用户编辑的每一幅图像都有着巨大的影响，是 Photoshop 中必不可少的一种工具。蒙版用来保护被遮盖的区域，具有高级选择功能，同时也能够对图像的局部进行颜色调整，而使图像的其他部分不受影响。

1) 通道

通道最主要的功能是保存图像的颜色数据。例如，一幅 RGB 模式的图像，其每个像素的颜色数据是由红色、绿色、蓝色这 3 个通道来记录的，而这 3 个颜色通道经过组合定义后合成了一个 RGB 主通道。

通道包括颜色信息通道和 Alpha 通道。图像默认是由颜色信息通道组成的，Alpha 通道主要用来保存选区，这样就可以在 Alpha 通道中变换或编辑选区，得到具有特殊效果的选区。

2) 蒙版

蒙版用来控制图像的显示与隐藏区域，是进行图像合成的重要途径。蒙版包括快速蒙版、剪贴蒙版、图层蒙版与形状蒙版等。填充蒙版时，黑色区域将隐藏当前图层所包含的对象，白色区域则对当前图层包含的对象没有影响，而蒙版中的灰色区域会根据灰度值呈现出不同层次的半透明效果。

【例 5.4】通道抠图-婚纱。

本例主要涉及如何利用通道细致抠图，图层混合模式的应用，以及设置调整图层对图像色彩的影响等方面的知识。

具体操作步骤如下：

(1) 在 Photoshop 中，打开婚纱图，先分析原图如何能将婚纱人像从原图中较好地抠出，决定先用快速选择工具或钢笔工具，选中婚纱人像及婚纱不透明部分，然后再使用通道将比较难处理的透明婚纱抠出。首先，按下 Ctrl+J 组合键复制图层，图层名称命名为图层 1，单击快速选择工具，沿婚纱人像拖动，可选中婚纱人像及婚纱不透明部分，如图 5.31 所示，但此时婚纱透明部分还没有被选中。

图 5.31　使用钢笔工具选取婚纱不透明部分

(2) 单击图层面板下方的"添加图层蒙版"按钮,按下 Ctrl+J 组合键复制背景图层,图层名称命名为背景拷贝,切换到通道面板,单击绿色通道,复制该通道,隐藏绿色通道,单击复制的绿色通道最左侧,图标为眼睛,表示该通道为显示状态,按下 Ctrl+L 组合键调出色阶,调整输入色阶数轴上三个箭头的位置,将画面背景调到黑色,如图 5.32 所示。

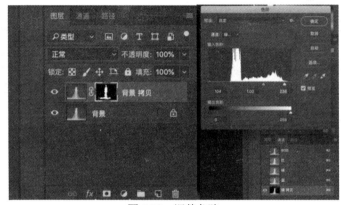

图 5.32 调整色阶

(3) 设置前景色为黑色,单击画笔工具,在"属性"栏中,设置画笔工具为柔边,画笔大小可随时调整,用黑色的柔边画笔工具涂抹下方白色的地板,按下 Ctrl 键,单击该通道的缩略图,调出复制绿色通道的选区,单击 RGB 通道,然后切换到图层面板,此时,当前工作图层为背景拷贝,添加图层蒙版,这样就将透明婚纱抠出来了,如图 5.33 所示。

图 5.33 抠出透明婚纱

(4) 新建图层,填充图层颜色为深蓝色,单击图层 1,选中蒙版,使用白色柔边画笔涂抹,使之自然地过渡。

(5) 这时候婚纱显得比较脏,单击图层面板下方的"创建新的填充或调整图层"选项中的"曲线"命令(组合键为 Ctrl+M),右击"曲线调整图层",在弹出的快捷菜单中选择"创建剪贴蒙版",这样曲线调整图层就剪贴至背图层 1,调整曲线,提高婚纱画面的亮度,如图 5.34 所示。

图 5.34　添加蒙版-填充黑色

（6）复制曲线调整图层，并剪贴蒙版到背景拷贝图层中，同样使用白色画笔工具擦除较脏的婚纱部分，最终效果图如图 5.35 所示。

图 5.35　最终效果图

12. 色彩范围

色彩范围就是魔棒工具的升级版，可利用色彩范围修改图像中的部分色彩。

（1）应用色彩范围。在 Photoshop 中，打开人物素材图像，单击"选择"菜单→"色彩范围"选项，选择容差值为 30，容差是指自己选取颜色的差值，容差越大，选取的那部分颜色的范围就越大。对参数进行设置后，用吸管吸取树叶的颜色，按 Shift 键加选选区，直到图中大部分泛白色树叶已经选中，单击"确定"按钮，如图 5.36 所示。

图 5.36　色彩范围的设置

(2) 改变树叶的颜色。单击"图层"面板下方的"创建新的填充或调整图层"选项中的"色彩平衡"命令，调到合适的颜色，自动生成图层蒙版，选中图层蒙版，设置前景色为黑色，单击画笔工具擦除不需要的地方，如图 5.37 所示。

图 5.37　调整图层蒙版

5.3.3　Photoshop CC 功能介绍

从功能上看，Photoshop CC 可分为图像编辑、图像合成、校色调色及特效制作等部分。

图像编辑是图像处理的基础，可以对图像做各种变换，如放大、缩小、旋转、倾斜、镜像、透视等。也可对图像进行复制、去除斑点、修补、修饰残损等操作，这在婚纱摄影、人像处理制作中非常有用，去除人像上不满意的部分，对其进行美化加工，就可以得到让人满意的效果。

图像合成则是通过对几幅图像应用工具和图层操作而合成完整的、传达意义明确的图像，这是设计的必经之路。该软件提供的绘图工具可以让外来图像与创意很好地融合，使图像的合成天衣无缝。

校色调色是该软件的特色功能之一，可方便快捷地对图像的颜色进行明暗、色偏的调整和校正，也可在不同颜色间进行切换以满足图像在不同领域(如网页设计、印刷、多媒体等方面)的应用。

特效制作在该软件中主要由滤镜、通道及工具综合应用完成，包括图像的特效创意和特效字的制作，如油画、浮雕、石膏画、素描等常用传统美术技巧都可通过该软件的特效完成。而各种特效字的制作更是很多设计师热衷于该软件的原因之一。

该软件的具体应用主要体现在平面设计、网页设计、界面设计等方面，本章主要介绍如何利用 Photoshop CC 进行网页设计。

5.3.4 Photoshop CC 文件的存储格式

Photoshop CC 文件的存储格式主要有以下两种。
- PSD：原始的图像文件存储格式，其中保存有图层、色板、路径，还有一些调整图层等信息。
- PSB(Photoshop Big)：此格式用于存储大小超过 2GB 的文档，是新版本的 PSD 格式。

5.4 Photoshop CC 网页设计

5.4.1 网页设计的组成与规范

1．导航栏

顶部导航栏：一般组合形式为 Logo+导航+功能入口，其顶端固定，可包含次级导航，添加搜索功能，如图 5.38 所示。

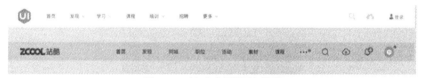

图 5.38　站酷官网导航截图

浮动导航栏：相对于浏览器顶端固定，长页面切换导航菜单，浮动导航栏更方便，减少了主体内容显示区域，即使浏览到页面下方也能随时切换导航，如图 5.39 所示。

图 5.39　浮动导航栏

透底导航栏：导航栏无明显独立区域，背景图与导航栏对比反差大，风格大多为简约、大气、干净，多为互联网相关行业采用的形式，但不必整站都采用该形式，如图 5.40 所示。

图 5.40　透底导航栏

侧边导航栏：侧边导航模式适用于个人、团队博客类网站，内容垂直不复杂，适用于电商分类、品牌较多的页面。利用侧边导航栏可以进行有效的分类查找，如图 5.41 所示。

图 5.41　侧边导航栏

2. banner 区域

banner 区域在网页中有固定宽度，有多种切换样式(左右、上下、图片渐隐渐现等)，可分为自动切换与手动切换两种形式，如图 5.42 所示。

图 5.42　网页的 banner 区域

横向通栏大图 banner 区域一般横向铺满网页的显示区域，使人感到视觉开阔，整体风格简约大气，但它需要与导航栏样式协调一致，如图 5.43 所示。

图 5.43　通栏 banner 设计

3. 产品展示区域

产品展示区域中的信息详情,能够让用户明白页面的优先级与设计中的主次。一般情况下,产品展示区域以宫格与列表的模式居多,如图 5.44 所示。

图 5.44　小米官网产品展示区域

5.4.2　网页设计

本节以网页设计实例入手,讲述如何利用 Photoshop CC 进行网页设计。以具体的操作逐一展示 Photoshop 在网页设计中的强大功能。本节主要讲解素材的导入与处理、公司名称的设计、导航条的制作方法、网页中 banner 的设计、产品图像轮显区的设计、整个页面的布局与修饰等相关设计与制作。

1. 新建一个文件

新建一个大小为 1890px×1851px,分辨率为 72dpi,颜色模式为 RGB、8 位,背景颜色为白色的文档。在实际应用中如果需要修改画布的尺寸,应根据网页内容的需要,单击"图像"菜单→"画布大小"命令,进行宽度和高度的修改。为了让画面更精准,按下 Ctrl+R 组合键打开标尺工具,用移动工具拖动垂直的辅助线使之居中,标尺工具自带吸附功能,如图 5.45 所示。

图 5.45　对新建文件设置标尺

2. 确定网页内容的宽度

为了方便调整网页内容的宽度，按下 Ctrl+K 组合键，打开首选项，将单位与标尺的单位改成像素，单击选区工具，将"属性"栏中的样式改为固定大小，并且设置宽度为 960 像素，设置完后在画布中单击，将选区居中，从标尺处拖出两条辅助线，确定选区左右边距的位置，如图 5.46 所示。

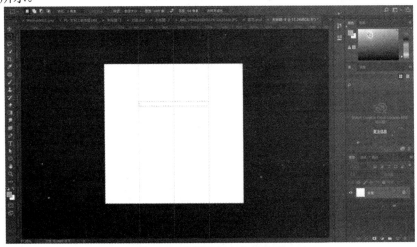

图 5.46　设置网页内容的宽度

3. 设计公司标志(Logo)

单击"文字"工具，设置字体颜色为橙色(#ff9000)、字体大小为 46px，输入公司的名称 Faceui。针对 5 个字母使用形状工具和钢笔工具制作出具有企业特点的 Logo。单击椭圆工具，填充为"无颜色"，描边颜色为橙色(#ff9000)，选择合适的描边尺寸，按下 Shift 键，拉出正圆。在该图层上，单击鼠标右键，在弹出的快捷菜单中选择"栅格化图层"命令，单击"选区"工具，将多余部分删除只留下圆弧，用选区工具绘制出宽度与圆弧相等的长方形并放到圆弧下方，再用选区工具绘制宽度与圆弧相等的长方形并放到右边，这样字母"f"就制作完成了，如图 5.47 所示。

图 5.47　公司名称字母的制作

接下来针对剩余字母"aceui"进行制作，使用钢笔工具描边，使描边大小与"f"字母描边宽度相同。在绘制的过程中，保证字母的开头和结尾笔画为直线而不是曲线。接着使用矩形工具绘制圆角矩形，选择图层进行栅格化，用选区工具选中不需要的地方进行删除，用标尺工具保持每个字母的底端对齐，完成字母"a"的绘制，如图 5.48 所示。

图 5.48　公司名称字母的制作

绘制字母"e"，使用矩形工具绘制圆角矩形，描边大小与"f"字母描边宽度相同，断开"属性"面板中圆角的链条，针对圆角进行调整，具体参数的设置如图 5.49 所示。

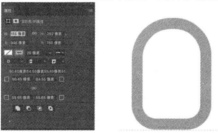

图 5.49　公司名称字母的制作

选中字母"e"图层进行栅格化，使用选区工具删除多余的地方，再用选区工具绘制长方形选区，完善字母"e"。

用相同的方法绘制其余几个字母。注意，风格要与前面两个字母保持一致，并且每个字母之间的间隔相等，最终字体效果如图 5.50 所示。

图 5.50　公司名称的最终设计效果

4. 制作导航条

使用文字工具输入文本"首页""案例""服务""关于""观点"和"体验实验室"，字体为微软雅黑，字体大小为 14px，每部分的字间隔为 14px，不同部分的文字间隔为 36px，并将首页的字体颜色改为橙色(#f2970b)。

在首页文字下方绘制一个高度为 3px，宽度为 58px 的长方形滑块，颜色与首页颜色相同，也就是页面选中状态的颜色。首页与长方形滑块的间距为 5px，导航栏制作完成后的效果图如图 5.51 所示。

图 5.51　导航文字的制作

最后将公司 Logo 放到左边，贴合参考线并水平居中，导航栏文字贴合右边参考线。

5. 制作 banner

制作一个大小为 960px×408px 的 banner，距离导航栏 29px。制作 banner 的背景，单击矩形工具，绘制与画布大小相同尺寸的矩形，填充颜色为白色(#ffffff)。单击多边形工具，选择边数为 3，描边取消，填充颜色为紫色(#e4287a)，绘制三角形时，按下 Ctrl 键可调整大小，单击"直接选择工具"选中路径锚点，可调整角点位置，将三角形移至左下角，右击"白色背景"图层，选择"创建剪贴蒙版"。单击路径工具，绘制四边形，填充颜色为蓝色(#43a8f2)，将紫色三角形图层的不透明度改为 82%，并置于蓝色多边形图层上方，如图 5.52 所示。

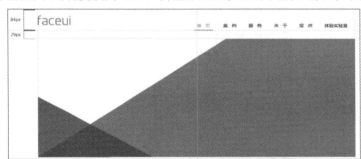

图 5.52　banner 区域的背景制作

将 Logo(这里选用的是汉庭标志)素材拖入设计文档中，按下 Ctrl+T 组合键调整大小，并移到合适的位置。

将 iPad 模型素材拖入设计文档中，按下 Ctrl+T 组合键调整大小，置于 banner 的右边，使之与背景和 Logo 相呼应，形成画面稳定的效果，突出主题，如图 5.53 所示。

图 5.53　添加 iPad 模型

最后制作 iPad 界面，单击选区工具，绘制宽度与 iPad 边缘贴合，高度为 38px 的矩形，填充颜色为白色，再次绘制矩形选区，高度为 52px，填充颜色为蓝色，与 iPad 边缘贴合。

制作"根据预定短信办理入住"按钮，单击钢笔工具，绘制形状图层，填充颜色为#f5f5f5。在"图层"面板上，单击"图层样式"→"斜面与浮雕"→"内斜面"命令，添加"内斜面"样式，在"图层样式"对话框中，添加"描边"样式，添加"投影"样式，具体参数的设置如图 5.54 所示。

图 5.54　图层样式的设置

单击椭圆工具，绘制椭圆，填充颜色为蓝色(#41a4ee)，栅格化图层，单击选区工具，选取多余的部分进行删除，再单击多边形工具，绘制一个三角形，将其放在椭圆上方并且居中，最后单击文字工具，输入文本"根据预定短信办理入住"，字体为微软雅黑，大小为 12px，颜色为深蓝色(#0a3c66)，调整位置，效果图如图 5.55 所示。

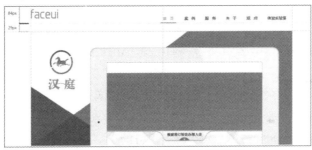

图 5.55　banner 中按钮的制作细节

下面制作中间蓝色部分的内容。单击钢笔工具绘制四边形的不规则形状，生成新图层，填充颜色，将图片拖到文档中，剪切蒙版到此图层。并在图片上方绘制横条颜色为#e4287a，将不透明度改为 60%，并在横条中输入文字，颜色为白色，字体为微软雅黑，字体大小为 10px，具体效果如图 5.56 所示。

接着制作中间右边的蓝色部分，将箭头 icon 素材拖入 Photoshop 中，按下 Ctrl+T 组合键自由调整大小，栅格化图层，将多余部分用选区工具删除，接着使用文字工具输入主要文字"请在右侧刷身份证或会员卡以开始办理入住"，字体为苹方中粗体，字体大小为 26px，单击"图层"面板中的"图层样式"→"斜面与浮雕"选项→"外斜面"命令，设置相关参数，如图 5.57 所示，设置字体大小为 10px，字体明度降低，输入相关文字，如图 5.58 所示。

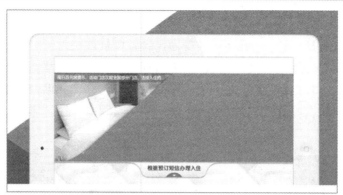

图 5.56 banner 细节的制作

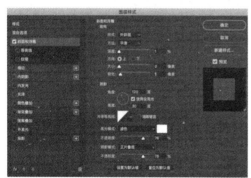

图 5.57 设置外斜面效果

图 5.58 输入文字

为了让 banner 更加完善,在其下方添加轮播图切换按钮,使用椭圆工具绘制等比椭圆,大小为 11px,按住 Alt 键拖动鼠标复制 5 个椭圆,每个椭圆之间的间距为 153px,显示中的椭圆颜色填充为橙色,其余椭圆颜色填充为灰色。使用矩形工具绘制一条宽度为 960px,高度为 2px 的矩形,使之水平居中。最后使用文字工具输入相应文字,字体为微软雅黑,字体大小为 12px,字体颜色为#979797,每个椭圆下方的文字与椭圆居中对齐,最终的 banner 效果图如图 5.59 所示。

图 5.59 最终效果图

6. 制作主体内容区域

在距离导航栏 68px 的下方,输入主体内容。首先使用文字工具输入页面一级标题"新闻动态""了解我们""研究观点",字体为微软雅黑,字体大小为18px,字体颜色为#f2970b。

在距离标题"新闻动态"27px 的下方,放入海尔与肯德基的标志图,使之与左边辅助线贴合。在右边输入文字,页面二级标题字体为微软雅黑,文字大小为 18px,字体颜色为#272727,内容文字的字体为微软雅黑,字体大小为14px,间距为 0,行距为 20,字体颜色为#6e6e6e,文字之间居左对齐。在右侧"了解我们"标题的下方,放入相关图片并与上方文字居左对齐,在图片上绘制一个圆中含有小三角形的图标,如图 5.60 所示。

图 5.60　主体内容区域的制作

在距离标题"研究观点"27px 的下方,单击矩形工具绘制三张卡片,每张卡片的高度都为 200px,宽度为 305px,并填充颜色为灰色(#eeeeee),使之与两边辅助线贴合,每张卡片之间的距离为 26px。最后放入相关图标,调整位置,添加文字,文字内容如图 5.61 所示。

图 5.61　设置文字内容与样式

7. 底部横条的设计

(1) 在距离主体内容区域 68px 的下方,单击矩形工具,设置颜色为灰色(#eeeeee),绘制一个宽度为1890px,高度为 65px 的矩形,将其放到网页底端并与底部贴合。

(2) 使用标尺工具拉出辅助线,使之距离灰色矩形顶端 27px,使用文字工具输入"上海","北京"一级标题文字,字体为微软雅黑,字体大小为 18px,字体颜色为#272727。其余的辅助文字字体为微软雅黑,字体大小为 12px,字体颜色为灰色(#6e6e6e)和橙色(#f2970b),文字左对齐,左间距设置为 28px,放入图标素材,保持每个图标的间隔均为 2px。最后单击矩形工具绘制一个宽度为 130px,高度为 30px 的矩形,颜色为橙色(#f19709),使之贴合右边参考线。单击文字工具,输入文本"合作咨询",使之居中对齐。

(3) 在网页底部添加相应的版权信息和底部导航信息,如图 5.62 所示。

图 5.62　添加底部信息

8. 使用 Photoshop 的切片功能

使用 Photoshop 的切片功能可将网页切成不同的区块，给每个区块加上热点链接。

(1) 下面设计的图形中包含若干个按钮，用作导航信息。首先，利用辅助线打好切片范围，单击切片工具，创建基于参考线的切片，如图 5.63 所示。

图 5.63　创建基于参考线的切片

(2) 使用切片选择工具在主页按钮上双击，设置相应的网址目标，如图 5.64 所示。

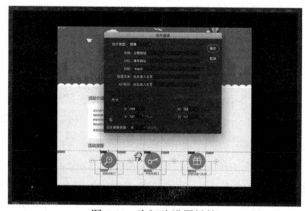

图 5.64　为切片设置链接

(3) 选择文件——存储为 Web 格式。在弹出的对话框中，将预设选择为 JPEG，其他选项选择默认值即可，如图 5.65 所示，单击"存储"按钮，在保存文件路径的对话框中，将格式设置为"HTML 和图像"，即在保存的路径文件夹中会出现 image 文件夹和.html 文件，image 文件夹中会保存所有切片，包括图片、按钮和背景等。

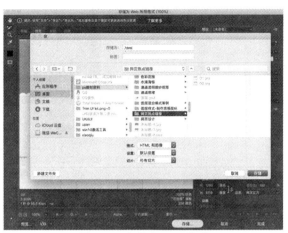

图 5.65　存储为 Web 格式

小　结

本章首先介绍了 Photoshop CC 的功能，然后对它的界面进行了概述，还讲解了它的基本应用，最后以案例的形式着重介绍了如何利用它进行网页设计。

练　习　题

1. Photoshop CC 的应用领域主要有哪些？
2. Photoshop CC 的图层混合模式有哪些？
3. 网页设计的组成部分有哪些？

上　机　实　验

1. 背景知识

本章所学的 Photoshop 基本技能及本教材中所介绍的网页设计基础理论。

2. 实验准备工作

将相应的 PSD 样图、素材文件发送到学生的主机上，供学生参考使用。

3. 实验要求

（1）图片合成效果。要求：根据给定的素材，利用 Photoshop 中的图层混合模式、图层样式等制作效果图，如图 5.66 所示——灯泡里的金鱼。

(2) 制作网页导航栏。要求：利用渐变填充和图层样式进行制作，如图 5.67 所示。

图 5.66　灯泡里的金鱼

图 5.67　网页导航栏

(3) 制作网站首页。要求：首先对网站首页进行构图，然后利用 Photoshop 设计网页，如图 5.68 所示。

图 5.68　学校官网首页

4．课时安排

上机实验课时安排为 8 课时，各个实验分别要求：1)为 2 课时，2)为 2 课时，3)为 4 课时。

5．实验指导

1) 图片合成效果：灯泡里的金鱼

具体操作步骤如下。

(1) 打开素材 1(灯泡)，再打开素材 2(水样)。在水样中，选择"移动"工具，按下鼠标左键，将其拖入灯泡中。

(2) 选中图层1，调整素材2的位置和尺寸，将该图层的混合模式设置为明度，如图 5.69

所示。效果图如图 5.70 所示。

图 5.69　"图层"面板

图 5.70　修改图层混合模式后的效果图

(3) 修改图层 1 的不透明度，将不透明度设置为 40%。

(4) 单击图层 1，选择"椭圆选框"工具，绘制椭圆形，将灯泡选中，如图 5.71 所示。单击"添加图层蒙版"按钮，为图层 1 添加蒙版，设置前景色为黑色。选择"画笔"工具，设置适当的画笔大小进行涂抹，抹去多余部分，显示效果为灯泡中有水。

打开素材 3(气泡)，选择"椭圆选框"工具，按下 Ctrl 键，选中大小不同的多个气泡，如图 5.72 所示。复制所选的气泡，切换到"灯泡"图像文件，粘贴气泡，此层为图层 2，添加蒙版，设置前景色为黑色。选择"画笔"工具，设置适当的画笔大小进行涂抹，抹去多余气泡。

重复以上选取气泡、复制、粘贴、添加蒙版、抹去多余气泡等操作，此层为图层 3，在灯泡中产生气泡效果，如图 5.73 所示。

图 5.71　椭圆选区

图 5.72　选取气泡

图 5.73　合并气泡图层

(5) 打开素材 4(鱼)，选择"移动"工具，按下鼠标左键，将鱼拖入"灯泡"图像文件，此层为图层 4，选择"自由变换"工具，缩小图像。

(6) 选择"移动"工具，将此层置于气泡、水样图像所在图层的下方，设置图层 4 的混合模式为"正片叠底"。单击"添加图层蒙版"按钮，为图层 4 添加蒙版，设置前景色为黑色。选择画笔工具，设置适当的画笔大小进行涂抹，抹去多余部分，得到最终效果。

2) 制作导航条

导航条是网站建设的基本元素之一，利用 Photoshop 制作导航条是非常有必要的。具体操作步骤如下。

(1) 新建一个大小为 500px×400px 的文档，按下 Ctrl+A 组合键选中整个画布，背景填充颜色为#1b1b1b。

(2) 新建一个图层,选择"矩形选框"工具,绘制一个尺寸为 288px×50px 的矩形选区,填充颜色为#5a5a5a。

(3) 为了增加导航条的设计感,可以用图层样式设计各种效果,设置图层样式的方法为:双击此图层,或者单击图层样式标识 fx,添加图层样式。

在图层样式里添加内阴影效果:设置混合模式为"正常",颜色为白色,其他参数的具体设置如图 5.74 所示。

继续在图层样式里添加渐变叠加效果:设置渐变颜色为黑色至白色,混合模式为"正常",不透明度为 43%,其他参数的具体设置如图 5.75 所示。

① 复制该图层,形成多个按钮,输入文本。

② 在第一个按钮的左侧绘制一个圆,适当添加图层样式,绘制一个箭头。

③ 最后,将背景填充为渐变色,设置渐变色为黑色(# 0438fb),得到最终效果。

图 5.74　内阴影

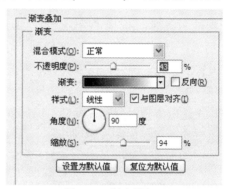
图 5.75　渐变叠加

3) 网站首页的设计

网站首页大致由四大部分构成:顶部导航、banner 横幅、中间产品区、底部导航。中间部分最为重要,尽量要制作得精美大气一点,这样才有吸引力。

(1) 首先在 Photoshop 中创建画布,本案例采用通屏大图的尺寸来设置,宽度为 1920px,高度暂定为 3000px(后期可根据页面内容来具体设置)。

(2) 创建文件,画布尺寸为 1920px×3000px。在制作网页之前可根据第 4 章所介绍的原型设计,将我们所要制作的网页原型图画出来,根据原型图添加内容、文字、图片等。若前期有个合理的规划,后期的设计就不容易出错。针对本案例,原型图的这一部分的制作可以自行完成。

(3) 选择"矩形"工具,制作导航栏,矩形尺寸设置为 214px×78px,颜色选择的是橙色。完成一个矩形块的制作后,对文字和背景矩形块进行编组,并且修改组的名称。复制多个组,进行对齐与分布,调整整体导航栏的位置,在复制的组内修改导航栏的文字标题及背景色。本案例的导航栏制作风格为扁平化设计,仅采用纯色添加即可。

图 5.76　添加导航栏

(4) 绘制搜索框，效果如图 5.77 所示。选择"圆角矩形"工具，绘制圆角矩形，调整描边的颜色，设置描边宽度为 6px，右侧显示一部分背景色块，利用剪切蒙版工具进行制作，按住 Alt 键在两图层之间单击，创建剪切蒙版。搜索图标的制作选择椭圆工具，取消填充，设置描边颜色为白色，如图 5.78 所示。

图 5.77　搜索框效果图

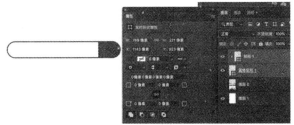

图 5.78　搜索框的设置

(5) 制作 banner 横幅。随着 Apple 网站 UI 设计的成功，越来越多的网站采用大版面的 banner 图片来吸引浏览者的注意力。导入广告素材图像，适当调整广告图像的位置和尺寸，在广告图像下方的中间位置，绘制矩形，找到西京小学的照片，可以利用 Camera Raw 滤镜库进行后期的修图，调整颜色、色彩饱和度及标题部分的虚化，如图 5.79 所示。

图 5.79　添加网站 banner

(6) 绘制新闻的信息列表。采用微软雅黑或者黑体，手动输入新闻标题及内容。每个新闻标题后面的橙色图标可以选用矩形块。与导航栏操作相同，绘制矩形，输入时间文本信息，如图 5.80 所示。

图 5.80　添加新闻的信息列表

(7) 绘制中间信息区域。绘制较大的白色矩形，其中导入多张有关学校的图片，如图 5.81 所示。这个矩形区域主要用于展示学校的校园风光、名师天地、学校荣誉和学生天地等。这一部分的制作有多种方法，方法一：可以先绘制多个矩形块，在信息区域进行排列组合，再把我们搜集到的素材利用剪切蒙版的方法添加到各矩形块内。方法二：可以在界面上绘制多条辅助线，帮助我们排列图片与信息，照片采用等比缩放的形式即可。可以选用自己的方法来制作案例，不仅仅局限于某一种方法。

图 5.81 绘制中间信息区域

(8) 最后，完善信息及底部区域的设计。

第 6 章

创建站点

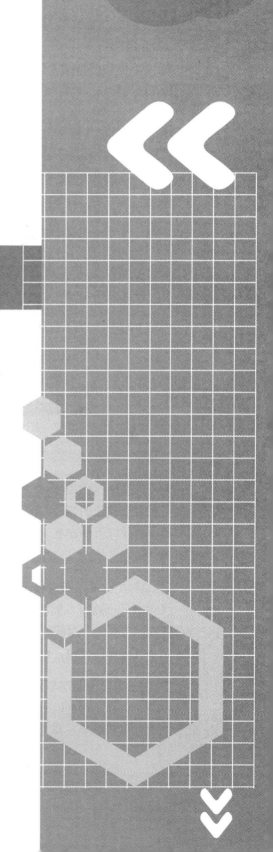

本章重点介绍 Dreamweaver CC 2019 的主要功能、工作界面及各个面板的用途等。

【本章学习目标】

通过本章的学习，读者能够：

- 了解 Dreamweaver CC 2019 工作界面的组成
- 掌握 Dreamweaver CC 2019 常用的工具面板和工具栏的功能等
- 掌握管理站点的方法：创建本地站点、编辑站点
- 了解如何将本地站点信息上传到远程站点

6.1 Dreamweaver CC 2019 简介

Adobe Dreamweaver CC 2019 是目前 Adobe 官方最新推出的一款可视化网页编辑设计软件，是集网页制作和网站管理于一身的网页编辑器。它支持 CSS 编辑器、Bootstrap、jQuery 库代码的自动完成功能等，是专门为网页设计师量身定制的可视化网页制作软件，利用它可以方便、快捷地制作跨平台和跨浏览器的动感网页。由于它界面友好、实用性强，具有强大的在线更新功能，并且在无须编写任何代码的情况下也可以快速创建页面，因而深受广大网页设计人员的欢迎。其启动画面如图 6.1 所示。

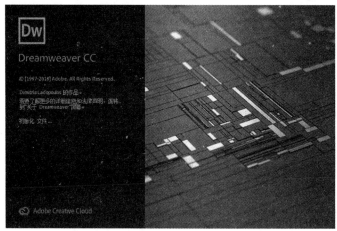

图 6.1　Dreamweaver CC 2019 的启动画面

1. Dreamweaver CC 2019 的特色

1) 快速、灵活的编码

借助经过简化的智能编码引擎，轻松地创建、编码和管理动态网站。访问代码提示，可以快速了解并编辑 HTML、CSS 和其他 Web 标准。使用视觉辅助功能减少错误并提高网站的开发速度。

2) 通过更少的步骤轻松设置网站

利用起始模板可以更快地启动并运行网站，也可以通过自定义这些模板来构建 HTML 电子邮件、"关于"页面、博客、电子商务页面、新闻稿和作品集。代码着色和视觉提示有助于更轻松地阅读代码，进而快速地进行编辑和更新。

3) 在各个设备上动态显示

构建可以自动调整以适应任何屏幕尺寸的响应式网站。实时预览网站并进行编辑，确保在发布之前网页的外观和工作方式均符合需求。

2. Dreamweaver CC 2019 的新功能

1) CEF 更新

与 Chromium 嵌入式框架的最新版本进行集成，这样设计人员和开发人员就可以构建与 HTML5 兼容的网站，并显示 Flexbox 元素、CSS 网格等内容。

2) ES6 支持

全新的 EcmaScript 6 支持包括类、方法、箭头函数、生成器函数的快速输入列表，以及 ES6 代码的 lint 处理功能，便于使用最新的 JavaScript 更新。

3) JavaScript 重构

使用重命名和重构功能，智能地组织 JavaScript 代码。

6.2 Dreamweaver CC 2019 工作界面简介

Dreamweaver CC 2019 是目前 Dreamweaver 系列产品的最新版本，其功能在原来版本的基础之上进行了改进和升级，变得更强大，其界面更美观，操作更方便，也更适合于网页制作和网站管理。

1. 工作界面一览

Dreamweaver CC 2019 的工作界面由"菜单"栏、"插入"栏、"文档"窗口、"文档"工具栏、"状态"栏、集成工作面板、"文件"面板等组成，如图 6.2 所示。

图 6.2 Dreamweaver CC 2019 的工作界面

2. "插入"栏

"插入"栏默认情况下处于关闭状态,单击"窗口"菜单→"插入"命令,可打开"插入"栏。"插入"栏可集成于工作集成面板上,或拖动置于"文档"窗口之上,如图 6.3 所示。"插入"栏包含用于创建网页对象(如 Div、图像、表单、模板等)的功能按钮,这些按钮被分类组织到各个选项卡中。当把鼠标指针移到一个按钮上时,会出现一个工具提示,其中含有按钮的名称。若按钮旁有一个向下的黑色箭头,则表示它是一个按钮组,单击可选择不同的按钮,执行不同的命令。

图 6.3 "插入"栏

3. "菜单"栏

"菜单"栏提供了实现程序功能的选项命令,可以通过"菜单"栏中的命令完成某项特定操作,如图 6.4 所示。

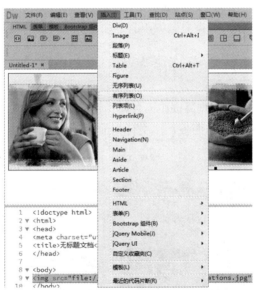

图 6.4 "菜单"栏

4. "文档"工具栏

"文档"工具栏中主要包含了一些对文档进行常见操作的功能按钮,可在文档的不同视图间进行快速切换。这些视图包括"代码"视图、"设计"视图、同时显示"代码"和"设计"视图的"拆分"视图。"设计"视图又分为"设计"视图与"实时"视图,"实时"视图用于模拟网页在浏览器中的浏览效果,在此视图下网页不能编辑,如图 6.5 所示。

图 6.5 "文档"工具栏

5. "文档"窗口

通过"文档"窗口可以显示和编辑当前文档，可以在"设计"视图、"代码"视图或"实时"视图中查看和编辑文档。

"文档"窗口的状态栏位于"文档"窗口的底部右侧，旨在提供与用户正在编辑的文档相关的某些信息，如当前窗口的大小、文档类型以及所选择的模拟浏览器类型等，如图 6.6 所示。

图 6.6 "文档"窗口

6. "属性"面板

"属性"面板默认情况下处于关闭状态，单击"窗口"菜单→"属性"命令，可打开"属性"面板。并不需要将所有的属性都加载到面板上，而是应根据所选择的对象来动态地显示对象的属性，"属性"面板的状态完全随当前在文档中所选择的对象而定。例如，如果当前选择了一幅图像，那么"属性"面板上就会出现该图像的相关属性；如果选择了 Div，那么"属性"面板上会相应地变化成表格的相关属性，如图 6.7 所示。

图 6.7 "属性"面板

♥注意：

在对文本、单元格等多种网页元素进行属性设置时，"属性"面板中有两个选项：HTML 和 CSS。选择 HTML，设置的属性是基于 HTML 标签的；选择 CSS，设置的属性是基于 CSS 样式的。

6.3 定义本地站点

在 Dreamweaver 中，"站点"一词既表示 Web 站点，又表示属于 Web 站点的文档的本地存储位置。在开始构建 Web 站点之前，需要建立站点文档的本地存储位置。Dreamweaver 站点可组织与 Web 站点相关的所有文档、跟踪和维护链接、管理文件、共享文件以及将站点文件传输到 Web 服务器上。

要创建一个能够被大家浏览的网站，首先需要在本地磁盘上进行各项操作，放置在本地磁盘上的网站被称为本地站点，传输到位于互联网Web服务器上的网站被称为远程站点。Dreamweaver CC 2019 提供了对本地站点和远程站点的强大管理功能。

应用 Dreamweaver CC 2019 不仅可以创建单独的文档，还可以创建完整的 Web 站点。

6.3.1 创建站点

在 Dreamweaver CC 2019 中可以有效地创建并管理多个站点。

在创建站点前，要先在本地磁盘上创建一个以英文或数字命名的空文件夹，比如在 D 盘上新建一个文件夹 myweb，并在此文件夹中建立子文件夹 images，用于存放图像素材，然后再创建本地站点。

方法一：启动 Dreamweaver CC 2019，选择"站点"菜单→"新建站点"命令。

方法二：单击"窗口"菜单→"文件"命令(快捷键 F8)，打开"文件"面板，单击其下拉框中的"管理站点"命令，如图 6.8(a)所示，再单击"新建站点"按钮，如图 6.8(b)所示。

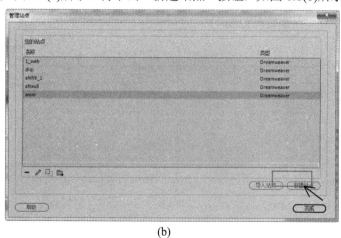

(a)　　　　　　　　　　　　　　　　(b)

图 6.8　利用"文件"面板创建站点

此时，会弹出"站点设置对象未命名站点 1"对话框，在该对话框左侧有"站点""服务器""CSS 预处理器"和"高级设置"4 个选项卡，可以在这几个选项卡之间来回切换。下面选择"站点"选项卡，如图 6.9 所示。

(1) 在"站点名称"文本框中输入一个站点名称，用于在 Dreamweaver 中标识该站点。这个名称可以是任何用户想要的名称(建议不使用中文)，此处输入的名称为"myweb"。将"本地站点文件夹"文本框设置为站点目录文件夹，此处设置的是"D:\myweb\"。

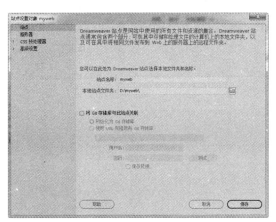

图 6.9　命名站点和设置站点路径

(2) 单击"高级设置"选项卡，在出现的高级设置界面中设置默认图像文件夹，此处选择的是"D:\myweb\images"（注意：images 文件夹应包含在站点目录文件夹中）。设置"链接相对于"选项为"文档"，"Web URL"文本框中可暂时不填，如图 6.10 所示。

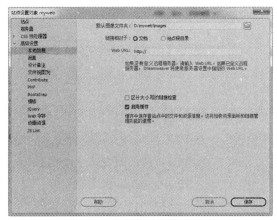

图 6.10　设置默认图像文件夹

(3) 单击"服务器"选项卡，单击"添加新服务器"按钮，如图 6.11 所示。

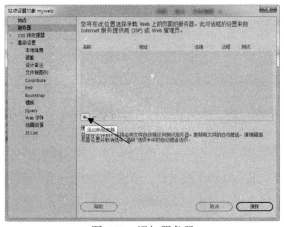

图 6.11　添加服务器

(4) 在所弹出的对话框中设置服务器的信息，如图 6.12 所示。

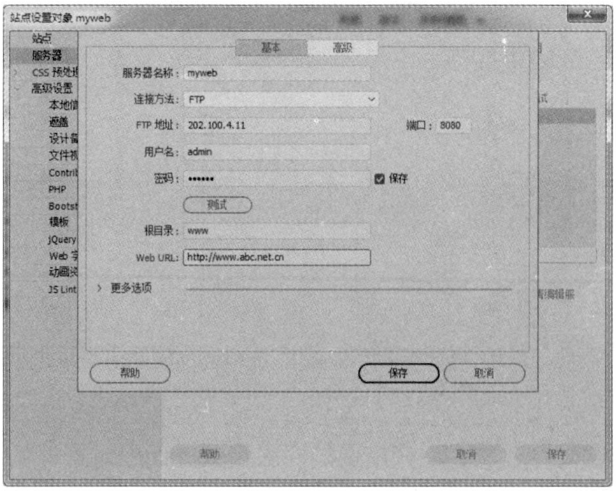

图 6.12 连接远程服务器

① 在"服务器名称"文本框中输入文本，指定服务器的名称。从"连接方法"下拉菜单中选择"FTP"。

② 在"FTP 地址"文本框中，输入要将本地站点文件上传到的远程 FTP 服务器的地址，可以是 FTP 服务器的 IP 地址或是 FTP 服务器的名称(注意：如果不知道 FTP 地址，请与 Web 服务器提供商联系)。

端口 21 是接收 FTP 连接的默认端口，若要修改端口号，在"端口"右侧的文本框中进行更改即可，保存更改设置后，在 FTP 地址的结尾将附上一个冒号和新的端口号，例如，把 FTP 地址的端口号改为 8080，上述 FTP 地址就变成了 202.100.4.11：8080。

③ 在"用户名"和"密码"文本框中，输入用于连接到 FTP 服务器的用户名和密码。单击"测试"按钮，可测试 FTP 地址、用户名和密码。

④ 在"根目录"文本框中，输入远程服务器上用于存储公开显示的文档的目录。

♥注意：

如果不能确定根目录，请与服务器管理员联系或将文本框留为空白。在有些服务器上，根目录就是首次使用 FTP 连接到的目录。若要确定这一点，请连接到服务器。如果出现在"文件"面板"远程服务器"视图中的文件夹具有像 public_html、www 或用户名这样的名称，根目录可能就是在"根目录"文本框中输入的目录。

在"Web URL"文本框中，输入 Web 站点的 URL 地址，Dreamweaver 使用 Web URL 创建站点根目录的相对链接，并在使用链接检查器时验证这些链接。

⑤ 单击"高级"选项卡，可进行"远程服务器"和"测试服务器"的设置。

如果希望自动同步本地文件和远程文件，请选中"维护同步信息"复选框(默认情况下选中的是该选项)。如果希望在保存文件时 Dreamweaver 将文件上传到远程站点，请选中"保存时自动将文件上传到服务器"复选框。如果希望激活"存回/取出"系统，请选中"启用文件取出功能"复选框。如果使用的是测试服务器，请从"服务器模型"下拉菜单中选择一种服务器模型。如图 6.13 所示，最后，单击"保存"按钮结束站点的创建。

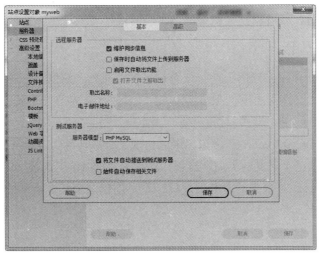

图 6.13　服务器的高级设置

6.3.2　管理站点

单击"站点"菜单→"管理站点"命令，在弹出的"管理站点"对话框中，进行新建、编辑、删除、复制站点以及导入或导出站点等操作。

下面以修改站点的名称、改变站点对应的本地根文件夹路径为例进行讲解。

(1) 单击"管理站点"对话框中的"编辑"按钮(为"铅笔形状")，如图 6.14 所示。

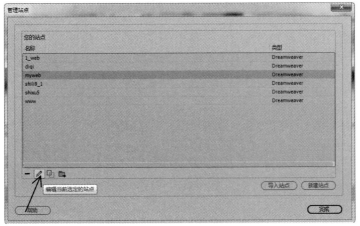

图 6.14　"管理站点"对话框

(2) 在弹出的"myweb 的站点定义为"对话框中，单击"站点"选项卡，修改站点的名称、站点的路径等，单击"高级设置"选项卡，修改图像的存储路径。

6.3.3 创建网页

在建好站点之后,就可以创建网页了。

1. 新建网页

在 Dreamweaver 中,创建网页的方法有很多种,此处介绍以下 3 种。

方法一:打开"文件"面板,在站点根文件夹下右击,从弹出的快捷菜单中选择"新建文件"命令。

方法二:启动 Dreamweaver 后,窗口中会出现一个启动界面,单击左侧的"快速开始"命令,再单击右侧的某个"文件类型"选项,如单击"HTML"选项,即可创建一个 HTML 文档,如图 6.15 所示。若单击的是其他选项,则可创建一个其他类型的文件。

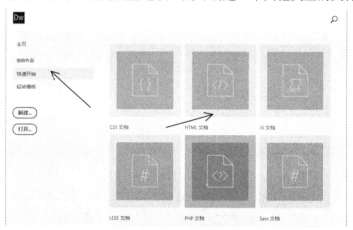

图 6.15 利用启动界面创建网页

在启动界面上,单击"起始模板"命令,再单击右侧的某个模板选项,可快速创建 Bootstrap 网页,如图 6.16 所示。

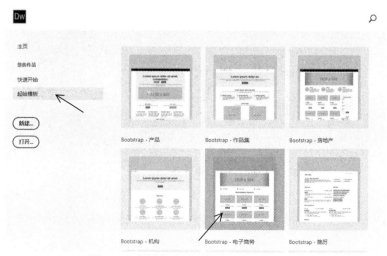

图 6.16 利用启动界面创建 Bootstrap 网页

方法三：单击"文件"菜单→"新建"命令，弹出"新建文档"对话框，如图 6.17 所示。在该对话框中选定"新建文档"选项，选择"文档类型"选项区域中的"HTML"选项，选择"框架"选项区域中的"无"选项，单击"创建"按钮，即可创建空白的 HTML 文档，其默认名称为"Untitled-1"。

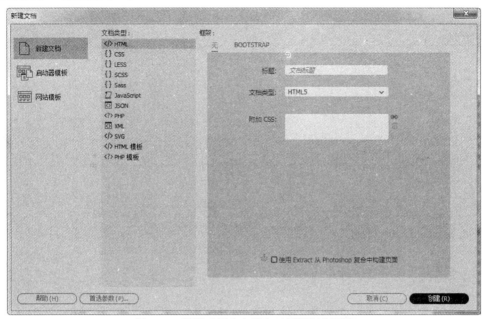

图 6.17　利用"新建文档"对话框创建网页

制作简单的网页后，便可对网页进行编辑，设置网页标题，插入文本，插入 Flash 动画，插入图像，给导航文本添加超链接等，本书后面将对此进行详细讲解。

2．保存网页

网页在编辑过程中或编辑完成后，要及时保存。为此，用户可选择"保存""另存为"和"保存为模板"等命令。

(1) 保存文件。单击"文件"菜单→"保存"命令，如果是第一次保存，会弹出"另存为"对话框，选择保存文件的位置，在"文件名"文本框中输入保存文件的名称，如图 6.18 所示。如果不是第一次保存，则会直接覆盖之前的保存。保存网页的快捷键为 Ctrl+S。

(2) 另存为文件。单击"文件"菜单→"另存为"命令，在弹出的"另存为"对话框中，将已经保存的文件另存到其他位置，或重新命名进行保存。

(3) 保存为模板。单击"文件"菜单→"另存为模板"命令，在弹出的"另存为模板"对话框中，输入模板的名称，单击"保存"按钮将文件保存为模板。

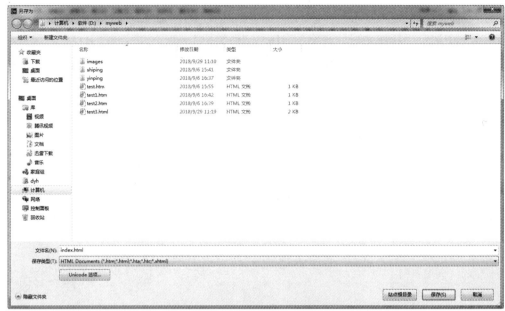

图 6.18 "另存为"对话框

小 结

本章主要介绍了以下内容：

1. Dreamweaver CC 2019 的新特点和新功能。
2. Dreamweaver CC 2019 的工作界面。
3. Dreamweaver CC 2019 常用工具面板和工具栏的功能等。
4. 管理站点：创建本地站点、编辑站点等。
5. 简单网页的制作。
6. 将本地站点信息上传到远程站点。

练 习 题

简述本地站点创建的流程。

上 机 实 验

1. 背景知识

根据本章所学的内容，创建站点和网页。

2. 实验准备工作

在本地磁盘上创建一个空文件夹 myweb，并创建一个子文件夹 images。

3. 实验要求

创建站点和网页。要求：定义本地站点和新建一个网页。

4. 课时安排

上机实验课时安排为 1 课时。

5. 实验指导

(1) 定义本地站点，新建若干文件夹，如 images、shiping、yinping 等，有些文件夹可暂时为空，以备将来存放设定的内容。

(2) 在定义好的站点下新建一个网页，第一个网页为 index.htm 或 index.html。

(3) 以情人节为主题，编辑一个简单的网页。在"属性"面板中单击"页面属性"按钮，在弹出的对话框中设置"页面属性"，包括设置背景图像，设置字体大小为 14px 等。

(4) 插入一个 2 行 1 列的表格，在表格中插入图像与文本，网页浏览效果如图 6.19 所示。

图 6.19 情人节主题的网页浏览效果

第 7 章 制作页面

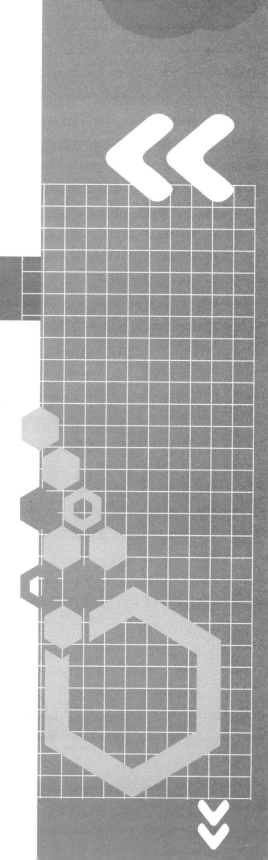

本章主要介绍网页中包含哪些网页元素，如何插入网页元素，如何设置网页元素的属性，以及如何利用表格进行网页排版。

【本章学习目标】

通过本章的学习，读者能够：

- 掌握如何进行页面属性的设置
- 掌握文本的修饰方法
- 掌握设置各类超链接的方法
- 掌握图像技术：插入图像、制作翻转图像、制作图像映射等
- 掌握在网页中插入 Flash 动画和 Flash 视频
- 掌握在网页中插入 HTML5 音频和视频
- 掌握利用表格布局网页的技术

7.1 实例导入：中国传统节日——端午节

【例 7.1】 中国传统节日——端午节，网站首页如图 7.1 所示。

该网站实例包含了若干个网页，在这些网页中实现输入文本、插入图像、建立超链接等操作，所涉及的知识点有以下几点：

(1) 页面属性的设置。

(2) 利用表格进行网页排版。

(3) 文本的修饰。

(4) 插入图像。

(5) 在多个网页之间建立超链接。

(6) 插入 Flash 动画。

(7) 插入 HTML5 视频。

图 7.1 中国传统节日——端午节首页

7.2 页面属性的设置

网页制作的第一步是设置页面属性,操作步骤如下。

(1) 打开"页面属性"对话框,设置相应的参数。单击"属性"面板→"页面属性"按钮,弹出"页面属性"对话框。

(2) 选择"外观(CSS)"选项卡,设置"页面字体"为默认字体、"大小"为14px,"背景图像"为"images/bg.jpg","重复"为"repeat-y"(表示背景图为纵向重复),页边距均设置为0,如图7.2所示。

♥注意:

"外观"选项卡有两类:"外观(CSS)"选项卡的设置基于CSS样式,将自动生成页面内嵌式CSS样式代码;"外观(HTML)"选项卡的设置基于HTML样式,将自动生成HTML标签。

图7.2 "外观"选项卡

(3) 选择"标题/编码"选项卡,在"标题"文本框中输入"中国传统节日——端午节",如图7.3所示。在浏览网页时,网页标题会出现在浏览器的标题栏中,设置网页的编码格式为"简体中文(GB2312)"。

图7.3 "标题/编码"选项卡

(4) 选择"跟踪图像"选项卡，单击"跟踪图像"文本框右侧的"浏览"按钮，选择图片文件，拖动透明度滑块来设置跟踪图像的透明度，如图 7.4 所示。

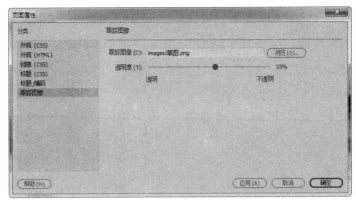

图 7.4　"跟踪图像"选项卡

♥注意：

跟踪图像是事先用图像设计软件绘制的网页草图，是用于设计网页布局的图片，不会出现在浏览器中。

(5) 选择"链接(CSS)"选项卡，设置"链接颜色"和"已访问链接"颜色均为黑色(#000000)，设置"变换图像链接"颜色为黄色(#FFFF00)，"下画线样式"为"仅在变换图像时显示下画线"，如图 7.5 所示。

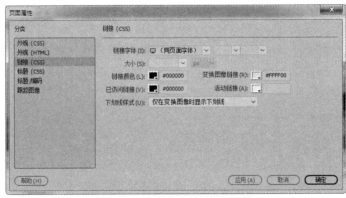

图 7.5　"链接(CSS)"选项卡

最后单击"确定"按钮，完成页面属性的设置。

7.3　文本的修饰

修饰文本是最基本的网页制作技能，例如，字体的修饰、段落的对齐方式等。

7.3.1 输入文本

要在网页中输入文本，既可直接输入，也可在其他应用程序中复制文本，然后切换到 Dreamweaver 的"文档"窗口中并进行粘贴。下面就文本中的其他情况加以说明。

1. 换行和段落分段

1) 换行

按下快捷键 Shift+Enter，或单击"插入"栏→"HTML"选项→"字符"选项→"换行符"命令，如图 7.6 所示，其 HTML 标签为
。

图 7.6 插入"换行符"

2) 段落分段

按下回车键，其 HTML 标签为<p>。

2. 输入连续空格和特殊字符

1) 输入连续空格

单击"插入"栏→"HTML"选项→"不换行空格"命令，其 HTML 标签为" "，或切换到中文全角状态，按下空格键。

2) 输入特殊字符

单击"插入"栏→"HTML"选项→"字符"选项→某个特殊字符选项，如图 7.6 所示。

3. 插入水平线

在网页中插入一条水平线，可以将网页元素分隔开，这样可使网页看起来更整齐、更清晰。单击"插入"栏→"HTML"选项→"水平线"图标，如图 7.7 所示。选中水平线，可在"属性"面板中设置水平线的属性：水平线的高度、宽度、是否有阴影等。如果要修改水平线的颜色，必须修改 HTML 代码。在"文档"工具栏中，单击"代码"视图按钮，切换到"代码"视图，相应的 HTML 代码如下：

```
<hr width="500" size="1" noshade="noshade" color="#00CC00">
```

图 7.7 插入"水平线"

4. 文本特殊格式：上标和下标

【例 7.2】 输入数学公式：$X^2+Y^3=Z_1$。针对其中字体的特殊格式——上标与下标的操作步骤如下。

在"文档"工具栏中，单击"代码"视图按钮，切换到"代码"视图，直接输入 HTML 代码：X\<sup\>2\</sup\>+Y\<sup\>3\</sup\>=Z\<sub\>1\<sub\>，如图 7.8 所示。

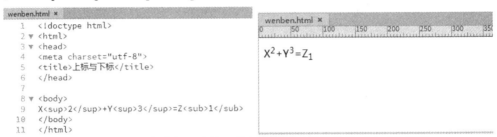

图 7.8 上标和下标的代码编辑("代码"视图)及结果显示("实时"视图)

7.3.2 文本属性的设置

文本属性的设置可通过"属性"面板或"编辑"菜单来实现，下面以在"属性"面板中设置文本属性为例进行讲解。

在"属性"面板中设置文本属性时，有两种选项，即 HTML 和 CSS，两者之间可以切换。本小节主要讲解利用"CSS"选项定义文本属性时，如何设置文本大小、字体样式、字体类型以及文本颜色。

(1) 文本大小常用的单位是 px(像素)或 pt(点数)，正文通常选择 12px 或 14px。

(2) 字体样式是指字符的外观样式，例如，粗体、斜体、下画线等。

(3) 在网页中，文本可设置为不同的字体类型。但网页正文一般设置为默认字体，若选择了某种字体，但在浏览者客户端的计算机中没有安装该字体，那么字体仍以默认字体显示。

(4) 文本颜色值以十六进制数表示。

设置方法如下：

在"属性"面板中选择"CSS"选项，选中文本，单击"属性"面板中的"大小"下拉框，选择某个选项，如图 7.9 所示。

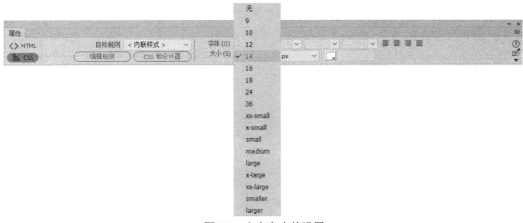

图 7.9 文本大小的设置

还可以定义字体样式、字体类型以及文本颜色等。单击"属性"面板中"字体"右侧的下拉框,选择"管理字体",如图 7.10(a)所示;单击"字体颜色",在弹出的拾色器中,选择需要的颜色,如图 7.10(b)所示;字体样式和字体粗细的设置界面如图 7.10(c)所示。

(a) 定义字体类型

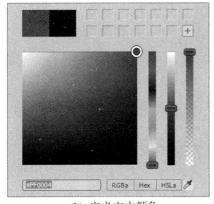

(b) 定义文本颜色

(c) 定义字体样式和字体粗细

图 7.10 设置文本属性

要设置更复杂的文本样式,可在"CSS 面板"中进行。单击"窗口"菜单→"CSS 设计器"命令,打开右侧集成面板中的"CSS 设计器"面板。在"源"处单击"+"按钮,选择"在页面中定义"选项,如图 7.11(a)所示;选择"@媒体"处的"全局"选项,单击"选择器"处的"+"按钮,在文本框中输入"标签名称",单击"标签名称",在"属性"部分中对 CSS 样式进行编辑,如图 7.11(b)所示。

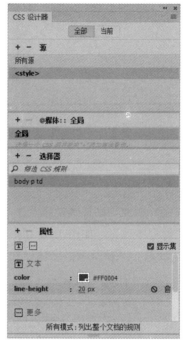

图 7.11(a) "CSS 设计器"面板　　图 7.11(b) "CSS 设计器"面板

要应用已定义的 CSS 样式,单击"属性"面板的"CSS"选项,选择"目标规则"下拉框中的某个选项,如图 7.12 所示。

图 7.12 应用已定义的 CSS 样式

7.3.3 段落格式的设置

要设置段落格式,应先在"属性"面板中选择"HTML"选项,然后再定义段落格式。

段落是指具有统一样式的一段文本。标题是用于强调段落主题的文本,所以用加强的效果来表示。标题分为 6 级,1 级标题显示的文字最大,6 级标题显示的文字最小。通常,标题文字在浏览器中显示为粗体并自动换行。

段落或标题格式的设置方法如下:选中文本,单击"属性"面板中的"格式"下拉框,选择段落或某级标题,如图 7.13 所示。

图 7.13　段落与标题的设置

段落缩进的设置方法如下：选中段落，或把光标放在段落中，单击"属性"面板中的缩进按钮；如果要取消缩进，单击取消缩进按钮即可，如图 7.14 所示。

图 7.14　段落缩进的设置

7.3.4　列表格式的设置

列表是比较常见的一种文本排版格式，常用来格式化网页中包含逻辑关系的文本信息。列表格式分为项目列表、编号列表和嵌套列表，如图 7.15 所示。

图 7.15　列表格式

1. 项目列表

设置方法如下：选中段落文本，单击"属性"面板中的"项目列表"按钮。

列表中的项目符号是可以更改的，例如，将项目符号从●修改为◆，方法是将光标放在列表文本中，单击"属性"面板中的"列表项目"按钮，弹出"列表属性"对话框，在"列表类型"中选择"项目列表",单击"样式"下拉列表,选择"正方形"样式,如图 7.16 所示。

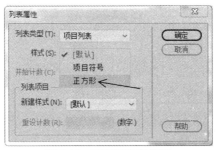

图 7.16 列表属性的设置

2. 编号列表

设置方法与项目列表相似,通过有序的编号可以更清楚地表达信息的顺序。

设置方法如下:选中段落文本,单击"属性"面板中的"编号列表"按钮。

列表中的编号样式和开始计数值均可更改。将光标放在列表文本中,单击"属性"面板中的"列表项目"按钮,弹出"列表属性"对话框,在"列表类型"中选择"编号列表",单击"样式"下拉列表,选择编号样式,在"开始计数"文本框中输入数值,便可修改开始计数值。

3. 嵌套列表

嵌套列表存在父列表和子列表的逻辑关系。设置方法如下:在已定义好的列表中,选中作为子列表的若干列表,单击"属性"面板中的"文本缩进"按钮,从而实现列表之间的嵌套关系。嵌套列表可以是有序嵌套列表、无序嵌套列表和混合嵌套列表。

7.3.5 滚动文本

在网页中如何让文本或图片自动滚动,并且当鼠标经过时,文本会停下来,鼠标移开时继续滚动呢?可通过代码进行设置,方法如下:

`<marquee>滚动的文本段落</marquee>`

可在<marquee>标签内添加一些参数,参数之间用空格隔开,使得文本的滚动方式有些变化,例如:

`<marquee direction="up" onmouseover="this.stop()" onmouseout= "this.start()" behavior="scroll" >欢迎访问中国风的网站</marquee>`

上面代码中各属性的解释如下。

direction:表示滚动的方向,可为 up(向上)、down(向下)、left(向左,默认)、right(向右)。

behavior:表示滚动的方式,可为 scroll(滚动,默认)、alternate(交替)、slide(移动)。

onmouseover="this.stop()"：表示鼠标经过时，文本停留。

onmouseout="this.start()"：表示鼠标移开时，文本开始滚动。

7.4 设置超链接

超链接是组成网站的基本元素，通过超链接可将多个网页组成一个网站，浏览者通过超链接来选择阅读路径。超链接是通过 URL(统一资源定位符)来定位目标信息的。

7.4.1 URL 地址

1. 绝对 URL

绝对 URL 是指 Internet 上资源的完整地址，包括完整的协议类型、计算机域名或 IP 地址、包含路径信息的文档名。书写格式如下：

协议：//计算机域名或 IP 地址[:端口号][/文档路径][/文档名]。

例如，http(或是 https)://www.mydrivers.com/download/download.htm。

常用的协议有以下几种。

- HTTP 或是 HTTPS：HTTP 为超文本传输协议，HTTPS 为超文本传输安全协议。
- FTP：文件传输协议。
- MAILTO：传送 E-mail 协议。

例如：http://www.sina.com.cn、https://www.baidu.com。

ftp://ftp.newhua.com。

mailto:abc@163.com。

若采用协议的默认端口号，则可以省略；index.htm、index.html 或 default.htm 是默认首页名称，可以省略。

2. 相对 URL

相对 URL 指文件与链接目标之间的相对位置关系，一般是指相同站点内的链接。

链接到同一路径的文档，直接输入文件名即可，如 products.htm。

链接到同一路径下子文件夹的文档，先输入子文件夹名和斜杠(/)，再输入文件名，如 yule/music.htm。

链接到上一级路径中，要在文件名前输入"../"，如"../index.htm"。

7.4.2 超链接的分类

超链接的分类有很多种，按链接目标的不同，可分为文件链接、锚记链接、空链接、电子邮件链接；按链接单击对象的不同，可分为文字链接、图像链接、图像映射等。

下面逐一介绍按链接目标的不同而进行分类的几种链接。

1. 文件链接

文件链接是指链接目标是其他网页或文件，浏览者单击这类超链接时将跳转到相应的网页或显示相应的文件。

设置方法如下：选中创建超链接的文本或图像，在"属性"面板的"链接"文本框中输入 URL 地址，或单击"链接"文本框右侧的"浏览文件"按钮，如图 7.17 所示。在弹出的"选择文件"对话框中，选择相应的文件，如图 7.18 所示。

图 7.17　设置超链接

图 7.18　"选择文件"对话框

♥注意：

如果超链接文件是浏览器支持的文件格式，如 html、jpg 格式等，那么浏览器将直接打开该文件；如果超链接的目标文件不是浏览器支持的文件格式，如 zip、rar、exe 格式等，那么单击超链接时，将会弹出"文件下载"对话框。因此制作文件下载链接时，可将文件压缩为 zip 或 rar 格式，供浏览者下载。

2. 锚记链接

为了方便浏览者浏览篇幅较长的网页，可利用锚记链接实现页面内的快速跳转。操作步骤如下：

(1) 在"代码"视图中，在需要锚记标记的位置之后添加<a name="XX" id="XX"></a>，其中的 XX 为英文字母与数字组合的锚记名称，代码如下所示，参见图 7.19(a)。

<a name="n2" id="n2"></a> <h1> 二、迎接伍子胥</h1>

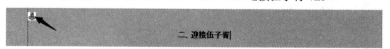

图 7.19(a)　添加锚记标记

(2) 随后选中导航信息，拖动滚动条到链接目标处，单击"属性"面板中"链接"文本框右侧的"指向文件"按钮，拖动到锚记标记处即可，如图 7.19(b)所示。此时"链接"文本框中将出现：#锚记名称；也可直接在"链接"文本框中输入：#锚记名称。当单击导航信息时，会直接跳转到相应的链接目标处。

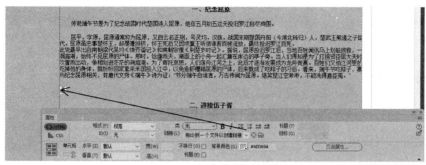

图 7.19(b)　制作锚记链接

除了创建同一页面中的锚记链接外，还可创建指向不同页面的锚记链接，此时只要将超链接指定为"包含锚记链接页面的 URL#地址该网页的锚记名称"，例如：添加导航链接至新闻页面(news.html)的锚记名称为"abc"位置，代码即为：news.html#abc。

3．空链接

空链接一般默认指向当前页面，单击它并不会打开新的网页文件。此种链接并不常用，一般会和 JavaScript 脚本语言配合使用，以实现一些特殊的网页特效。

设置方法如下：选中导航信息，在"属性"面板的"链接"文本框中输入一个单独的"#"号，即表示一个空链接。

4．电子邮件链接

电子邮件链接是指当浏览者单击超链接时，系统会启动客户端电子邮件程序(例如 Outlook Express)，并打开新邮件窗口，使访问者能方便地撰写电子邮件。操作步骤如下：

(1) 将光标放在需要插入电子邮件链接的位置。

(2) 选择"插入"菜单→"HTML"选项→"电子邮件链接"命令。

(3) 在弹出的"电子邮件链接"对话框中，输入链接文本和电子邮件地址，如图 7.20 所示；或选中要创建链接的文本或图像，在"属性"面板的"链接"文本框中直接输入 mailto:电子邮件地址。

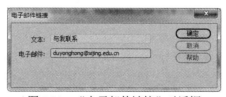

图 7.20　"电子邮件链接"对话框

7.4.3 选择链接目标

设置好链接文件后，还应该选择打开链接文件的目标，即打开链接文件的浏览器窗口。设置方法如下：单击"属性"面板的"目标"下拉列表，选择其中的某项参数，如图 7.21 所示。

图 7.21　链接目标的选择

具体参数如下所述：

(1) _blank：表示在新的浏览器窗口中打开链接文件。

(2) new：将链接文件载入一个新的窗口。

(3) _parent：表示在包含框架结构的上一级浏览器窗口中打开链接文件。

(4) _self：表示在当前窗口中打开链接文件，默认状态。

(5) _top：删除框架结构，在整个浏览器窗口中打开链接文件。

7.5　制作包含超链接的纯文本网站

本节通过一个简单的网站实例来复习和巩固前面所学的内容。

1. 定义本地站点

启动 Dreamweaver 软件，选择"站点"菜单→"新建站点"命令，创建本地站点，并在站点根目录下创建三个文件夹：shige、sanwen 和 xiaoshuo。

2. 制作首页

首页效果图如图 7.22 所示，制作过程如下所述。

图 7.22　首页效果图

(1) 新建一个空白网页，单击"属性"面板→"页面属性"按钮，在弹出的"页面属性"对话框中，进行如下设置：

- 在"外观(CSS)"选项卡中，设置页面字体大小为 14 像素，文本颜色为#0A3304(深绿色)，设置背景图像为 images/3e.jpg，设置页边距均为 0。
- 在"链接 CSS"选项卡中，设置链接颜色和已访问链接均为#0A3304(深绿色)，变换图像链接为#ffff00(黄色)，下画线样式为仅在变换图像时显示下画线。
- 在"标题 / 编码"选项卡中，设置网页标题为"青年文摘"，编码为"简体中文(GB2312)"；单击"确定"按钮。保存该网页，将其命名为 index.htm。

(2) 在"代码"视图中，输入<div align="center">......</div>，输入的文本内容均置于<div>和</div>之间，文本为居中排列。

输入文本"青年文摘"，为了实现竖排效果，输入每个文字后，按下回车键，即可分为多个段落。

(3) 在"青年"后插入特殊字符：选择"插入"栏→"HTML"选项→"字符"选项→"其他字符"按钮，在弹出的"插入其他字符"对话框中，选择圆点字符，单击"确定"按钮，如图 7.23 所示。

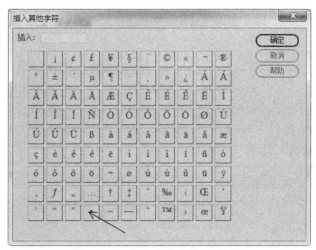

图 7.23 "插入其他字符"对话框

(4) 文本样式的设置：选中"青年文摘"，单击"属性"面板中的"HTML"选项，单击"格式"下拉列表，选择为"标题 1"，如图 7.24 所示。

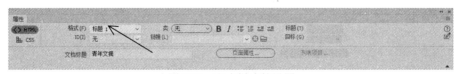

图 7.24 文本样式的设置

单击"窗口"菜单中的"CSS 设计器"命令，打开"CSS 设计器"面板。单击"源"处的"+"按钮，选择"在页面中定义"；单击"选择器"处的"+"按钮，输入"h1"；在"属性"选项中单击文本 T 按钮,设置文本属性,如 font-size(字体大小):36px,line-height(行高):40px,设置 text-shadow(字体阴影),x-shadow:2px,y-shadow:2px,color:#ffff00。

(5) 单击"插入"栏→"HTML"选项→"水平线"按钮,插入一条水平线,在"属性"面板中设置水平线的高度和宽度,取消选中"阴影"复选框,切换到"代码"视图,在<hr>标签内添加 color:"#00CC00"。

(6) 按下回车键,输入"散文",按"Shift+\"组合键,输入"|"。按同样的方式输入"诗歌|"和"小说",在每个"|"的左右输入一个中文全角状态下的空格。

(7) 按下回车键,选择"插入"栏→"HTML"选项→"字符"选项→"©版权"按钮,输入"版权所有:2020 风清月影"。

(8) 输入文本"友情链接",选中"友情链接",在"属性"面板→"链接"文本框中输入链接地址"http://www.hongxiu.com",设置目标为_blank。

(9) 切换到中文全角状态,按下空格键,单击"插入"栏→"HTML"选项→"电子邮件链接"按钮,在弹出的"电子邮件链接"对话框中输入文本"与我联系",输入邮件地址"abc@163.com"。

(10) 在网页最上方,输入文本"欢迎访问风清月影的网站"。切换到"代码"视图,在此文本前后分别输入代码<marquee>和</marquee>,并添加滚动字幕的相关属性代码,如下所示:

<marquee direction="left" onmouseover="this.stop()" onmouseout="this.start()" behavior="scroll">

上面的代码表示滚动文本从左向右滚动。当鼠标经过文本时,文本停下;当鼠标移开文本时,文本继续滚动。

3. 制作"散文精选"页面

"散文精选"页面的效果图如图 7.25 所示,制作过程如下。

图 7.25 "散文精选"页面的效果图

(1) 新建一个空白网页，将该网页保存到 sanwen 文件夹中，网页名为 index.htm。

(2) 单击"属性"面板中的"页面属性"按钮，打开"页面属性"对话框。在该对话框中进行如下设置：

- 在"外观(CSS)"选项卡中，设置字体大小为 14px，设置背景颜色为"#BCFCAA"，页边距左、右为 50px，上、下为 30px。
- 在"标题/编码"选项卡中，设置标题为散文精选，文档类型为 HTML5，编码为简体中文(GB2312)。
- 在"链接"选项卡中，设置链接颜色与已访问链接为#000000，变换图像链接为#ffff00，下画线样式为仅在变换图像时显示下画线。

(3) 在"文档"窗口中输入"散文精选"，单击"属性"面板中的"HTML"选项，设置格式为"标题 1"。

(4) 按下回车键，再输入导航文本"首页 | 散文 | 诗歌 | 小说"，设置导航文本为段落，且居中。代码为<p align="center">导航文本</p>。选中"首页"，单击"属性"面板中"链接"文本框右侧的"浏览文件"按钮，选择站点根目录下的 index.htm，"链接"文本框中将显示"../index.htm"，按下回车键。

(5) 单击"插入"栏→"HTML"选项→"水平线"按钮，插入一条水平线，选中这条水平线，通过"属性"面板和"代码"视图中的<hr>标签，设置水平线的样式。

(6) 单击"插入"栏→"HTML"选项→"日期"按钮，弹出"插入日期"对话框，在其中选择日期格式，如图 7.26 所示。设置日期文本为段落，且居中，代码为<p align="center">日期文本</p>。

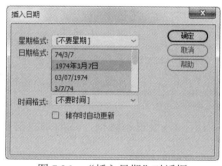

图 7.26 "插入日期"对话框

(7) 按下回车键，输入几段文本作为散文题目的列表，分别设置编号列表和项目列表，再通过文本缩进实现嵌套列表等。

(8) 切换到"代码"视图，输入以下代码<div align="center"></div>，将光标放在<div>和</div>之间，单击"插入"栏→"HTML"选项→"图像"按钮，在打开的对话框中，选择"luxun.jpg"，单击"确定"按钮，即插入鲁迅的画像，画像排版显示为居中对齐；输入鲁迅的一篇散文，输入标题"藤野先生"及散文内容，设置"藤野先生"文本为标题 2。

(9) 设置标签 h1、h2、p、body 的 CSS 样式。在 CSS 设计器中设置"源"为"在页面中定义"，在"选择器"中分别添加 h1、h2、p。在"属性"面板中单击"CSS"选项，在"目标规则"下拉框中选择h1，然后单击"编辑规则"按钮，在打开的"h1的CSS规则定义"对话框中，选择"分类"选项卡，设置font-size(字体大小)为36px，line-height(行高)为40px，设置color(字体颜色)为#267D10(深绿色)；再选择"区块"选项卡，设置text-align(文本对齐)为center(居中)，如图7.27所示。

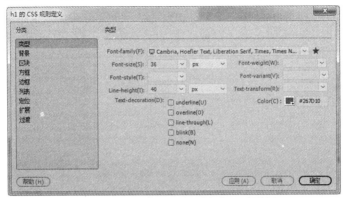

图7.27 "h1的CSS规则定义"对话框

以同样的方式设置h2、p、body等HTML标签的CSS样式。

设置h2的CSS样式，在"类型"选项卡中，设置font-size(字体大小)为24px，color(字体颜色)为#ff0000(红色)，line-height(行高)为30px；在"区块"选项卡中，设置text-align(文本对齐)为center(居中)。

设置p的CSS样式，在"类型"选项卡中，设置line-height(行高)为20px；在"区块"选项卡中，设置text-indent(文本缩进)为30px。

设置body的CSS样式，在"类型"选项卡中，设置line-height(行高)为20px。

(10) 设置锚记链接：首先在"藤野先生"标题文本处，插入以下代码：<a name="tenye"></a>，即设置"锚记"标记。在散文目录处选中"藤野先生"，单击"属性"面板中"链接"文本框右侧的"指向文件"按钮，拖动到锚记标记处，松开鼠标即可设置锚记链接，或直接在"链接"文本框中输入"#tenye"。

(11) 最后添加其他页面内容，并设置超链接，完成站点的制作。

4. 站点测试

在网页编辑状态下，按F12键可在浏览器中浏览网页，查看超链接是否能够正常跳转，并确保每个网页都有合适的网页标题。

7.6 使用图像

图像是网页中非常重要的元素，在网页中添加精致、美观的图像，会使网页变得丰富多彩。在插入图像时，首先要考虑图像在页面中的整体效果，其次要综合考虑图像的质量和下载速度。目前，网页中支持的图像格式有以下三种。

(1) GIF：索引颜色格式，最多支持 256 色，为无损压缩，有透明处理的功能，支持动画效果。

(2) JPG：联合图像专家组，有较高的压缩比，属于有损压缩，支持真色彩，在处理 JPG 图像时，应选择合适的压缩品质。

(3) PNG：可移植网络图形，是专门针对 Web 开发的无损压缩图像，支持真色彩和透明处理。

7.6.1 插入图像

插入图像的方法有多种，以下介绍常用的两种。

方法一：把光标放在要插入图像的位置，选择"插入"菜单→"image"命令。

方法二：单击"插入"栏→"HTML"选项→"image"按钮。在弹出的"选择图像源文件"对话框中，选择图像文件，单击"确定"按钮，如图 7.28 所示。

图 7.28 "选择图像源文件"对话框

7.6.2 设置图像属性

选中图像，在"属性"面板中设置图像的属性，例如，图像的高度、宽度等属性，如图 7.29 所示。

图 7.29 设置图像属性

1. 图像的尺寸

在"属性"面板中，"高度"和"宽度"文本框中的数值显示了图像的尺寸，告诉浏览器应分配给图像多大的空间，以像素为单位。可直接输入数值来改变图像的尺寸，或选中图像，拖动图像的控制点来调整图像大小，若同时按住 Shift 键，可成比例地缩放图像的大小。如果图像的尺寸不是源图像的尺寸，数值会以加粗的形式显示，并且会出现还原按钮 ，单击此按钮可将图像还原到原始尺寸。

♥注意：

一般情况下，建议不要使用指定高度、宽度的方式来缩放图像，而应在图像处理软件中对图像进行处理后，再插入网页中，因为用指定尺寸的方式不能改变图像所占的字节数，即不能缩短图像下载的时间，只是改变了图像显示的空间。

2. 图像的其他属性

(1) 替换：在"替换"文本框中输入文本时，若图像在浏览器中不能显示，则在图像区域显示该文本信息。

(2) 标题：在"标题"文本框中输入文本时，若图像能够正常显示，则当鼠标经过图像时，显示该文本信息。

(3) 编辑：在"属性"面板的"编辑"选项区域，可以单击"编辑"按钮，将运行图像编辑软件对图像文件进行编辑。该选项区域的右侧还有剪裁、增加亮度和对比度、锐化等按钮。

(4) 链接和目标：用于指定超链接路径及链接目标。

7.6.3 制作翻转图像

翻转图像是指当鼠标经过图像时，显示另外一张图像；鼠标移开时，还原为原始图像。

制作过程如下：首先准备尺寸相同的两张图像，选择"插入"菜单→"HTML"选项→"鼠标经过图像"命令，弹出"插入鼠标经过图像"对话框，如图 7.30 所示。在该对话框中进行如下参数设置。

图 7.30　"插入鼠标经过图像"对话框

(1) 单击"原始图像"文本框右侧的"浏览"按钮，在"原始图像"对话框中，选择作为原始图像的图像文件。

(2) 单击"鼠标经过图像"右侧的"浏览"按钮，在弹出的"翻转图像"对话框中，选择作为鼠标经过图像的图像文件。

(3) 选中"预载鼠标经过图像"复选框，确保鼠标经过图像时的图像效果更加平滑。

(4) 在"按下时，前往的 URL"文本框中，输入链接地址。

(5) 最后单击"确定"按钮。当浏览网页，鼠标经过图像时，图像会发生变化。

7.6.4　制作图像映射

图像映射是指在一幅图像中指定若干个区域，这些区域被称为热点，每一个区域可链接到不同的 URL 地址。图像映射最常用于电子地图、页面导航图、页面导航条等。在西部旅游网中"游在陕西"页面中插入了一幅陕西旅游地图，通过单击旅游地图中的不同区域，可以跳转到相应的网页了解相关的旅游信息。

操作步骤如下：

(1) 选中图像，在"属性"面板的左下方，选中"矩形热点"工具，如图 7.31 所示。按下鼠标左键，在地图上绘制一个圆形，在"属性"面板的"链接"文本框中输入链接地址，如图 7.32 所示。

图 7.31　使用图像热点工具

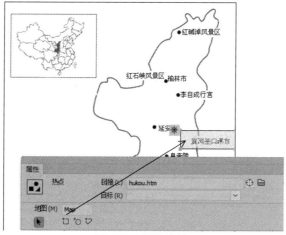

图 7.32　图像映射

(2) 选中"矩形热点"工具，按住鼠标左键，在"黄河壶口瀑布"处，绘制一个矩形，在"链接"文本框处输入链接地址。

(3) 还可选中"多边形热点"或"圆形"工具，绘制多边形或圆形，添加链接地址。

7.7　插入 Flash 动画与 Flash 视频

Flash 是一种高质量、高压缩率的矢量动画，具有超强的交互能力，也正是因为这些原因，它在网络上得到了快速发展。

7.7.1　插入 Flash 动画

1. 插入 Flash 动画

插入网页中的 Flash 动画格式为 swf，Flash 源文件的格式为 fla，源文件不能直接插入网页中，但可以在 Flash 软件中对它进行修改。插入 Flash 动画常用的方法有两种。

方法一：单击"插入"栏→"HTML"选项→"Flash SWF"按钮，如图 7.33 所示。

图 7.33　利用"插入"栏插入 SWF 动画

方法二：选择"插入"菜单→"HTML"选项→"Flash SWF"命令，如图 7.34 所示。
插入 Flash 动画后，在"文档"窗口中会出现 Flash 占位符，如图 7.35 所示。

图 7.34　利用"插入"菜单插入 SWF 动画

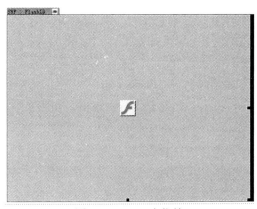

图 7.35　Flash 占位符

2. 设置 Flash 动画的属性

单击 Flash 占位符，选中 Flash 动画，在"属性"面板中设置它的属性，如图 7.36 所示。

图 7.36　设置 Flash 动画的属性

Flash 动画各项属性的功能如下：

(1) FlashID：定义 Flash 动画的名称。

(2) "宽"和"高"：设置 Flash 动画的尺寸。

(3) "文件"：Flash 动画文件的路径。

(4) "编辑"：fla 格式的源文件路径，单击"编辑"按钮，直接进入 Flash 软件进行编辑，可以不设置。

(5) "垂直边距"与"水平边距"：与周围网页元素的间隔。

(6) 选中"循环"复选框，动画将连续播放，否则在播放一次后自动停止。选中"自动播放"复选框，设定 Flash 文件是否在页面加载时就播放。

(7) "品质"下拉列表：选择 Flash 动画的品质，如要以最佳状态显示，就选择"高品质"选项。

(8) "对齐"下拉列表：设置 Flash 动画的对齐方式。

(9) Wmode：为了使页面的背景在 Flash 下面能够衬托出来，设置参数去除 Flash 动画背景。单击"Wmode"下拉列表，选择"透明"选项。

7.7.2　插入 Flash Video

Flash Video 即 Flash 视频，它的后缀名为 flv，是目前广泛流行的一种视频文件格式。一般的视频文件 asf、wmv、rmvb 等都需要专门的播放器来支持视频文件的播放，否则根本无法收看，并且这类文件容量过大，下载速度慢，播放也不流畅。为了解决播放器和容量的问题，可以将各类视频文件转换成 Flash 视频文件，即 flv 格式，经过编码后的音频和视频数据，可以通过 Flash Player 传送。

单击"插入"栏→"HTML"选项→"Flash Video"按钮，或选择"插入"菜单→"HTML"选项→"Flash Video"命令，弹出"插入 FLV"对话框，如图 7.37 所示。在该对话框中设置 Flash Video 的相关参数如下：

(1) "视频类型"下拉列表中有两种类型："累进式下载视频"和"流视频"。累进式下载视频是指将 Flash 视频(flv)文件下载到站点访问者的硬盘上，然后播放。但是，与传统的"下载并播放"视频传送方法不同，累进式下载允许在下载完成之前就开始播放视频文件。而流视频要求必须有特定服务器的支持。一般选用"累进式下载视频"模式。

图 7.37 "插入 FLV"对话框

(2) 在 URL 文本框中，输入 Flash 视频文件名，或单击"浏览"按钮，查找视频文件路径。

(3) 从"外观"下拉列表中选择播放器外观类型。所选外观的预览会出现在"外观"下方。

(4) 单击"检测大小"按钮，确定 flv 文件的准确宽度和高度。但有时 Dreamweaver 无法确定 flv 文件的尺寸大小，在这种情况下，就需要在"宽度"和"高度"文本框中手动输入数值。

(5) "自动播放"复选框：指定在 Web 页面打开时是否播放视频。默认情况下，该复选框处于未选中状态。

(6) "自动重新播放"复选框：指定播放控件在视频播放完成之后是否返回到起始位置继续播放。默认情况下，该复选框处于未选中状态。

设置完毕后，单击"确定"按钮。单击 Flash Video 占位符，将其选中，在"属性"面板中设置以上 Flash 视频的属性，如图 7.38 所示。

图 7.38 设置 Flash 视频的属性

7.8 插入 HTML5 音频与 HTML5 视频

7.8.1 插入 HTML5 音频

在网页中添加与网页内容相匹配的音乐,可以让浏览者在浏览网页的同时欣赏音乐,从而给浏览者留下深刻的印象。HTML5 规定了一种通过<audio>标签来包含音频的标准方法。<audio>标签能够播放音频文件。

<audio>标签支持三种音频格式:wav、ogg、mp3,要在网页中插入 HTML5 音频,需单击"插入"栏→"HTML"选项→"HTML5 Audio"按钮 ,或选择"插入"菜单→"HTML"选项→"HTML5 Audio"命令,在"文档"窗口会出现音频文件占位符,选中音频文件占位符,在"属性"面板中设置其相关属性即可,如图 7.39 所示。

图 7.39 "音频"文件属性设置

(1) 源:在"源"文本框中输入音频文件的地址,或单击"源"文本框右侧的"浏览"按钮,查找音频文件路径。例如,"西部旅游网"的"游在陕西"页面中插入的音频文件是"西安"这首颇具地方色彩的歌曲(xian.mp3),格式为 mp3。

(2) 其他属性:在左下方有多个复选框,Controls 表示是否显示音频流控制条,Autoplay 表示是否自动播放,Loop 表示是否循环播放,Muted 表示是否静音。

音频文件在谷歌浏览器中的浏览状态,如图 7.40 所示。

图 7.40 音频文件在谷歌浏览器中的浏览状态

HTML5 代码如下:

```
<audio controls="controls" muted="muted" autoplay="autoplay" >
    <source src="audio/xian.mp3" type="audio/mp3">
</audio>
```

7.8.2 插入 HTML5 视频

随着宽带网络技术的飞速发展,网络视频点播已经普及,通过网络可以在线观看免费的视频,在线学习远程视频课程等。这些都是通过在网页中嵌入视频文件来实现的。HTML5

规定了一种通过<video>标签来包含视频的标准方法。<video>标签能够播放视频文件。

<video>标签支持三种视频格式：mp4、WebM、Ogg，要在网页中插入 HTML 视频，需单击"插入"栏→"HTML"选项→"HTML5 Video"按钮，或选择"插入"菜单→"HTML"选项→"HTML5 Video"命令，在"文档"窗口会出现视频文件占位符，选中视频文件占位符，在"属性"面板中设置其相关属性即可，如图 7.41 所示。

图 7.41　"视频"文件属性设置

(1) 源：在"源"文本框中输入视频文件的地址，或单击"源"文本框右侧的"浏览"按钮，查找视频文件路径。例如，"西部旅游网"的"彩云之南"页面中插入的视频文件是"锦绣云南"视频(yunnan.mp4)，格式为 mp4。

(2) 视频的 W(宽度)与 H(高度)：输入宽度和高度，视频将以输入值显示，若为缺省，按视频原始尺寸显示。

其他属性与音频文件相同，这里就不再一一赘述。

视频文件在谷歌浏览器中的浏览状态，如图 7.42 所示。

HTML5 代码如下：

```
<video width="800" height="600" controls="controls" >
    <source src="video/yunnan.mp4" type="video/mp4">
 </video>
```

图 7.42　视频文件在谷歌浏览器中的浏览状态

7.9 使用表格布局网页

在网页设计中,表格以简洁明了和高效快捷的方式将网页设计的各种元素有序地组织在一起,使整个网页井井有条。本节将以例 7.1 为例讲解利用表格进行网页排版的过程。

7.9.1 插入表格和编辑表格

表格由一些被线条分开的单元格组成。线条即表格的边框,被边框分开的区域称为单元格,数据、文字、图像等网页元素均可根据需要放置在相应的单元格中,如图 7.43 所示。

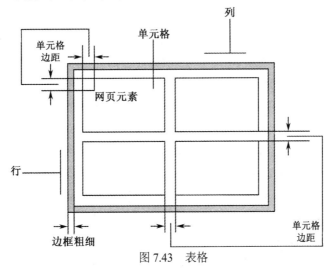

图 7.43 表格

在网页中使用表格一般有两种情况:一种是在需要组织数据显示时使用;另一种是在布局网页时使用。当表格被用作布局时,需要对表格的属性进行设置。

表格在网页中通常以两种形式存在:一种是以独立的形式存在;另一种是以嵌套的形式存在。

1. 插入独立表格

插入表格一般有如下两种方法。

方法一:单击"插入"栏→"HTML"选项→"Table"(表格)按钮。

方法二:选择"插入"菜单→"Table"命令,弹出"Table"对话框,如图 7.44 所示。

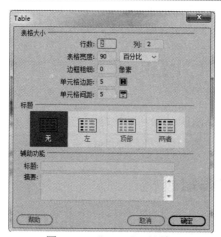

图 7.44 "Table"对话框

在"Table"对话框中输入以下参数：

(1) 表格的行数和列数。

(2) 表格宽度：宽度的单位有两种——像素和百分比。像素是绝对值，一般最外层表格选择绝对像素，即整个页面的尺寸，表格宽度的大小与显示器的分辨率有关。若是 1280×800 的分辨率，宽度可选择的范围为 1150～1240 像素。这里要强调的是，如果选择的是高分辨率时显示的页面尺寸，则在低分辨率浏览时会出现横向滚动条；如果选择的是低分辨率时显示的页面尺寸，则在高分辨率浏览时会出现较多的空白，因此最外层表格宽度的选择必须慎重。百分比是指表格的宽度与浏览器界面之间的相对百分比，一般内嵌表格采用百分比来设置宽度。

(3) 边框粗细：如果表格是用来布局页面的，边框粗细值设为 0。

(4) 单元格边距：设置单元格内容与单元格边缘之间的距离。

(5) 单元格间距：设置表格单元格之间的距离。

(6) 标题：设置表格某行或某列为表格标题单元格，文本以加粗显示。

(7) 辅助功能：比如给整个表格设置标题以及选择标题所在的位置等。

设置完毕后，单击"确定"按钮，即可在指定位置插入一个表格，插入后的表格处于选中状态，如图 7.45 所示。

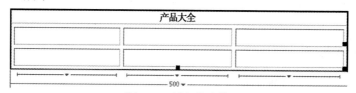

图 7.45 插入的表格

2. 插入嵌套表格

在网页中为了保证各部分内容之间的相对独立性，而不会因为在编辑其他内容的同时被修改，一般在网页中会采用表格的嵌套形式。通常，网页有一个大的外层表格，会按区域划分为若干个单元格，而在区域单元格中会再插入嵌套表格，这样各区域的排版既规范又灵活。

插入嵌套表格的方法：将光标放在表格的某个单元格内，再单击"插入"栏→"常用"选项→"表格"按钮即可插入嵌套表格，如图 7.46 所示。

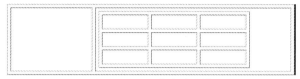

图 7.46　插入的嵌套表格

3. 编辑表格

1) 添加行或列

方法一：将光标放在单元格内，单击鼠标右键，从弹出的快捷菜单中，选择"表格"选项→"插入行"/"插入列"(或"插入行或列")命令，在当前单元格的上方插入一行，或在当前单元格的右侧插入一列。如果选择"插入行或列"命令，则弹出"插入行或列"对话框，在其中设置要在表格中添加的行数或列数以及插入位置，之后单击"确定"按钮即可，如图 7.47 所示。

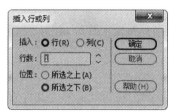

图 7.47　"插入行或列"对话框

方法二：将光标放在单元格内，选择"编辑"菜单→"表格"选项→"插入行"/"插入列"(或"插入行或列")命令，设置方法与方法一相同。

2) 删除行或列

方法一：将光标放在单元格内，选择"编辑"菜单→"表格"选项→"删除行"("删除列")命令，删除当前行(或当前列)。

方法二：将光标放在单元格内，单击鼠标右键，在弹出的快捷菜单中，选择"表格"选项→"删除行"(或"删除列")命令，删除当前行(或当前列)。

方法三：选中行或列，按 Del 键。

3) 排序表格

创建表格并向表格中添加数据后，这些数据可能是杂乱无序的。Dreamweaver 中提供了排序表格中数据的功能。实现方法如下：选中表格，选择"编辑"菜单→"表格"选项→"排序表格"命令，弹出"排序表格"对话框，如图 7.48 所示。根据需要进行相关参数的设置后，单击"确定"按钮。

图 7.48 "排序表格"对话框

4) 导入与导出表格数据

Dreamweaver 提供了与外界进行数据交换的功能。在其他程序中创建的数据，例如 Excel 电子表格数据、Word 文档或是文本文件等，可以导入到 Dreamweaver 中并格式化为表格。同样，也可以将网页中的表格导出为其他格式的文件。

(1) 导入表格数据。

选择"文件"菜单→"导入"选项→"导入表格式数据"命令，弹出"导入表格式数据"对话框，如图 7.49 所示。在其中选择数据文件的路径，进行相关参数的设置，单击"确定"按钮。

(2) 导出表格数据。

将光标放在要导出表格的任意单元格内，选择"文件"菜单→"导出"选项→"表格"命令，弹出"导出表格"对话框，如图 7.50 所示。设置定界符和换行符，单击"导出"按钮，弹出"表格导出为"对话框，在该对话框中选择文件路径和输入文件名称，单击"保存"按钮。

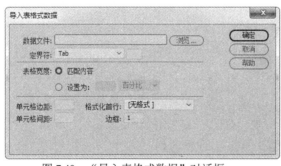

图 7.49 "导入表格式数据"对话框

图 7.50 "导出表格"对话框

7.9.2 表格及单元格属性的设置

1. 表格属性的设置

要对表格进行属性设置，必须首先选中表格，选中表格的常用方法有以下 4 种。

方法一：将光标放在表格内，单击"文档"窗口左下角的<table>标签以选中整个表格。

方法二：将光标移到表格的边框处，单击鼠标左键选中表格。

方法三：将光标放在表格内，选择"编辑"菜单→"表格"选项→"选择表格"命令，选中表格。

方法四：将光标放在表格内，单击鼠标右键，在弹出的快捷菜单中，选择"表格"选项→"选择表格"命令，选中表格。

选中表格后，在"属性"面板中设置表格的属性，如图 7.51 所示。

图 7.51　表格属性的设置

其中各项属性的功能如下：

(1) 表格：设置表格的 ID。

(2) 行与列：设置表格的行数和列数。

(3) 宽：设置表格宽度，单位为像素或百分比。

(4) CellSpace(间距)：设置单元格之间的间隔，即单元格间距。

(5) CellPad(填充)：设置单元格内容与单元格边缘之间的距离。

(6) Border(边框)：设置表格边框的宽度，单位为像素。表格用于排版时，一般边框设置为 0。

(7) Align(对齐)：设置表格在页面中的对齐方式。

(8) Class(类)：为选定对象加入 CSS 样式。

(9) ：清除所设置的列宽。

(10) ：清除所设置的行高。

(11) ：设置列宽的单位为像素。

(12) ：设置列宽的单位为百分比。

2. 单元格属性的设置

将光标放在单元格内，在"属性"面板中设置单元格属性，如图 7.52 所示。"属性"面板又分为上下两部分，上半部分可设置单元格中文本的属性，下半部分设置单元格属性。在设置单元格中文本的属性时，分为"HTML"选项和"CSS"选项。

图 7.52　单元格属性的设置

其中单元格各项属性的功能如下：

(1) 水平和垂直：设置单元格中网页元素的水平及垂直对齐方式，默认对齐为水平左对齐、垂直居中，如图 7.53(a)所示。可在"属性"面板中对单元格的对齐方式进行设置，如图

7.53(b)所示。

(a) 单元格对齐方式：默认对齐方式　　　　(b) 单元格对齐方式：水平居中、垂直顶端

图 7.53　对齐方式

(2) 宽和高：用于设置单元格的宽度和高度，单位默认为像素。在数值后输入%，即采用百分比为单位。也可将鼠标放在单元格的边框处，直接进行拖动，从而改变行高和列宽。

(3) "不换行"复选框：选中此选项，可防止换行，设置单元格中的所有文本都在一行上，单元格宽度会随之变宽。若不选此选项，当单元格中的文本内容超过单元格宽度时，会自动换行，单元格宽度不变。

(4) "标题"复选框：将所选的单元格设置为表格标题单元格。该单元格中的文本内容为粗体、居中对齐。

(5) 背景颜色：设置单元格的背景颜色。

(6) ▭：合并所选单元格。

(7) ⚹：拆分所选单元格。

<table>标签用于定义 HTML 表格。一个<table>标签可包含一个或多个<tr>、<th>以及<td>标签。其中<tr>标签定义表格行，<th>标签定义表头，<td>标签定义表格单元格。

7.9.3　使用表格布局网页

表格是能将网页元素按设计者要求的方式显示的一种排版技术。通过单元格的拆分、合并以及在单元格中插入嵌套表格等方法可对网页元素进行更细致的控制。

本小节讲解【例 7.1】中国传统节日——端午节首页，利用表格进行网页布局的制作过程。作为专业的设计者，首先，要利用图形制作软件绘制一张网页草图，然后在网页草图的基础上利用表格对网页进行排版。本网页实例的制作过程如下。

(1) 创建本地站点，站点名为 holiday，并在该站点的根目录下创建 images 文件夹，用于存储图像素材。

(2) 新建一个网页，命名并保存为 index.htm。

(3) 单击"属性"面板中的"页面属性"按钮，编辑网页的页面属性，相关内容在 7.2 节已讲解过，这里就不再赘述。

(4) 单击"插入"栏→"HTML"选项→"Table"按钮，插入 6 行 2 列的一个表格，表格宽度为 1003 像素，边框粗细、单元格边距、单元格间距均为 0，标题设置为"无"。选中表格，在"属性"面板中设置 align(对齐方式)为居中。

(5) 合并第一行的单元格：选中第一行的两个单元格，单击"属性"面板中的"合并所选单元格"按钮 ，将光标放在第一行单元格内，单击"插入"栏→"HTML"选项→"Table"按钮，插入图像"banner.jpg"。

（6）以同样的方式合并第二行的两个单元格。将光标放在第二行的单元格内，在"属性"面板中设置单元格对齐方式为水平居中，输入导航文本信息：首页　端午简介　起源传说　各种食俗　异国端午　端午谚语　端午课堂　客户留言　节日祝福等，文本之间用中文全角状态下的空格隔开。

（7）切换到"代码"视图，在该单元格标签中添加 HTML 属性，<td background= "images/daohang.jpg">，<td>标签的 background 属性为单元格添加背景图像。

（8）在第三行的两个单元格中分别插入两幅与端午节相关的图像，如图 7.54 所示。

图 7.54　使用表格排版网页

（9）将光标放在第四行左侧的单元格内，再插入一个 2 行 1 列、宽度为 95%、居中对齐的表格，将该表格制作为细线表格的效果。

细线表格的设置：表格的背景颜色为深色，Border(边框)为 0，CellSpace(间距)为 1，CellPad(填充)为任意，再设置表格中的所有单元格颜色为浅色。

在该表格中输入标题"端午节歌谣"及其相关内容。

（10）将光标放在第四行右侧的单元格内，再插入一个 2 行 4 列的表格。

（11）表格的第一行合并为一个单元格，插入图像和文本。在 CSS 设计器中，单击"源"处的"+"按钮，选择"在页面中定义"；单击"选择器"处的"+"按钮，添加.img1；单击"属性"选项的"布局"按钮，设置 padding 值均为 5px，float 为左对齐，如图 7.55(a)所示。

在表格中选中图像，在"属性"面板中，设置图像的 CSS 样式为"img1"，如图 7.55(b)所示。

在该表格第二行的四个单元格中，分别插入四幅端午节的图像。

（12）合并第五行的两个单元格，插入一幅竹子图像。

（13）合并第六行的两个单元格，输入版权信息：©版权所有：2020 年-2029 年中国风，按下回车键，插入欢迎信息"欢迎光临中国风网站"。切换到"代码"视图，在此段文本前后分别添加<marquee>、</marquee>代码，即可实现滚动效果，如图 7.56 所示。

(14) 制作其他网页，并添加网页之间的超链接。

(15) 完成网页制作。

图 7.55(a)　设置图像的 CSS 样式

图 7.55(b)　对图像应用 CSS 样式

图 7.56　利用表格进行网页排版

小　结

本章主要介绍了网页元素的编辑及相关属性的设置，包括以下方面：

1. 网页文本的编辑。
2. 超链接的建立。
3. 插入图像和鼠标经过图像。

4. 插入 Flash 动画和 Flash 视频。
5. 插入 HTML5 音频和 HTML5 视频。
6. 利用表格进行网页排版。

练习题

1. 一个完整的 URL 地址包括哪些内容？超链接中的绝对路径和相对路径有什么区别？
2. 要在一幅图像中创建多个链接区域，如何实现？
3. 网页中支持的图像格式有哪些？它们各有什么特点？
4. 在 HTML5 中所支持的视频文件格式有哪些？
5. 如何在网页中插入视频文件？HTML5 代码是什么？

上机实验

1. 背景知识

根据本章所学的表格排版、文本编辑、插入图像及鼠标经过图像、插入 Flash 动画、添加多个网页间的超链接等知识创建网站。

2. 实验准备工作

将文本素材和图像素材准备好，发送到学生的主机上，供学生参考使用。

3. 实验要求

创建一个以花卉为主题的网站，要求如下：

(1) 编辑网站首页，效果如图 7.57 所示。

图 7.57 无双花园首页

(2) 编辑其他内容网页并添加超链接，在其他页面中包括图像和文本等。

4．课时安排

上机实验课时安排为 2 课时。

5．实验指导

网站首页的制作过程如下。

(1) 启动 Dreamweaver，定义本地站点，新建一个网页，保存为 index.htm。

(2) 单击"属性"面板中的"页面属性"按钮，选择"外观(CSS)"选项卡，设置字体大小为 14px，页边距均为 0，选择"标题/编码"选项卡，设置网页标题为"无双花园"。

(3) 单击"插入"栏→"HTML"选项→"table"按钮，插入 4 行 2 列、宽度为 1000 像素、边框粗细、单元格边距、单元格间距均为 0 的一个表格，用于网页排版。

(4) 合并第一行的两个单元格，单击"插入"栏→"HTML"选项→"image"按钮，插入图像 top.jpg。

(5) 在第二行的第一个单元格中插入图像 logo.jpg，在第二个单元格中插入个 1 行 4 列、宽度为 100%的一个嵌套表格。将光标放在单元格内，单击"插入"菜单→"HTML"选项→"鼠标经过图像"按钮，插入一幅鼠标经过图像，添加链接地址，作为导航按钮。以同样的方式在其他 3 个单元格中也插入一幅鼠标经过图像，添加链接地址，构成网页的导航栏。

(6) 在第三行的第一个单元格中插入一幅图像，在第二个单元格中插入一个 Flash 动画。

(7) 合并第四行的两个单元格，输入地址信息和版权信息，完成首页的制作。

完成以上制作过程后，再制作其他内容页面，添加页面间的超链接。

第 8 章

CSS+DIV 页面布局技术

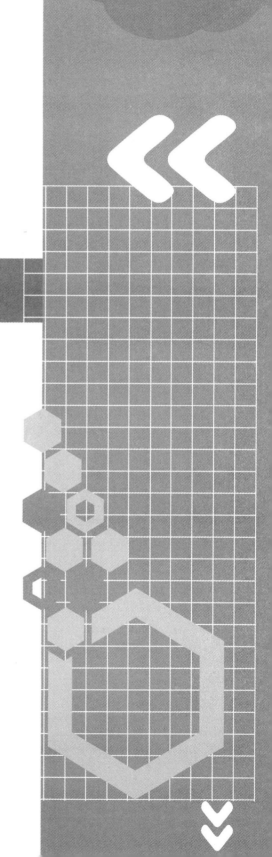

　　CSS(Cascading Style Sheets)，中文译为层叠样式表，用于定义 HTML 元素的显示形式，是 W3C 推出的格式化网页内容的标准技术，是用于控制网页样式并允许样式信息与网页内容分离的一种标记性语言。CSS+DIV 是一种最新的网页布局技术，完全有别于旧的布局方式，如表格排版。

　　本章介绍 CSS 样式表的功能与应用，重点介绍如何利用 CSS+DIV 进行网页布局。

【本章学习目标】

通过本章的学习，读者能够：

- 了解网页版面布局的基本表现形式
- 了解 CSS 样式表的功能与用途
- 掌握定义 CSS 规则的方法
- 掌握利用 CSS 样式表进行网页美化的技巧
- 重点掌握如何利用 CSS+DIV 进行网页布局

8.1 实例导入：利用 CSS+DIV 完成西京小学网站

CSS 样式表是由一系列样式选择器和 CSS 属性组成的，支持文本属性、颜色和背景属性、边框属性、列表属性以及精确定位网页元素属性等。使用 CSS 样式表可以增强网页的格式化功能。

使用 CSS 样式表的另一个优点是可以利用同一个样式表对整个站点的同性质的网页元素进行格式修饰。当需要更改样式设置时，只需要在这个样式表中进行修改，而不必对每个页面逐个进行修改，从而简化了格式化网页的工作。

【例 8.1】西京小学校园网站的首页如图 8.1 所示。

该实例采用 CSS+DIV 进行网页布局，主要涉及以下知识点。

(1) 分析构架：画出构架图。
(2) 拆分模块：分别定义特定 ID 的 DIV 标签，设置其 CSS 样式。
(3) 在网页中插入 DIV 标签，在 DIV 中插入网页元素。
(4) 总体调整：色彩及内容的调整，适当修改 CSS 样式。

图 8.1 西京小学校园网站首页

8.2 网页版面布局概述

网页版面布局是网页设计中的一项重要内容。版面指的是浏览器看到的一个完整的页面。因为每个人显示器的分辨率不同，所以同一个页面的分辨率可能出现 1024px×768px、1280px×768px、1366px×768px 等情况。布局就是以最适合浏览的方式将图片和文字摆放在页面的不同位置。网页版面布局规定了网页内容在浏览器中的显示方式，例如徽标的位置、导航栏的显示、主要内容的排版等。经常用到的版面布局结构主要有以下几种。

1．"T"结构布局

页面顶部为横条的网站标志和广告条，下方为主菜单，右侧显示内容的布局，因为菜单条的背景较深，整体效果类似英文字母"T"，这是网页设计中用得最广泛的一种布局方式。这种布局的优点是页面结构清晰，主次分明，是初学者最容易上手的布局方法；缺点是版面较规矩呆板，如果在细节和色彩上不注意修饰，很容易让人"看之无味"，如图 8.2 所示。

图 8.2 "T"结构布局的网页

2. "口"型布局

这是一个形象的说法,就是页面一般上下各有一个广告条,左侧是主菜单,右侧是友情链接等,中间是主要内容。这种布局的优点是能够充分利用版面,信息量大;缺点是页面拥挤,不够灵活,如图 8.3 所示。

图 8.3 "口"型布局的网页

3. "三"型布局

这种布局多用于国外站点,国内用得不多。其特点是页面上横向两条色块,将页面整体分割为 4 部分,色块中大多放广告条。

4. POP 布局

"POP"引自广告术语,就是指页面布局像一张宣传海报,以一张精美的图片作为页面的设计中心,如图 8.4 所示。POP 布局常用于时尚类站点,其优点显而易见,即漂亮吸引人;缺点就是速度慢。

图 8.4 POP 布局的网页

在确定好版面布局结构后，接下来要做的就是根据内容调整页面的结构。例如，页面尺寸应选择多大？怎样放置网页的网页元素？Dreamweaver 中提供了多种方法用于规划和布局页面，本章主要介绍 CSS+DIV 网页布局技术。

8.3　CSS 的简单应用

【例 8.2】HTML 标签的简单应用。在网页中若使每个段落的文字用深灰色(#999)显示，那么 HTML 源代码就要写成：

```
<p><font color="#999">段落 1</font></p>
<p><font color="#999">段落 2</font></p>
<p><font color="#999">段落 3</font></p>
<p><font color="#999">段落 4</font></p>
```

若想把段落字体改为红色(#F00)，则必须对每段文字颜色的代码进行修改，这非常麻烦。而 CSS 样式表是如何解决这个问题的呢？

【例 8.3】CSS 样式表的简单应用。只需在<head>和</head>之间添加如下 CSS 代码：

```
<style type="text/css">
    p{
        color: #999;
    }
</style>
```

所有段落文字处不用设置任何字体颜色即呈现为深灰色，如果要改成红色，只需将上述代码中的颜色代码#999 修改为#F00 即可。

在 Dreamweaver CC 中，网页是基于 CSS 进行构造的。下面的页面属性和文本样式的设置可以说明这一点。

【例 8.4】页面属性的设置。

新建一个页面，然后单击"属性"面板中的"页面属性"按钮，弹出"页面属性"对话框，如图 8.5 所示。在该对话框中进行如下设置。

图 8.5　在"页面属性"对话框中设置 CSS 样式

(1) "外观(CSS)"选项卡：设置字体"大小"为14px、"背景图像"为images/bg.gif、"重复"为no-repeat、页边距均为0。

(2) "链接(CSS)"选项卡：设置文本链接特效，设置"链接颜色"为深灰色(#999)、"变换图像链接"(即鼠标经过时的颜色)为红色(#F00)、"已访问链接"为深灰色(#999)、"活动链接"为深灰色(#999)、"下画线样式"为"仅在变换图像时显示下画线"。

这些设置会自动生成CSS代码，出现在<head>和</head>中，CSS样式会自动应用于网页。

```css
<style type="text/css">
body,td,th {
    font-size: 14px;}
body {
    background-image: url(images/bg.gif);
    background-repeat: no-repeat;
    margin-left: 0px;
    margin-top: 0px;
    margin-right: 0px;
    margin-bottom: 0px;}
a:link {
    color: #999;
    text-decoration: none;}
a:visited {
    text-decoration: none;
    color: #999;}
a:hover {
    text-decoration: underline;
    color: #F00;}
a:active {
    text-decoration: none;
    color: #999;}
</style>
```

【例8.5】 文本样式的设置。

针对某段特定的文本设置文本样式，其方法如下：

选中文本，在"属性"面板中选择"CSS"选项，在"目标规则"下拉框中选择"新内联样式"，再设置文本样式，例如，设置"大小"为16px、颜色为#FC0，字体居中对齐，如图8.6所示。

图8.6 设置文本样式

这些设置自动生成的 CSS 代码如下：

```
<p style="font-size: 16px; color: #fc0; text-align: center;">
    美丽人生
</p>
```

8.4 定义 CSS

8.4.1 CSS 概述

1. CSS 的使用

CSS 的常用方法有以下两种。

方法一：页面内嵌法。将样式表代码直接写在 HTML 标签的<head>和</head>之间，如例 8.2 中所示。

方法二：外部链接法。将样式表写在一个独立的后缀名为.css 的文件中，在需要应用 CSS 样式的网页中链接该文件，在页面的<head>和</head>之间使用以下代码进行调用：

```
<link href="css/style.css" rel="stylesheet" type="text/css" />
```

在符合 Web 标准的设计中，使用外部链接法的好处不言而喻，用户不必修改页面，只需修改 CSS 文件就可改变页面的样式。如果所有页面都调用同一个样式表文件，那么修改一个样式表文件，就能改变所有文件的样式。

2. CSS 的语法规则

定义 CSS 的语法规则如下。
选择符{属性 1:值 1; 属性 2:值 2; …… }
参数说明：
属性和属性值之间用冒号(:)隔开，定义多个属性时，属性之间用分号(;)隔开。

3. CSS 选择器模式

1) 类(class)
.CSS 类名称，CSS 类名称前加 "."，如.intro，灵活应用于 class="intro" 的所有网页元素。
例如，CSS 代码如下：

```
.intro {
    color: #FF0000;
    font-size: 14px;
    line-height: 20px;
}
```

CSS 样式应用的代码如下：

```
<p class="intro">文本内容</p>
```

.intro 不仅可应用于某个段落，还可应用于其他网页元素。

2) ID

#id 名称，id 名称前加"#"，如#img1，应用于 id="img1" 的所有网页元素。

例如，CSS 代码如下：

```
#img1 {
    margin-top: 5px;
    margin-right: 5px;
    margin-bottom: 5px;
    margin-left: 5px;
    padding-top: 5px;
    padding-right: 5px;
    padding-bottom: 5px;
    padding-left: 5px;
    float: left;
}
```

CSS 样式应用的代码如下：

```
<img src="images/hua1.jpg" alt="" width="135" height="136" id="img1"/>
```

#img1 不仅可应用于某个图像，还可应用于其他网页元素。

3) 重定义 HTML 标签样式

html 标签名称，如 h1，使用该 html 标签定义的所有网页元素均可应用重新定义的样式。

例如，CSS 代码如下：

```
h1{
    color: #FF0000;
    font-weight: bolder;
    font-size: 24px;
    line-height: 30px;
    text-align: center;
}
```

网页中的标题 1 将自动应用该样式。

4) 链接 CSS 样式

a:link 定义所有未被访问的链接。
a:visited 定义所有已被访问的链接。
a:active 定义活动链接。

a:hover   定义鼠标指针位于其上的链接。

5) 其他

(1) 不同的 CSS 样式名称排列在一起,用逗号隔开,表示为并列的关系。例如:

```
h1,p
{
background-color: yellow;
}
```

将设置的 CSS 样式应用于所有 \<h1\> 元素和所有 \<p\> 元素。

(2) 不同的 CSS 样式名称排列在一起,用空格隔开,表示为嵌套的关系。例如:

```
div p
{
background-color: yellow;
}
```

将设置的 CSS 样式应用于所有\<div\>内的\<p\>元素。

**更多内容请查阅 CSS3 相关参考书籍。

8.4.2 在 Dreamweaver 中定义 CSS

1. 创建 CSS 样式

选择"窗口"菜单→"CSS 设计器"命令,打开"CSS 设计器"面板,单击左上角"源"处的"+"按钮,如图 8.7 所示。

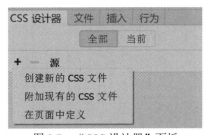

图 8.7   "CSS 设计器"面板

2. CSS 规则定义的位置

定义的位置有以下 3 种情况。

(1) 选择"创建新的 CSS 文件"选项,则弹出"创建新的 CSS 文件"对话框,如图 8.8 所示。选择样式文件的存储路径和文件名,单击"保存"按钮,将 CSS 样式代码单独存放在一个 CSS 文件中,此处新建的 CSS 文件为 style.css。

图 8.8 保存样式表文件

(2) 选择"附加现有的 CSS 文件"选项,将新建的 CSS 规则写入已有的 CSS 文件中。

例如,在文档中输入一段文本,并将此段文本选中,在"属性"面板中选择"HTML"选项,单击"格式"下拉框,选择"标题 1"选项,如图 8.9(a)所示。在"CSS 设计器"中,选择"源"处已经定义好的 CSS 文件"style.css",选择"@媒体"处的"全局",单击"选择器"处的"+"按钮,添加"body h1"标签,取消选中"显示集"复选框,在"属性"选项中,设置布局、文本、边框、背景及其他属性等,如图 8.9(b)所示。

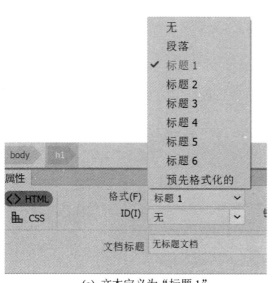

(a) 文本定义为"标题 1"　　　　　　(b) 在"CSS 设计器"中进行各项设置

图 8.9 附加已有的 CSS 文件

(3) 选择"在页面中定义"选项,此时 CSS 样式的代码会嵌套在网页的<head>和</head>标签之间。

3. 编辑和删除 CSS 样式

创建 CSS 样式后,如果要修改 CSS 样式,可直接在"CSS 设计器"面板中修改;或者在"属性"面板中,选择"CSS"选项,单击"目标规则"下拉框中某项已定义的 CSS 样式名称，单击"编辑规则"按钮，在打开的相应对话框中进行修改，如图 8.10 所示。

图 8.10　修改 CSS 样式

当不再需要某个 CSS 样式时，可在"CSS 设计器"面板中的"选择器"处选中某个样式名称，单击"—"按钮即可将其删除。

8.5　利用 CSS 美化网页

【例 8.6】 应用 CSS 样式设计图文混排效果，如图 8.11 所示。

图 8.11　应用 CSS 样式设计图文混排效果

此实例涉及的知识点是 CSS 样式的创建和应用，主要有以下几点：
(1) 背景样式、文本及列表样式、方框与边框样式、动态链接样式。
(2) 创建单独的 CSS 文件，将其应用于多个网页。

8.5.1　背景样式的应用

在例 8.6 中，上方浅绿色的横条其实是重新定义了 body 标签的网页背景图像，背景图像横向重复，对网页元素与页边距也进行了设置，操作步骤如下：

(1) 单击"窗口"菜单→"CSS 设计器"命令，打开"CSS 设计器"面板。单击左上角"源"处的"+"按钮，创建一个新的 CSS 文件，将其命名为 style.css；选择"@媒体"处的"全局"；单击"选择器"处的"+"按钮，添加"body"标签；取消选中"属性"面板中的"显示集"复选框；单击"属性"选项处的"背景"按钮，设置"background-image"为"images/bg.gif"；单击"background-repeat"处的"横向重复"按钮，如图 8.12 所示。

图 8.12　在"CSS 设计器"面板中进行各项设置

(2) 设置页边距。在"属性"面板中，选择"CSS"选项，选择"目标规则"下拉框中的"body"，单击"编辑规则"按钮，进入"body 的 CSS 规则定义"对话框。在该对话框的"方框"选项卡中将"Padding"设置为"全部相同"，值为 0，将"Margin"设置为上下均为 50px、左右均为 100px，如图 8.13 所示。

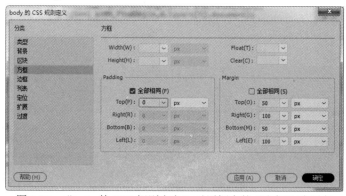

图 8.13　"body 的 CSS 规则定义"对话框中的"方框"选项卡

Margin 是指元素的边框以外留的空白，用于页边距或者与其他元素产生一个间距。Padding 是指元素的边框到元素的内容之间的空白，主要用于控制块状元素内部，内容与边框之间的距离。

Margin 与 Padding 均可采用简写的属性方式，在一个声明中设置所有边距的属性。该属性可以有 1 到 4 个值。其顺序为上(top)、左(left)、右(right)、下(bottom)，按照顺时针排序，即为 margin 或 padding: top right bottom left。例如，对 margin 的设置如下所示：

margin-top: 10px;　　　margin-right: 20px;　　　margin-bottom:30px;　　　margin-left: 40px;

可简写：margin:10px 20px 30px 40px。

对 padding 的设置的简写方式同 margin 的相同。

8.5.2　文本及列表样式的应用

在例 8.1 中，为文本和列表都应用了 CSS 样式，分别设置了字体、段落、列表的相关属性。第一行文本(CSS 样式的应用)是标题 1(标签为 h1)，第二行文本(使用 CSS 样式的理由)是标题 2(标签为 h2)，正文部分使用了列表(标签为 ul)。

1. 文本字体的样式设置

单击"CSS 设计器"面板中的"属性"选项处的"文本"按钮，可设置文本的字体、字体大小、字体颜色、字体修饰、字体的粗细及行高等，如图 8.14 所示。

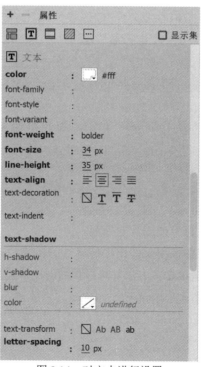

图 8.14　对文本进行设置

2. 文本段落的样式设置

单击"CSS 设计器"面板中的"属性"选项处的"文本"按钮，可设置文本的行高、对齐、缩进等，如图 8.14 所示。

文本字体、段落参数的设置如下。

(1) 文本颜色(color)：用于设置文本的颜色，如#ffffff 为白色；

(2) 文本字体(font-family)：用于设置文本的字体样式，如微软雅黑；

(3) 文本大小(font-size)：用于设置文本的字体大小，如 34px；

(4) 文本行高(line-height)：用于设置文本的行高，如 35px；

(5) 单词间距(word-spacing)：用于设置单词之间的距离，距离的单位有很多种，一般使用 px；

(6) 字母间距(letter-spacing)：用于设置字母、字符之间的距离；

(7) 垂直对齐(vertical-align)：指定对象的纵向对齐方式，例如，可以设置文本的上标和下标等。如果输入一个具体的数值，则后面的下拉列表框中显示为百分号，表示这个值是相对值；

(8) 文本对齐(text-align)：文本对齐方式，如 left、right、center；

(9) 文本缩进(text-indent)：指定首行缩进的数值。

3. 标题的设置

操作步骤如下。

(1) 重新定义标题 1 的样式(h1 标签)。在"CSS 设计器"面板中，单击"源"处的"style.css"，选择"@媒体"处的"全局"，单击"选择器"处的"+"按钮，添加"h1"标签，在"属性"选项处取消选中"显示集"复选框，单击"文本"按钮，设置字体大小(font-size)为 34px，粗细(font-weight)为 bolder(粗体)，行高(line-height)为 35px，颜色(color)为白色(#FFF)，选择文本对齐(text-align)为 center。

(2) 重新定义标题 2。方法与步骤 1)相同，设置字体大小(font-size)为 18px，粗细(font-weight)为 bolder(粗体)，行高(line-height)为 25px，颜色(color)为绿色(#218B84)，设置文本对齐为居中。

4. 列表的样式设置

(1) 列表类型：设置项目符号或编号的外观。

(2) 项目符号图像：指定图像用于替代项目符号的样式，美化项目符号。

重新定义项目列表(标签为ul li)。方法与标题设置时的步骤1) 相同，添加"ul li"标签。在"文本"选项处，设置字体大小(font-size)为14px，字体颜色(color)为深灰色(#666)，行高(line-height)为40px，文本缩进(text-indent)为2em，在项目符号图像(list-style-image)中输入url 地址images/li.gif，如图8.15所示。

♥注意：

ul li是一个嵌套标签，ul是项目列表标签，每一项列表对应的是li标签。

em是指相对长度单位，相对于当前对象内文本的字体尺寸。

图 8.15　对项目列表的文本进行设置

8.5.3　方框和边框样式的应用

在例 8.6 中，插入了一幅图像，通过应用 CSS 样式，实现了图文混排的效果。在该实例中主要设置了方框的浮动、边界(又称外边距)及填充(又称内边距)的距离，实现了图像与文本之间的环绕，还设置了边框，添加了一个虚线边框来修饰图像。该实例中采用了定义类的 CSS 规则，然后将此类应用于某个图像上。

1. 图像边距的设置

在"CSS 设计器"面板的"属性"选项的"布局"中，可设置方框的相关参数。
- 高度(height)和宽度(width)：方框的尺寸。
- 浮动(float)：设置网页元素浮于页面左边距或右边距。
- 填充(padding，分为上下左右)：网页元素到边框的距离。
- 边界(margin，分为上下左右)：网页元素边缘与周围元素之间的距离。

2. 图像边框的设置

在"CSS 设计器"面板的"属性"选项的"边框"中，可设置边框的样式、宽度和颜色等。
- 宽度(width)：边框的宽度。
- 样式(style)：边框的样式。
- 颜色(color)：边框的颜色。

图像方框与边框的设置，其操作步骤如下。

(1) 单击"选择器"处的"+"按钮，在文本框中输入".img1"。

(2) 方框的设置。单击"属性"选项处的"布局"按钮,设置相关参数。例如,浮动(float):右对齐(right);填充(padding):全部相同,输入 10px;边界(margin):全部相同,输入 10px。如图 8.16 所示。

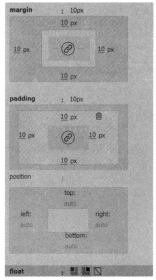

图 8.16　设置方框的相关参数

(3) 边框的设置。单击"属性"选项处的"边框"按钮,将所有边设置为相同的属性,将样式(style)设置为虚线(dotted),宽度(width) 设置为 2px,颜色(color)设置为紫色(#30F),如图 8.17 所示。

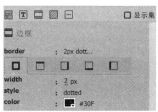

图 8.17　设置边框的相关参数

(4) 类的应用。将自定义的 CSS 规则应用于网页元素。
在"代码"视图中找到对应的图像标签,在标签中编写 class="img1",代码如下所示:

`<img src="images/yangtu.jpg" name="img1" width="300" height="259" class="img1">`

8.5.4　动态链接样式的应用

简单的 CSS 链接样式可以在页面属性中的"链接"选项卡中设置,相关内容已在 8.2 节中讲解过。

在例 8.6 中,创建的是较为复杂的 CSS 链接样式。当鼠标经过链接文字时,文字颜色会变色、字体样式变粗、出现背景颜色、文字修饰有下画线等。这里讲解两个重要的知识点:

如何创建 CSS 链接样式和如何调用外部 CSS 样式表。

1. 创建链接 CSS 样式

对链接 CSS 样式的设置主要是对 a:link、a:visited 和 a:hover 的设置。

(1) 打开"CSS 设计器"面板，单击"源"处的"style.css"，选择"@媒体"处的"全局"，单击"选择器"处的"+"按钮，添加 a:link(链接后效果)，定义字体颜色为黑色(#000)、字体修饰为"无"，如图 8.18 所示。

图 8.18　设置链接的 CSS 样式

(2) 选中 a:link(超链接默认效果)，单击鼠标右键，在弹出的快捷菜单中选择"复制样式"→"复制文本样式"命令，如图 8.19 所示。新建 a:visited(访问后效果)，样式不做任何修改，单击鼠标右键，在弹出的快捷菜单中选择"粘贴样式"命令，如图 8.20 所示，链接后的与访问后效果一致。

图 8.19　选择"复制文本样式"命令

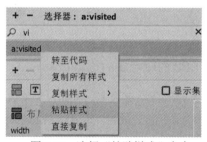

图 8.20　选择"粘贴样式"命令

(3) 再添加 a:hover(鼠标经过效果)，设置文本颜色为橙色(#FFA200)，文本修饰为"下画线"，在"粗细"下拉列表中选择"粗体"。

2. 调用 CSS 样式文件

若想在其他网页上应用刚才创建的 CSS 样式文件，应如何调用呢？单击"CSS 设计器"面板中"源"处的"+"按钮，选择"附加现有的 CSS 文件"选项，弹出"使用现有的 CSS 文件"对话框。在该对话框的"文件/URL"文本框中输入外部 CSS 文件的路径和文件名，将"添加为"设置为"链接",即可将新建的样式文件链接到此网页,如图 8.21 所示。

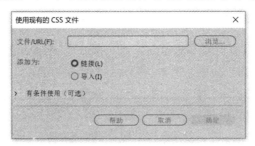

图 8.21　链接外部样式表

8.5.5　CSS3 的应用

1. CSS3 简介

CSS3(其标识如图 8.22 所示)是 CSS 技术的升级版本,于 1999 年开始制订,2001 年 5 月 23 日 W3C 完成了 CSS3 的工作草案,主要包括盒子模型、列表模块、超链接方式、语言模块、背景和边框、文字特效、多栏布局等部分。

图 8.22　CSS3 的标识

2. CSS3 的新特性

CSS3 的新特性有很多,例如,圆角效果、图形化边界、块阴影与文字阴影、使用 RGBA 实现透明效果、渐变效果、使用@Font-Face 实现定制字体、多背景图、文字或图像的变形处理(旋转、缩放、倾斜、移动)、多栏布局、媒体查询等。下面举例进行说明。

【例 8.7】　边框特性。

CSS3 对网页中的边框进行了一些改进,主要包括支持圆角边框、多层边框、边框色彩与图片等。在 CSS3 中最常见的一个改进就是圆角边框,通过 CSS3 的属性可以快速实现圆角定义,同时还可以根据实际情况对特定角进行圆角定义。代码如下所示,效果图如图 8.23 所示。

```
<html>
<head>
<meta charset="utf-8">
```

```html
<title>菜鸟教程(runoob.com)</title>
<style>
  div{
      border:2px solid #a1a1a1;
      padding:10px 40px;
      background:#dddddd;
      width:300px;
      border-radius:25px;
  }
</style>
</head>
<body>
<div>border-radius 属性允许您为元素添加圆角边框！</div>
</body>
</html>
```

> border-radius 属性允许您为元素添加圆角边框！

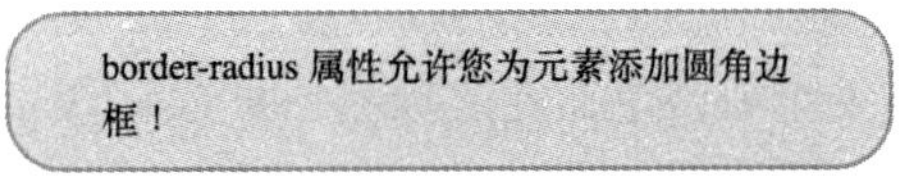

图 8.23　圆角边框效果图

【例 8.8】多背景图。

CSS3 允许使用多个属性(比如 background-image、background-repeat、background-size、background-position、background-origin 和 background-clip 等)在一个元素上添加多层背景图片。该属性的应用大大改善了以往对多层次设计需要多层布局的问题，可以帮助 Web 前端开发者在不借助 Photoshop 的情况下实现对页面背景的设计，从而简化了背景图片的维护成本，代码如下所示，效果图如图 8.24 所示。

```html
<html>
<head>
<meta charset="utf-8">
<title>多背景图</title>
<style>
#example1 {
    background-image: url(img_flwr.gif), url(paper.gif);
    background-position: right bottom, left top;
    background-repeat: no-repeat, repeat;
    padding: 15px;}
</style>
</head>
<body>
<div id="example1">
<h1>Lorem Ipsum Dolor</h1>
```

```html
        <p>Lorem ipsum dolor sit amet, consectetuer adipiscing elit, sed diam nonummy nibh euismod tincidunt ut laoreet dolore magna aliquam erat volutpat.</p>
        <p>Ut wisi enim ad minim veniam, quis nostrud exerci tation ullamcorper suscipit lobortis nisl ut aliquip ex ea commodo consequat.</p>
        </div>
        </body>
        </html>
```

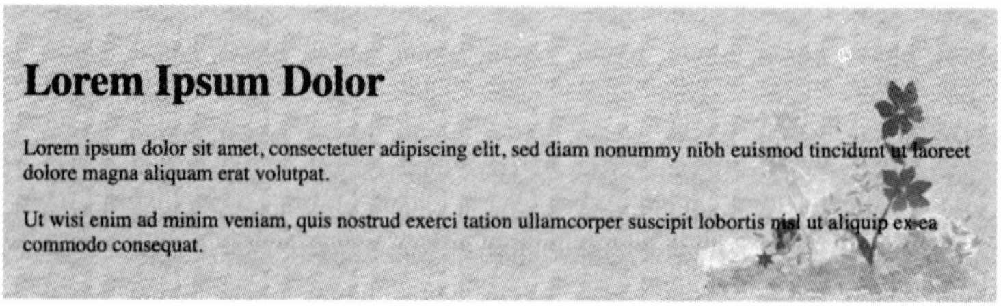

图 8.24 多背景图效果图

【例 8.9】颜色渐变。

CSS3 渐变可以让你在两个或多个指定的颜色之间显示平稳的过渡。以前，你必须使用图像来实现这些效果。但通过使用 CSS3 渐变，可以减少下载的时间和宽带的使用。此外，渐变效果的元素在放大时看起来效果更好，因为渐变是由浏览器生成的，具体代码如下所示，效果图如图 8.25 所示。

```html
<!DOCTYPE html>
<html>
<head>
<meta charset="gb2312">
<title>颜色渐变</title>
<style>
#grad1 {
    height: 200px;
    background-color: red; /* 浏览器不支持时显示 */
    background-image: linear-gradient(#e66465, #9198e5);
}
</style>
</head>
<body>
<h3>线性渐变 - 从上到下</h3>
<p>从顶部开始的线性渐变。起点是红色，慢慢过渡到蓝色：</p>
<div id="grad1"></div>
<p><strong>注意：</strong> Internet Explorer 9 及之前的版本不支持渐变。</p>
</body>
</html>
```

CSS3 新增的功能和样式非常多，利用这些功能和样式，可以不使用大型图形制作软件就能制作出绚丽的特效和动画。由于篇幅有限，这里就不一一介绍了，想了解更多的应用请查阅 CSS 相关参考书籍。

线性渐变 - 从上到下

从顶部开始的线性渐变。起点是红色，慢慢过渡到蓝色：

注意： Internet Explorer 9 及之前的版本不支持渐变。

图 8.25　渐变背景效果图

8.6　利用 CSS + DIV 进行网页布局

CSS+DIV 是最新的网页布局理念，完全有别于旧的布局方式(例如，table 布局)。使用 CSS+DIV 进行网页布局的主要流程是：首先使用 DIV 划分页面，设计各内容块的位置，再用 CSS 进行定位，最后再为相应的区域添加内容。利用 CSS 样式还可以代替表格进行网页布局。本节讲解如何利用 DIV 标签和 CSS 样式进行网页的布局。

1. 分析架构

网页布局如图 8.26 所示。

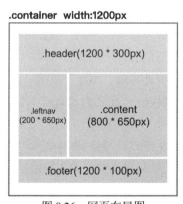

图 8.26　网页布局图

2. 拆分模块

一个总的 DIV 标签及其包含的 4 个 DIV 标签如下所示。

(1) container：最大的容器，将所有内容包含在内。

(2) header：网站头部图标，包含顶部广告图。

(3) leftnav：左侧导航条。

(4) content：网站的主要内容。

(5) footer：网站底栏，包含版权信息等。

3. 定义 DIV 标签的 CSS 样式

要定义页面属性和特定 DIV 标签的 CSS 样式，首先应创建本地站点，站点中包括两个子文件夹 images 和 css，分别用于存储图像素材和 CSS 样式文件。

(1) 定义页面属性。单击"属性"面板中的"页面属性"按钮，弹出"页面属性"对话框，设置背景颜色为#2e4e7d、页边距均为 0；定义网页标题为"西京小学"。

(2) 创建一个 CSS 文件，命名为"style"，将其保存到 css 文件夹中。

(3) 定义".container"的 CSS 样式。在"属性"面板中，单击"CSS 设计器"按钮，打开"CSS 设计器"面板，单击"选择器"处的"+"按钮，添加".container"。在"属性"选项处单击"布局"按钮，输入宽度(width)为 1200px，填充(padding)上、下、左、右均为 0，margin 上、下均为 0，左、右均为 auto。

(4) 定义".header"的 CSS 样式。与步骤(2)相同，单击"选择器"处的"+"按钮，添加".header"。在"属性"选项处单击"布局"按钮，输入宽度(width)为1200px，高度(height)为300px，单击"背景"按钮，设置背景图像(background-image)为"images/header.jpg"，背景图片大小为100%。

(5) 定义".leftnav"的 CSS 样式。与步骤(2)相同，单击"选择器"处的"+"按钮，添加".leftnav"。在"属性"选项处单击"布局"按钮，设置宽度(width)为 200px、高度(height)为 650px、浮动(float)为左对齐(left)、距离顶部填充(padding-top)为 50px，背景颜色为白色。

(6) 定义".leftnav li"的 CSS 样式。与步骤(2)相同，单击"选择器"处的"+"按钮，添加".leftnav li"。在"属性"选项处单击"文本"按钮，设置 list-style-type 为 none、line-height 为 60px、text-align 为 center；单击"布局"按钮，设置 width 为 200px。

(7) 定义".content"的 CSS 样式。与步骤(2)相同，单击"选择器"处的"+"按钮，添加".content"。在"属性"选项处单击"布局"按钮，设置填充(padding)的左侧和右侧均为 100px、顶部为 50px，宽度为 800px、高度为 650px，背景颜色为白色，浮动(float)为右对齐(right)。

(8) 定义".content p"的 CSS 样式。与步骤(2)相同，单击"选择器"处的"+"按钮，添加".content p"。在"属性"选项处单击"文本"按钮，设置首行缩进(text-indent)为 2em。

(9) 定义".content img"的 CSS 样式。与步骤(2)相同，单击"选择器"处的"+"按钮，添加".content img"。在"属性"选项处单击"布局"按钮，设置宽度为 800px、设置边距(margin)的左右均为 auto、上下均为 0。

(10) 定义".footer"的 CSS 样式。与步骤(2)相同，单击"选择器"处的"+"按钮，添加".footer"。在"属性"选项处单击"文本"按钮，设置行高为 100px、颜色为白色、对齐方式为 center；单击"布局"按钮，将"清除(clear)"设置为 both(设置 both 是为了消除前面设置浮动左对齐所产生的影响)；单击"背景"按钮，将背景颜色设置为#F76636。

4. 在网页中添加 DIV 标签

(1) 单击"插入"栏→"HTML"选项→"DIV"按钮，弹出"插入 Div"对话框，如图 8.27 所示。在"Class"下拉列表中选择 container，单击"确定"按钮。

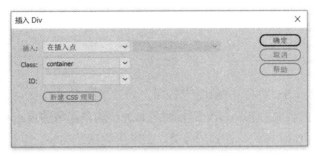

图 8.27 "插入 Div"对话框

(2) 将光标放在 container 容器内，与步骤(1)相同，单击"DIV"按钮，弹出"插入 Div"对话框。在"Class"下拉列表中选择 header，单击"确定"按钮。

(3) 与步骤(1)相同，依次插入 leftnav、content、footer 的 DIV 标签，如图 8.28 所示。

图 8.28 插入指定 ID 的 DIV 标签

♥注意：

最外层 DIV 的 ID 为 container，其他的 DIV 标签均包含在 container 中，除了 container 外，其他都是并列关系，顺序为 header、leftnav、content、footer。操作方法是首先插入 container，然后切换到"代码"视图，将光标放在<div id="container">...</div>中，然后单击"插入 DIV 标签"按钮，分别插入其他的 DIV 标签。

5. 在 DIV 中填充网页内容

在 DIV 中填充网页内容的步骤如下。

(1) 单击 header 区域，设置宽度与高度，且设置背景图像，不插入任何网页元素。

(2) 单击 leftnav 区域，插入图像 images\logo.png。

(3) 输入文本"网站首页""关于学校""课程中心""学生天地""德育之窗""家校联动""招生招聘""新闻公告",将其定义为项目列表,自动应用 ul li CSS 样式,形成竖排的导航信息。

(4) 单击 content 区域,输入文字内容,插入图片。

(5) 单击 footer 区域,输入版权信息和联系方式信息。

保存网页后,按下 F12 键浏览网页效果。

小 结

本章首先介绍了 CSS 样式表的创建与应用,通过使用 CSS 样式,使网页样式更加丰富多彩,然后介绍了如何利用 CSS+DIV 进行网页布局,这是本章的重点和难点部分。

1. CSS 的概念:CSS 样式、样式的分类、CSS 的语法结构等。

2. CSS 样式的创建。

3. CSS 样式的应用。

4. 利用 CSS+DIV 进行网页布局。

练 习 题

1. 什么是 CSS 样式表?
2. 定义 CSS 样式表有什么好处?
3. 如何调用外部 CSS 样式表文件?有什么好处?
4. CSS+DIV 网页布局的流程是什么?

上 机 实 验

1. 背景知识

根据本章所学的 CSS+DIV 网页布局技术,再综合前面所学的创建站点及编辑网页的知识,制作一个精美的网页并应用 CSS 扩展功能。

2. 实验准备工作

将实验素材、网页元素及网页样图,发送到学生的主机上,供学生参考使用。

3. 实验要求

利用 CSS 样式表制作大理旅游集团网站,效果图如图 8.29 所示。

图 8.29 网页效果图

要求：根据给定的素材，首先设置页面属性，其次定义特定 ID 的 DIV 标签的 CSS 样式，然后插入 DIV 标签，在 DIV 中插入网页元素，最后通过定义类来设置图像的 CSS 样式。

4. 课时安排

上机实验课时安排为 2 课时。

5. 实验指导

(1) 新建一个本地站点，在站点内新建两个子文件夹——images 和 css，将图像素材保存到 images 文件夹。新建一个网页，保存为 index.html。

(2) 在"CSS 设计器"面板中，单击"源"处的"+"按钮，选择"创建新的 CSS 文件"命令，创建新的 CSS 文件，命名为 style.css，接下来在 CSS 设计器中设置 CSS 样式。

(3) 重定义 body：在 style.css 中新建一个"body"选择器样式，设置如下属性。

```
margin: 0;
background-image: url(../images/background.jpg);
width: 100%;
background-position: center center;
background-repeat: no-repeat;
background-attachment: fixed;
background-size: cover;
```

(4) 设置整体外框架：在 style.css 中新建 DIV 标签为 ".container" 的 CSS 样式，设置如下属性。

```
width: 1200px;
height: 800px;
margin: 0 auto;
```

(5) 设置导航条：在 style.css 中新建 DIV 标签为 ".nav" 的 CSS 样式，设置如下属性。

```
width: 1200px;
height: 90px;
```

(6) 设置导航条列表：在 style.css 中新建 DIV 标签为 ".nav li" 的 CSS 样式，设置如下属性。

```
display: inline;
list-style-type: none;
color: #fff;
font-size: 20px;
margin: 0 20px;
line-height: 90px;
```

(7) 设置导航条图片：在 style.css 中新建 DIV 标签为 ". nav img" 的 CSS 样式，设置如下属性。

```
vertical-align:middle;
```

(8) 设置宣传标语：在 style.css 中新建 DIV 标签为 ".sologn" 的 CSS 样式，设置如下属性。

```
width: 1000px;
margin: 150px auto 0 auto;
```

(9) 设置景点按钮：在 style.css 中新建 DIV 标签为 ".sologn button" 的 CSS 样式，设置如下属性。

```
background-color: #00a3ee;
opacity: .9;
border-radius: 8px;
height: 40px;
width: 120px;
font-size: 18px;
color: #fff;
border-color: #00a3ee;
margin: 0 20px 0 20px;
```

(10) 设置底部菜单：在 style.css 中新建 DIV 标签为 ".footer" 的 CSS 样式，设置如下属性。

```
width: 100%;
height:165px;
color: #fff;
text-align: center;
line-height: 10px;
padding-top: 220px;
```

(11) 按照网页的层级关系和顺序分别将 DIV 标签插入网页正文中，并根据如下 HTML 代码分别插入网页所需的图片和文本内容。其中导航条采用 ul 和 li 标签完成，旅游导航按钮采用 button 标签完成。

```html
<div class="container">
    <div class="nav">
        <ul>
            <li><img src="images/logo.png"></li>
            <li>网站首页</li>
            <li>关于我们</li>
            <li>旅游景点</li>
            <li>特色项目</li>
            <li>新闻动态</li>
            <li>联系我们</li>
        </ul>
    </div>
    <div class="sologn">
        <img src="images/sologn.png">
        <button>大理古城</button>
        <button>大理花甸坝</button>
        <button>大理苍山</button>
        <button>大理洱海</button>
        <button>大理喜洲</button>
        <button>大理双廊镇</button>
    </div>
    <div class="footer">
    <p>主办：大理白族自治州人民政府办公室　承办：大理白族自治州电子政务管理中心</p>
        <p>滇 ICP 备 05001542 号　政府网站标识码：5329000057</p>
        <P>滇公网安备 53290102000345 号</P>
    </div>
</div>
```

至此，完成了网站首页的最终制作。

第 9 章

使用表单

本章主要介绍通过表单可以实现浏览器与服务器之间的信息交流。在 WWW 上,表单被广泛应用于各种信息的收集和反馈,图 9.1 显示了表单在知乎登录页面上的应用。

图 9.1 表单应用:知乎登录页面

【**本章学习目标**】

通过本章的学习,读者能够:

- 了解表单的功能与用途

- 掌握插入表单的方法
- 掌握在表单中插入表单对象的方法
- 利用表单制作用户注册网页

9.1 实例导入：利用表单创建用户信息注册表

表单是使网站实现交互功能的重要途径，通过表单可以收集站点访问者的信息。表单可用作调查工具，收集客户登录信息，也可用于制作复杂的电子商务系统。

一般情况下，表单的工作流程如图 9.2 所示。

图 9.2　表单提交后的处理流程

(1) 访问者在浏览有表单的网页时，填写必需的信息，然后按下按钮提交。
(2) 这些信息通过 Internet 传送到服务器上。
(3) 服务器上的表单处理应用程序(CGI)或脚本程序(ASP、PHP)对数据进行处理。
(4) 数据处理完毕后，服务器反馈处理信息。

从表单的工作流程来看，表单的开发分为两部分，一部分是在网页上制作的表单项，这一部分称为前端，主要在 Dreamweaver 中制作；另一部分是编写处理表单信息的应用程序，这一部分称为后端，如 ASP、CGI、PHP、JSP 等。本章主要讲解前端的设计，后端的开发将在网络程序开发中具体介绍。

【例 9.1】利用表单创建用户信息注册表，如图 9.3 所示。

图 9.3　用户信息注册表

本实例主要涉及以下知识点：
(1) 布局网页。
(2) 创建表单。
(3) 在表单中插入表单对象。
(4) 将表单信息提交到网络管理者的邮箱。

9.2 创建表单

表单相当于一个容器，它容纳的是承载数据的表单对象，例如文本框、复选框等。因此，一个完整的表单包括两部分：表单及表单对象，二者缺一不可。

在 Dreamweaver CC 2019 中增强了表单元素对 HTML5 的支持，在"插入"栏或"插入"菜单中的"表单"选项卡中新增了多个新的表单对象，分别是"电子邮件""密码"、Url、Tel 和"搜索"等，如图 9.4(a)所示。在将表单元素插入到网页中后，表单元素的"属性"面板中新增了许多新的属性设置选项：Disabled——禁用；Required——必需的；Auto Complete——自动完成；Auto Focus——自动聚焦；Read Only——只读，如图 9.4(b)所示。

图 9.4(a)　Dreamweaver CC 2019 中新增的表单对象

图 9.4(b)　Dreamweaver CC 2019 中 Tel 表单对象的新增属性

1. 插入表单

插入表单的常用方法有以下两种。

方法一：单击"插入"栏→"表单"选项→"表单"按钮 ，如图 9.5 所示。

方法二：选择"插入"菜单→"表单"选项→"表单"命令。

图 9.5　表单及表单对象

表单的作用是当访问者单击表单上的"提交"按钮时，浏览器会将表单对象包含的数据发送到服务器，因此表单对象必须置于表单中。

2. 设置表单属性

单击"表单"外框，或单击"文档"窗口左下角的<form>标签，选择表单。在"属性"面板中设置表单属性，如图 9.6 所示。

图 9.6　设置表单属性

其中各项属性的功能如下。

(1) ID：表单在网页中的标识。

(2) Action(动作)：指定处理表单信息的服务器端的应用程序，单击"浏览文件"按钮，查找需要的应用程序，或者直接输入应用程序的路径。此外，也可以通过指定电子邮件的方式处理表单，例如在 Action 文本框中输入"mailto：电子邮件地址"，则使用电子邮件的方式处理表单数据。

(3) Method (方法)：设置表单的提交方式。提交方式有三种：默认、POST 和 GET。默认表示采用浏览器默认的设置来传送数据。在实际使用时，通常默认自动设置为 POST 方式。

POST 与 GET 的区别：一般 GET 方式是将数据附在 URL 后发送，即所传送的数据会在浏览器的地址中显示出来，而且数据长度有限制。POST 携带的数据量大，它是将表单中的数据作为一个文件提交的，不会将内容附在 URL 后，比较适合内容较多的表单。

(4) Enctype (编码方式)：指定对提交给服务器进行处理的数据使用MIME编码类型，默认设置为application/x-www-form-urlencode，表示在发送前编码所有字符(默认)；若设置为multipart/form-data，则表示不对字符进行编码，在使用包含文件上传控件的表单时，必须使用该值；若设置为Text/plain，则表示以纯文本的形式传送信息。

9.3　插入表单对象

创建表单后，就可以插入表单对象，所有的表单对象都将被放置在这个表单区域。

9.3.1　表单网页的布局

这个包含表单的网页，采用表格排版方式，操作步骤如下。

(1) 新建一个网页，添加页面背景，插入一个<form>标签。

(2) 在<form>和</form>标签之间，插入表格，采用表格排版。在表格中，插入图像或动画，使用文本加以修饰，并使用 CSS 样式美化网页，如图 9.7 所示。

(3) 最后在表格中插入各项表单对象。

图 9.7　在表单中插入表格

9.3.2　插入和编辑表单对象

常用的表单对象主要有以下几种。

1. 文本字段和文本区域

1) 文本字段

文本字段是用来输入文本信息的。单击"插入"栏→"表单"选项→"文本"按钮，或选择"插入"菜单→"表单"选项→"文本"命令，即可插入一个"文本"对象，如图 9.8 所示。单击"文本"对象，在"属性"面板中设置"文本"的属性，如图 9.9 所示。

图 9.8　插入文本字段

图 9.9　设置文本的属性

文本各项属性的功能如下。

(1) Name(文本域)：定义文本域的名称，用来标识文本的唯一性。

(2) Size(字符宽度)：输入一个具体的数值，用于显示最大的字符数。默认文本宽度为 20 个字符。

(3) Max Length(最大字符数)：设置文本字段中可以输入的最大字符数。

(4) Value (初始值)：指定当表单首次载入时显示在文本字段中的值。

2) 文本区域

文本区域也是用来输入文本信息的，当文本字段的类型选择为多行时，即为文本区域。其属性与文本大致相同。

单击"插入"栏→"表单"选项→"文本区域"按钮，或选择"插入"菜单→"表单"选项→"文本区域"命令，即可插入"文本区域"对象。

2．复选框及复选框组

1) 复选框

使用复选框可以从一组选项中选择多个选项。插入"复选框"对象的操作步骤如下：

单击"插入"栏→"表单"选项→"复选框"按钮，或选择"插入"菜单→"表单"选项→"复选框"命令，即可插入"复选框"对象。

单击"复选框"对象，在"属性"面板中设置复选框的属性，其中包括名称、选定值、初始状态等，如图 9.10 所示。

图 9.10 设置复选框的属性

2) 复选框组

由于"复选框"通常是由多个组合成一组来使用，因此 Dreamweaver CC 2019 提供了"复选框组"的功能。

单击"插入"栏→"表单"选项→"复选框组"按钮，或选择"插入"菜单→"表单"选项→"复选框组"命令，弹出"复选框组"对话框，如图 9.11 所示。

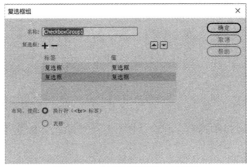

图 9.11 "复选框组"对话框

该对话框中相关参数的功能如下：

(1) 名称：定义复选框组的名称，用来标识整组的复选框。

(2) 添加➕和删除➖按钮：分别用来增加和删除复选框。

(3) 向上和向下按钮：改变复选框的顺序。

(4) 标签：定义复选框显示的文本标签。

(5) 值：定义"复选框"的选定值。

(6) 布局：选择"换行符"，则使用换行符来分开同一组中的复选框；选择"表格"，则会自动生成一个表格，用来定位复选框。最后，单击"确定"按钮。

3. 单选按钮及单选按钮组

1) 单选按钮

使用单选按钮从一组选项中只能选择一个选项。插入"单选按钮"对象的操作步骤如下：单击"插入"栏→"表单"选项→"单选按钮"按钮，或选择"插入"菜单→"表单"选项→"单选按钮"命令，即可插入"单选按钮"对象。

单击"单选按钮"对象，在"属性"面板中设置"单选按钮"的属性，其中包括名称、选定值、初始状态等，如图9.12所示。

图9.12　设置单选按钮的属性

2) 单选按钮组

由于"单选按钮"通常是由多个组合成一组来使用，因此Dreamweaver CC提供了"单选按钮组"的功能。

单击"插入"栏→"表单"选项→"单选按钮组"按钮，或选择"插入"菜单→"表单"选项→"单选按钮组"命令，弹出"单选按钮组"对话框，如图9.13所示。

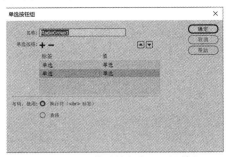

图9.13　"单选按钮组"对话框

该对话框中相关参数的功能与复选框组相似，这里不再赘述。

4. 选择

"选择"可以在有限的空间内为用户提供更多的选项。"选择"在滚动条中显示选项值，只允许用户选择一个选项。插入"选择"对象的操作步骤如下：

单击"插入"栏→"表单"选项→"选择"按钮，或选择"插入"菜单→"表单"选项→"选择"命令，即可插入"选择"对象。

单击"选择"对象，在屏幕下方的"属性"面板中设置"选择"的属性，如图9.14所示。

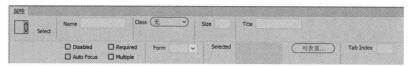

图9.14　设置"选择"的属性

上图中各项属性的功能如下：

(1) Name：定义名称。

(2) Selected (初始化时选定)：设置首次载入表单时，"选择"定位为哪一个选项。

(3) 列表值：单击该按钮，打开"列表值"对话框，如图9.15所示。用光标单击"项目标签"下方，输入列表文本，将光标右移，输入列表值。单击加号按钮➕可添加列表项，单击减号按钮➖可删除列表项，选中列表项，单击向上🔼或向下🔽按钮可改变列表项的顺序。最后，单击"确定"按钮。

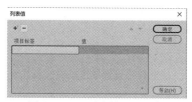

图9.15　"列表值"对话框

5. 跳转菜单

"跳转菜单"与"选择"对象有所不同，菜单的每一个列表项都链接到一个URL地址。一般常用于友情链接。打开"跳转菜单"对话框的操作步骤如下：

在"窗口"菜单中打开"行为"面板，在"行为"面板中插入"跳转菜单"，弹出"跳转菜单"对话框，或选择"插入"菜单→"表单"选项→"选择"命令，之后在"窗口"菜单中打开"行为"面板，在"行为"面板中插入"跳转菜单"，弹出"跳转菜单"对话框，如图9.16所示。

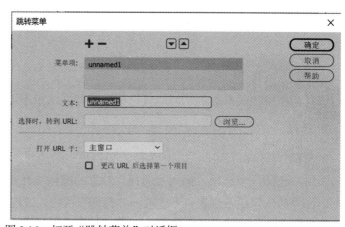

图9.16　打开"跳转菜单"对话框

该对话框中相关参数的功能如下:

(1) 首先在"文本"文本框中输入文本,在"选择时,转到 URL"文本框中输入 URL 链接地址。

(2) 单击添加按钮➕添加菜单项,单击减号按钮➖删除菜单项,单击向上🔼或向下按钮🔽改变菜单项的顺序。

6. 文件

"文件域"的作用是用户在表单中选择文件,然后将选中的文件发送到服务器。例如,用户在撰写电子邮件时,采用文件域的方式,将文件作为附件传送,如图 9.17 所示。

选择文件　未选择任何文件

图 9.17　在表单中上传附加文件作为附件

插入"文件域"对象的操作步骤:单击"插入"栏→"表单"选项→"文件"按钮📄,或选择"插入"菜单→"表单"选项→"文件"命令,即可插入"文件域"对象。

单击"文件域",在"属性"面板中设置"文件域"的属性,如名称等,如图 9.18 所示。

图 9.18　设置文件域的属性

7. 隐藏

"隐藏域"通常用来在表单之间传递数据,一般只用于脚本编程。插入"隐藏域"对象的操作步骤如下:

单击"插入"栏→"表单"选项→"隐藏"按钮,或选择"插入"菜单→"表单"选项→"隐藏"命令,即可插入"隐藏域"对象。

8. 按钮、"提交"按钮和"重置"按钮

"按钮"的作用是控制表单操作。使用表单按钮可以将输入表单的数据提交到应用程序,或者重置该表单,也可以用来执行脚本指定的自定义功能。插入"按钮"对象的操作步骤如下:

单击"插入"栏→"表单"选项→"按钮"按钮,或选择"插入"菜单→"表单"选项→"按钮"命令,即可插入"按钮"对象。

单击"按钮",在"属性"面板中设置"按钮"的属性,如图 9.19 所示。

图 9.19　设置按钮的属性

按钮各项属性的功能如下。

(1) Name：定义按钮的名称。

(2) Value：显示在按钮上的文本。

此外，还有"提交"按钮和"重置"按钮。"提交"按钮的功能是把表单中的信息提交到服务器进行处理，或提交给邮箱；"重置"按钮的功能是把表单中的信息清空，以方便浏览者重新填写。

9．图像按钮

"图像按钮"实质上是以图像形式显示的提交按钮，它的功能等同于提交按钮。插入"图像域"对象的操作步骤如下：

单击"插入"栏→"表单"选项→"图像按钮"按钮，或选择"插入"菜单→"表单"选项→"图像按钮"命令，即可插入"图像域"对象。

单击"图像域"，在"属性"面板中设置"图像域"的属性，如图 9.20 所示。

图 9.20　设置图像域的属性

图像域各项属性的功能如下。

(1) Name：定义图像域的名称。

(2) Src：选择图像文件的路径和文件名。

(3) Alt：输入文本，当图像不能正常显示时，用文本替代图像，或在图像正常显示时，在鼠标经过图像时对图像进行文字注释。

♥注意：

定义表单对象的名称时最好不要用中文和特殊字符，而应与变量名的命名规则相同。

9.4　制作用户注册表

本节讲解例 9.1 中用户信息注册表的制作过程。插入一个表单，再插入表单对象，而浏览者在浏览本网页时，填写表单信息，然后将信息提交到网络管理员的电子邮件地址。网络管理员通过电子邮件来收集网站浏览者的信息。制作过程如下：

(1) 创建一个本地站点，在本地站点内创建一个文件夹 images，用于存储图像素材。

(2) 创建一个新文档，文件名为 index.html。

(3) 在网站根目录下创建一个 CSS 文件夹，用于存放 CSS 样式表。在"CSS 设计器"面板中，单击"源"处的"+"按钮，选择"创建新的 CSS 文件"命令，创建一个 CSS 文件，命名为 style.css。接下来，在"CSS 设计器"中设置 CSS 样式。

(4) 背景样式：在 style.css 中新建一个"body"标签，设置如下属性。

```
margin:0px;
background-image: url(../images/bg.jpg);
background-repeat: no-repeat;
```

(5) 设置整体框架：在 style.css 中新建 DIV 标签为".content"，设置如下属性。

```
width: 600px;
margin: 0 auto;
padding-top: 100px;
```

(6) 设置 Logo 图片：在 style.css 中新建 CSS 样式为".logo"，设置如下属性。

```
width: 100px;
clear: both;
display: block;
margin:0 auto 10px auto;
```

(7) 设置表单标题样式：在 style.css 中新建 CSS 样式为".formtitle"，设置如下属性。

```
color: #2894d2;
font-size: 20px;
font-weight: bold;
text-align: center;
padding-left: 0px !important;
```

(8) 设置表格整体样式：在 style.css 中新建 CSS 样式为".content table"，设置如下属性。

```
border-radius: 10px;
margin: auto;
width: 600px;
background-color: #fff;
```

(9) 设置表格行样式：在 style.css 中新建 CSS 样式为".content tr"，设置如下属性。

```
height: 50px;
```

(10) 设置表格单元格样式：在 style.css 中新建 CSS 样式为".content td"，设置如下属性。

```
padding-left: 160px;
```

(11) 在 style.css 中新建 DIV 标签为".copyright"，不设置属性；再设置版权信息样式，新建 CSS 样式为".copyright p"，设置如下属性。

```
color: #ccc;
text-align: center;
line-height: 12px;
font-size: 12px;
```

(12) 再按照网页层级关系和顺序将名为".content"的 DIV 标签插入网页正文中，在 DIV 标签内，插入图像 logo.png，将 img 标签赋予 Logo 的 class 属性。插入名为".copyright"的 DIV 标签，输入增值电信业务经营许可证、版权信息，均为段落，应用".copyright p"CSS 样式。网站结构如以下代码所示。

```
<div class="content">
<img class="logo" src="images/logo.png">
<div class="copyright">
<p>增值电信业务经营许可证陕 B2-20050219 号　陕 ICP 备 10240715 号</p>
<p>© 2003-2015 hotlexiaozhen.com　版权所有</p>
</div>
</div>
```

(13) 将光标放在"content"的<img>标签之后，单击"插入"栏→"表单"选项→"表单"按钮，则在 logo 标签后插入一个表单。在"属性"面板中设置表单的属性，在 Action 文本框中输入"mailto:abc@163.com"，设置 Method 为"默认"，如图 9.21 所示。

图 9.21　实例中表单属性的设置

(14) 将光标置于表单内部，插入 9 行 1 列、边框为 0 的表格对页面进行布局，相关细节不再叙述。首先在第一个<td>标签中输入文本"商学院网络论坛用户资料注册"，并赋予 formtitle 的 class 样式，以下为依次在每个<td>中插入的内容。

(15) 用户名：输入文本"用户名"，将光标置于此文本后，单击"插入"栏→"表单"选项→"文本字段"按钮，在"属性"面板中设置 Name 为 Name。

(16) 密码：输入文本"设置密码"，将光标置于此文本后，单击"插入"栏→"表单"选项→"密码"按钮，在"属性"面板中设置 Name 为 password(浏览者访问本网页时，当输入文本时，不显示明文，而显示为●●●)。

(17) 性别：输入文本"性别"，将光标置于此文本后，单击"插入"栏→"表单"选项→"单选按钮组"按钮。在"单选按钮组"对话框中输入名称为 sex，输入"单选按钮组"的标签和值，分别为——男、男、女、女，并从生成的代码中删除<p></p>标签和
标签，使选项变为一行。

(18) 个人喜好：输入文本"个人喜好"，将光标置于此文本后，单击"插入"栏→"表单"选项→"复选框组"按钮。在"复选框组"对话框中输入名称为 like，输入"复选框组"的标签和值，复选框的标签分别为游泳、读书、上网，选定值对应为游泳、读书、上网，并从生成的代码中删除<p></p>标签和
标签，使选项变为一行。

(19) 上传头像：输入文本"上传头像"，单击"插入"栏→"表单"选项→"文件"按钮。

(20) 个性签名：输入文本"个性签名"，单击"插入"栏→"表单"选项→"文本区域"

按钮,在"属性"面板中设置 Name 为 slogan。

(21) 提交按钮:单击"插入"栏→"表单"选项→"提交按钮"按钮,插入"提交按钮"对象,再插入"重置按钮"对象,值为"取消"。至此,包含表单的网页制作完毕,保存该网页。

按下 F12 键,浏览网页,网页界面如图 9.3 所示。在浏览器中填写表单信息,表单将以电子邮件的方式发送到 abc@163.com 这个邮箱中。

9.5 验证表单

利用 Dreamweaver 中"检查表单"的内置行为,可以检查浏览者填写表单对象的内容是否符合事先设定的要求。一般使用 onSubmit 事件将检查表单的行为附加到表单上,当用户单击"提交"按钮时,同时对多个表单对象进行检查。

在上一小节的表单实例中,为了防止浏览者不填某些信息或乱填信息,设置了用户名、个性签名必须填写,密码只能是数字,具体的设置步骤如下:

1) 选择"窗口"菜单→"行为"命令,打开"行为"面板。

2) 单击"文档"窗口左下角的<form>标签,打开"行为"面板,单击"添加行为"按钮,在弹出的菜单中选择"检查表单"命令,弹出"检查表单"对话框,如图 9.22 所示。

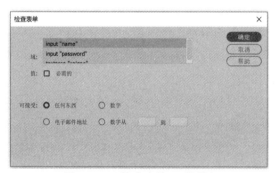

图 9.22 "检查表单"对话框

在"检查表单"对话框中,分别进行如下设置:

- 对于 input "name" 域,值是"必需的",可接受"任何东西"。
- 对于 input "password" 域,值是"必需的",可接受"数字"。
- 对于 textarea "slogan" 域,值是"必需的",可接受"任何东西"。

保存网页,按下 F12 键浏览网页,在表单中随意输入内容,单击"提交"按钮就会出现以下提示,如图 9.23 所示。

图 9.23 验证表单

小 结

本章通过会员注册信息表实例重点介绍了以下几点：

1. 插入表单及表单属性的设置。
2. 在表单域中，插入表单对象并设置表单对象的属性。
3. 将表单提交到管理员的电子邮箱中进行处理。

练 习 题

1. 什么是表单？简述表单的基本工作原理。
2. 表单对象包括哪些？
3. 如何验证表单？

上 机 实 验

1. 背景知识

根据本章所学的插入表单、表单对象以及 Dreamweaver 内置行为的检验表单等知识，再结合前面所学的网页编辑、页面排版的知识，制作反馈表单。

2. 实验准备工作

将实验素材及网页样图，发送到学生的主机上，供学生参考使用。

3. 实验要求

（1）创建一个空白表单。插入表格，利用表格排版网页，并插入图片及应用 CSS 样式来美化网页。

（2）插入表单对象，并通过"属性"面板设置其属性。

（3）最后利用 Dreamweaver 的内置行为验证表单。

反馈表单的效果图如图 9.24 所示。

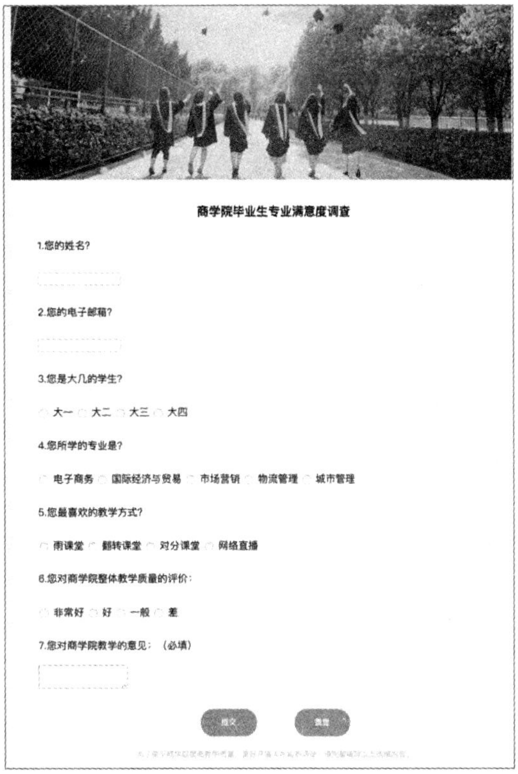

图 9.24 反馈表单的效果图

4．课时安排

上机实验课时安排为 2 课时。

5．实训指导

（1）创建一个本地站点，在本地站点内创建一个文件夹 images，用于存储图像素材，创建一个 CSS 文件夹，用于存放 CSS 样式表。创建一个新文档，文件名为 index.html。

（2）在"CSS 设计器"面板中，单击左上角"源"处的"+"按钮，选择"创建新的 CSS 文件"命令，创建 CSS 文件，命名为 style.css。接下来在"CSS 设计器"面板中设置 CSS 样式。

（3）设置背景样式：在 style.css 中新建一个"body"选择器样式，设置如下属性。

```
background-color:#f5f5f5;
margin:0;
```

（4）设置 banner 图：在 style.css 中新建 DIV 标签为".banner"，设置如下属性。

```
width: 800px;
height: 271px;
background-image: url("../images/banner.jpg");
margin: 0 auto;
```

(5) 设置一级标题：在 style.css 中新建 CSS 样式为"h1"，设置如下属性。

  font-size: 19px;
  text-align: center;
  padding-top: 20px;

(6) 设置表格样式：在 style.css 中新建 CSS 样式为"table"，设置如下属性。

  background-color: #fff;
  width: 800px;
  margin: 0 auto;
  padding: 0;

(7) 设置表格行：在 style.css 中新建 CSS 样式为"table tr"，设置如下属性。

  height: 50px;

(8) 设置表格单元格：在 style.css 中新建 CSS 样式为"table tr td"，设置如下属性。

  padding-left: 40px;

(9) 设置提醒格式：在 style.css 中新建 CSS 样式为".message"，设置如下属性。

  color: #ccc;
  text-align: center;
  line-height: 12px;
  font-size: 12px;

(10) 设置按钮格式：在 style.css 中新建 CSS 样式为".new_button"，设置如下属性。

  background-color: #53a4f4;
  color: #fff;
  border-radius: 20px;
  line-height: 40px;
  margin-top: 20px;
  margin-bottom: 10px;
  margin-left: 30px;
  margin-right: 30px;
  width: 90px;
  border:0;

(11) 在 body 标签中插入名为".banner"的 DIV 标签，在其后单击"插入"栏→"表单"选项→"表单"按钮，插入一个表单。在"属性"面板的 Action 文本框中输入 mailto:abc@163.com，然后插入一个 19 行 1 列的表格，边框粗细为 0，表格宽度为 800px，采用表格进行排版。

(12) 表格标题：在第一个 td 标签中插入一个一级标题，输入"商学院毕业生专业满意度调查",后续插入的内容均依次放在接下来的 td 标签中。

(13) 您的姓名:输入文本"1.您的姓名?",将光标置于下一个单元格,单击"插入"栏→"表单"选项→"文本字段"按钮,在"属性"面板中设置 Name 为 name。

(14) 电子邮箱:输入文本"2.您的电子邮箱?(非必选)",将光标置于下一个单元格,单击"插入"栏→"表单"选项→"文本字段"按钮,在"属性"面板中设置 Name 为 mail,并选中"Required"选项。

(15) 年级:输入文本"3.您是大几的学生?",将光标置于下一个单元格,单击"插入"栏→"表单"选项→"单选按钮组"按钮,命名名称为 year,分别输入标签和值:大一、大二、大三、大四。并从生成的代码中删除<p></p>标签和
标签,使选项变为一行。

(16) 专业:输入文本"4.您所学的专业是?",将光标置于下一个单元格,单击"插入"栏→"表单"选项→"单选按钮组"按钮,命名名称为 major,分别输入标签和值:电子商务、国际经济与贸易、市场营销、物流管理、城市管理。并从生成的代码中删除<p></p>标签和
标签,使选项变为一行。

(17) 教学方式:输入文本"5.您最喜欢的教学方式?",将光标置于下一个单元格,单击"插入"栏→"表单"选项→"复选框组"按钮,命名名称为 teach,分别输入标签和值:雨课堂、翻转课堂、对分课堂、网络直播。并从生成的代码中删除<p></p>标签和
标签,使选项变为一行。

(18) 评价:输入文本"6.您对商学院整体教学质量的评价:",将光标置于下一个单元格,单击"插入"栏→"表单"选项→"单选按钮组"按钮,命名名称为 grade,分别输入标签和值:非常好、好、一般、差。并从生成的代码中删除<p></p>标签和
标签,使选项变为一行。

(19) 意见:输入文本"7.您对商学院教学的意见:(必填)",将光标置于下一个单元格,单击"插入"栏→"表单"选项→"文本区域"按钮,在"属性"面板中设置 Name 为 suggest,并选中"Required"选项。

(20) 按钮:在单元格中插入"message"类,单击"插入"栏→"表单"选项→"提交"按钮和"重置"按钮。然后插入一个段落标签,输入文本"为了便于商学院提高教学质量,更好开展人才培养活动,请完整填写以上选填内容。"

(21) 保存网页,按下 F12 键浏览网页。

第10章

模板与库的应用

模板和库适合于设计风格一致的网站,使用模板和库的组合可以使网站的建设和维护变得很轻松,尤其是在对一个规模较大的网站进行建设与维护时,更能体现它们的好处。

【本章学习目标】

通过本章的学习,读者能够:

- 掌握模板的创建与编辑
- 掌握模板的应用与更新
- 了解如何应用库

10.1 实例导入：利用模板生成站点

一个成功的网站首先要具备独特的风格，这样才能够在浩如大海的网络中脱颖而出，给人留下深刻的印象。但仅凭网站中的一两个较吸引人的页面，很难得到浏览者的青睐。因此就需要整个站点内的页面体现出统一的风格。通过使用模板就能够生成多个具有相似结构和外观的网页，从而提高网页制作的效率。

【例 10.1】 利用模板和库制作西京中学网站，效果如图 10.1 所示。

图 10.1 利用模板生成的网站效果图

本网站实例主要涉及以下知识点：
(1) 网页版面布局的设计。
(2) 划分模板锁定区域和可编辑区域。
(3) 创建模板和编辑模板，最后根据模板快速创建网页。

10.2 模板的创建和编辑

关于模板最显著的特征就是存在锁定区域和可编辑区域之分。锁定区域主要用来锁定体现网站风格的部分，而将经常要改变的文字、图像、链接等网页元素设置成可编辑区域。在网页中只编辑可编辑区域的内容，就可以得到与模板相似但又有所不同的新网页。

10.2.1 创建模板

创建模板有两种常用的方法：一是创建新模板，二是将当前网页另存为模板。

1. 创建新模板

方法一：选择"文件"菜单→"新建"命令，弹出"新建文档"对话框，选择"新建文档"选项→选择"文档类型"中的"HTML 模板"，设置"布局"选项为"无"，单击"创建"按钮，如图 10.2 所示。

方法二：选择"窗口"菜单→"资源"命令，打开"资源"面板，单击"资源"面板左边的"模板"按钮，单击右下角的"新建模板"按钮，如图 10.3 所示。

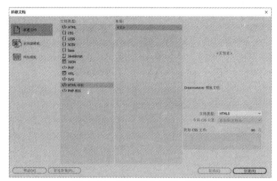

图 10.2 "新建文档"对话框 图 10.3 利用"资源"面板创建模板

2. 将当前网页另存为模板

可将一个编辑好的网页按照模板要求加以修改，然后另存为模板。其操作步骤如下：

(1) 保留与其他网页相同的结构和内容，删除不需要与其他网页共享的内容，插入"可编辑区域"。

(2) 选择"文件"菜单→"另存模板"命令，弹出"另存模板"对话框，如图 10.4 所示。或者单击"插入"栏→"模板"选项→"创建模板"按钮，如图 10.5 所示，弹出"另存模板"对话框。在该对话框中输入模板名称，单击"保存"按钮。

图 10.4 "另存模板"对话框 图 10.5 利用"插入"栏创建模板

10.2.2 编辑模板

这里以编辑新建的空白模板为例进行讲解。对整个网页进行区域划分，可分为可编辑区域和锁定区域。编辑模板通常是像编辑网页一样，先将锁定区域编辑好，然后定义可编辑区域，如图10.6所示。

图10.6　编辑模板

在模板中，可编辑区域对应网页中的可编辑部分，而锁定区域对应网页中的那些不可编辑的部分。在默认方式下，Dreamweaver将新模板的所有部分都设置为不可编辑区域，由用户来定义可编辑区域。在编辑模板时，无论是可编辑区域还是锁定区域，都是可以编辑的。

将模板应用到网页后，网页中的锁定区域是不可编辑的。定义可编辑区域的常用方法有两种。方法一：在模板中将光标定位到要新建可编辑区域的位置，选择"插入"菜单→"模板"选项→"可编辑区域"命令。方法二：单击"插入"栏→"模板"选项→"可编辑区域"按钮。弹出的"新建可编辑区域"对话框如图10.7所示，在其中输入这个区域的名称，单击"确定"按钮即可定义可编辑区域。

图10.7　"新建可编辑区域"对话框

Dreamweaver会将这个区域用高亮边框的矩形包围起来，同时在矩形的左上角显示这个可编辑区域的名称。创建模板后，本地站点会自动创建文件夹 templates，模板的默认路径就是此文件夹，模板的后缀名为 dwt。

♥注意：

在模板中的可编辑区域是不具体编辑内容的，一般留为空白。利用模板生成网页后，才在网页中对可编辑区域进行编辑。

10.3 模板的应用和更新

在网站建设中，利用模板可以快速地对网站的风格和内容进行更新。可以为网站设计几套不同的模板，为网站的风格提供不同的方案，从而提高网站的吸引力。

10.3.1 模板的应用

利用模板可以快速生成新的网页，也可以将模板应用于已有的网页。

1. 模板的应用

选择"文件"菜单→"新建"命令，弹出"新建文档"对话框，选择"网站模板"选项卡，单击左侧列表框中的站点名称，再单击右侧的模板文件，选中"当模板改变时更新页面"复选框，然后单击"创建"按钮，即可通过模板快速创建网页，如图 10.8 所示。

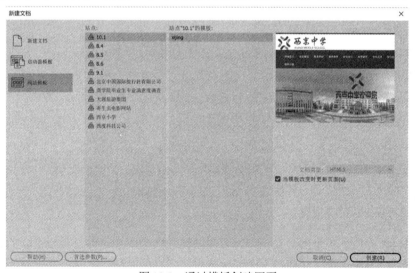

图 10.8　通过模板创建网页

2. 将模板应用于当前网页

方法一：选择"窗口"菜单→"资源"命令，打开"资源"面板，在"资源"面板中选中要插入的模板，单击"应用"按钮，或直接拖动模板到页面中，如图 10.9 所示。

方法二：选择"工具"菜单→"模板"选项→"应用模板到页"命令。

如果模板与当前网页出现不匹配的情况，则会弹出"不一致的区域名称"对话框，如图10.10 所示，选中可编辑区域的名称，在"将内容移到新区域"下拉列表中，设置移动或丢弃不匹配区域。

图 10.9　在"资源"面板中选择模板　　　　图 10.10　"不一致的区域名称"对话框

3. 当前网页不再使用模板

当一个网页不再需要使用模板时，可选择"工具"菜单→"模板"选项→"从模板中分离"命令，将网页和与之关联的模板文件相分离。分离之后的网页将变成普通网页，不再有可编辑区域和锁定区域之分。

10.3.2　更新模板

1. 修改模板

创建模板后，用户利用模板生成的网页文件在编辑过程中可能会存在一些不合适的地方，比如链接有错误、网页布局中单元格的对齐方式不合理、图像不能正常显示等。而对于锁定区域，由于无法在网页编辑状态进行修改，因此需要对模板进行修改。

可打开模板文件，针对在网页编辑中发现的问题对模板文件进行修改。

(1) 修改模板：对锁定区域进行修改。

(2) 删除多余的可编辑区域：在模板编辑状态下，选中已定义的可编辑区域，选择"工具"菜单→"模板"选项→"删除模板标记"命令，即可删除该可编辑区域。

2. 用模板更新网页和网站

一旦模板被应用到多个网页文档中，对此模板的修改就会更新与其相关联的所有网页文档。这种使用模板更新网页文档的方法大大节省了用户的时间，尤其是在涉及大量的改动时极为有效。

(1) 用模板更新整个网站和与之关联的所有网页。

当修改了模板后，选择"资源"菜单→"模板"选项→"更新页面"命令，或当用户保存模板时，Dreamweaver 会提示用户是否使用模板更新整个网站和所有网页。弹出的"更新模板文件"对话框如图 10.11 所示，单击"更新"按钮，又弹出"更新页面"对话框，如图 10.12 所示，选择"查看"下拉列表中的"整个站点"选项，并在右侧的下拉列表中选择网站名称，单击"开始"按钮，则对整个网站进行更新。

图 10.11　"更新模板文件"对话框

图 10.12　"更新页面"对话框

(2) 用模板更新一个单独的网页。

打开要更新的网页，选择"修改"菜单→"模板"选项→"更新当前页"命令。

10.4　使用库

Dreamweaver 中提供了库的概念。库是用来存储想要在整个网站上经常重复使用或更新的网页元素，其他网页可调用库文件。这样一旦需要修改重复使用的部分，只需要修改库文件，而调用此库的其他页面将会被全部更新。

10.4.1　创建库

库项目可以包含多种网页元素，如图像、链接、表格、脚本等，但 CSS 样式表文件不能作为库项目添加到库中。

创建库的常用方法有如下两种。

方法一：选择"窗口"菜单→"资源"命令，打开"资源"面板，单击"库"按钮，单击"资源"面板下方的"新建库项目"按钮，如图 10.13 所示。

方法二：将已经编辑好的网页元素转换为库项目。首先选中要转换为库项目的网页元素，然后选择"资源"菜单→"新建库项目"命令，当前选中的网页元素就会成为一个新的库项目供其他网页调用。

创建库项目后，站点中会多出子文件夹 library，库文件的默认存储路径就是该文件夹。库项目的后缀名为 lbi，库项目的编辑与普通网页的编辑完全相同。

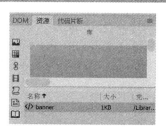

图 10.13 在"资源"面板中新建库项目

10.4.2 应用库

库建立完毕后,可以很轻松地将库应用于网页文件中,具体操作步骤如下:

(1) 打开模板或网页,把光标定位到需要插入库的位置。

(2) 在"资源"面板中选择"库"选项,然后单击相应的库项目,单击"插入"按钮,或者将库项目直接拖到网页上需要插入库的位置。

将库项目应用到模板或网页文件中后,在 Dreamweaver 的网页编辑状态下,库项目的背景呈高亮显示。

10.4.3 修改库

库被应用到模板或网页文档中之后,在模板或网页中是无法修改的。若要修改库,必须首先打开库项目才能进行编辑。对库的修改则会自动更新与之关联的所有网页文档。

1. 编辑库

打开"资源"面板,选中"库"选项,双击某个库项目,进入库项目的编辑状态,对库项目进行修改。

对库项目的修改完毕后,保存库文件。在弹出的"更新库项目"对话框中,单击"更新"按钮,如图 10.14 所示,或选择"修改"菜单→"库"选项→"更新"页面。对库的编辑存在如下两种情况。

图 10.14 "更新库项目"对话框

(1) 更新本地站点上所有调用过库项目的文档。

选择"查看"下拉列表中的"整个站点"选项,并在右侧的下拉列表中选择网站名称,单击"开始"按钮,则对整个网站进行更新,如图 10.15 所示。

图 10.15　更新整个站点中调用库项目的网页

(2) 仅更新当前正在编辑的网页。

选择"查看"下拉列表中的"文件使用…"选项，单击"开始"按钮，如图 10.16 所示，或选择"修改"菜单→"库"选项→"更新当前页"命令。

图 10.16　更新当前网页

2. 删除库

打开"资源"面板，选中"库"选项，单击库项目名称，按下 Del 键即可。删除库后，不会改变调用此库的任何其他模板或网页内容。

3. 使模板或网页中的库项目可编辑

如果在网页中添加了库项目，则库项目以高亮显示，无法编辑。如果要在网页中编辑库项目包含的内容，则必须断开当前网页与库之间的关联，具体操作步骤如下。

在当前网页中选中库项目，在"属性"面板中单击"从源文件中分离"按钮。此时库项目不再以高亮显示，并且原始的库项目已更改，如图 10.17 所示。

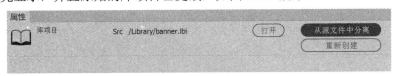

图 10.17　使网页中调用的库项目与库分离

10.5　实例：利用模板和库生成站点的过程

本节讲解如何利用模板和库快速创建例 10.1 中的网站实例，具体过程如下。

(1) 首先根据草图(如图 10.18 所示)分析网站结构。本网站共包含网站头部、网站轮播图、网站左侧导航、网站正文区域、网站底部五个模块，在模板编辑中，需将网站正文区域设置为可编辑区域，其他区域设置为锁定区域，网站可使用模板快速生成。编辑网页时，仅编辑正文区域即可。

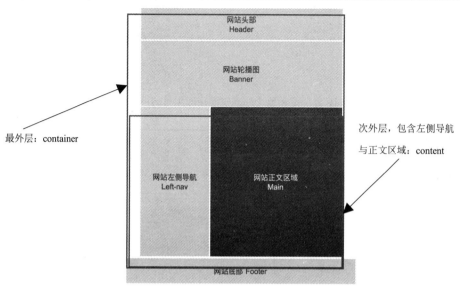

图 10.18　网站结构分析图

(2) 新建一个本地站点,在该站点内新建两个子文件夹——images 和 css,将图像素材保存到 images 文件夹中。打开"资源"面板,单击"模板"选项,单击"创建模板"按钮,将创建的模板命名为 xijing。双击模板名称,进入模板编辑状态,模板的编辑与网页的编辑完全相同,采用 CSS+DIV 排版的方式建立模板结构。在"属性"面板中,单击"页面属性"按钮,打开"页面属性"对话框,在其中选择"链接(css)"选项,设置链接颜色、已访问链接、活动链接的颜色均为白色,设置变换图像链接的颜色为红色,设置下画线样式为"仅在变换图像时显示下画线"。

(3) 在"CSS 设计器"面板中,单击"源"处的"+"按钮,选择"创建新的 CSS 文件"命令,创建 CSS 文件,命名为 style.css。接下来在"CSS 设计器"中设置 CSS 样式。

(4) 在 style.css 中分别新建如下选择器样式,设置相关属性。

网站 body 标签和最外层 DIV 标签".container"的 CSS 样式设置如下。

```
body{
    margin: 0;
    background-color: #f5f5f5;       }
.container{
    width: 1080px;
    margin: 0 auto;
    background-color: #ffffff;       }
```

网站头部模块和头部模块中其他网页元素的 CSS 样式设置如下:头部模块 DIV 标签为".header",放置 Logo 的 DIV 标签为".logo",导航栏的 DIV 标签为".nav",导航栏内的项目符号标签为".nav ul"和".nav ul li"等。

```
.header{
    border-top: 7px solid #2a6290;       }
```

```
.logo{
    padding-top: 15px;
    padding-left: 15px;      }
.nav{
    background-color: #2a6290;
    height: 50px;            }
.nav ul{
    list-style-type: none;
    padding: 0;        }
.nav ul li{
    float: left;
    line-height: 50px;
    width: 98px;
    text-align: center;
    color: #ffffff;       }
```

次外层(即包含左侧导航与正文区域)的 DIV 标签为".content",网站左侧导航模块的 DIV 标签为".left-nav",左侧导航模块中其他网页元素及项目符号的 CSS 样式设置如下。

```
.content{
    width: 1080px;      }
.left-nav{
    width: 240px;
    padding-left: 40px;
    padding-bottom: 40px;
    padding-right: 40px;
    float: left;       }
.left-nav ul{
    list-style-type: none;
    padding: 0;        }
.left-nav ul li{
    line-height: 50px;
    border-bottom: 1px solid #CCC;
    text-indent: 2em;
    font-size: 20px;      }
```

网站正文模块 DIV 标签为".main",正文模块中段落的 CSS 样式设置如下。

```
.main{
    width:720px;
    float: left;
    padding-right: 40px;     }
.main p{
    text-indent: 2em;     }
```

网站底部模块的 DIV 标签为".footer"".center"".footer-left"".footer-right"，其 CSS 样式设置如下。

```css
.footer{
    clear: both;
    width: 100%;
    height: 220px;
    background-color: #ccc;     }
.center{
    width: 1080px;
    margin: 0 auto;     }
.footer-left{
    width: 540px;
    height: 145px;
    padding-top: 10px;
    float: left;     }
.footer-right{
    width: 280px;
    height: 145px;
    float: right;
    padding-top: 100px;     }
```

选择"窗口"菜单→"DOM"命令，打开"DOM"面板，可查看网站 DOM 结构的关系，如图 10.19 所示。将新建好的 DIV 标签按照 DOM 结构插入网页正文中，并在 logo 类中插入 logo 图片，将图片宽度设置为 30%；在 nav 类中利用 ul 和 li 标签插入网站的顶部导航条；在 content 类中插入网站的 banner 图片；在 left-nav 类中利用 ul 和 li 标签插入网站的右侧导航条；在 footer-left 类中利用 p 标签插入网站版权信息；在 footer-right 类中插入网站底部图片。至此，网站模板的基本结构已经创建完成。

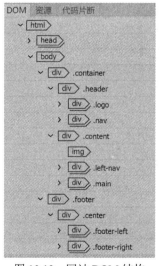

图 10.19　网站 DOM 结构

(5) 创建可编辑区域。将光标放在<div class="main"></div>中，选择"插入"菜单→"模板对象"选项→"可编辑区域"命令，在弹出的"新建可编辑区域"对话框中，输入可编辑区域的名称，单击"确定"按钮。

(6) 利用模板快速生成网页。选择"文件"菜单→"新建"命令，在"新建文档"对话框中，选择"网站模板"选项卡，选择站点名称和模板名称，选中"当模板改变时更新页面"复选框，单击"创建"按钮。在此根据需要分别创建了西京概况(index.html)和校园生活(life.html)两个子页面，并在模板中为这两个网页建立了超链接。

(7) 对可编辑区域进行编辑，输入文本、插入图像等，完成后保存网页，如图10.20所示。

图 10.20　利用模板编辑网页

(8) 预览网页，分析网页中存在的问题。

(9) 修改模板。保存模板时，Dreamweaver 会提示用户是否更新模板文件，用户可在弹出的"更新模板文件"对话框中，单击"更新"按钮，继而在弹出的"更新页面"对话框中完成更新，之后单击"关闭"按钮。

(10) 在网站中常将网页的 banner 区域设置成及时更新的部分，因此最好的办法是将此部分内容创建为一个库项目。打开"资源"面板，选择"库"选项，单击"资源"面板下方的"新建库项目"按钮，对所创建的库项目进行命名，双击库名称"banner"，进入库的编辑状态，可对库进行编辑，插入"banner"图像，还可将这部分设计为轮播广告。最后，保存库项目。

(11) 将库项目与模板相结合应用到网页中。在网页中综合使用模板和库将大大减轻网站设计中重复的工作量。打开模板，将光标定位于<div class="content">之后，打开"资源"面板，选择"库"选项，单击"插入"按钮，此时库就被应用于模板了，如图10.21所示。

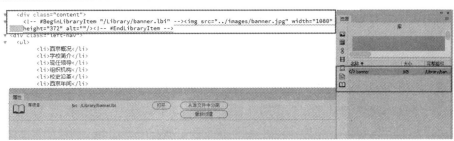

图 10.21　将库项目与模板相结合

（12）保存模板时，Dreamweaver 会提示用户是否更新模板文件，在弹出的"更新模板页面"对话框中，单击"更新"按钮更新页面，继而在弹出的"更新页面"对话框中完成更新，之后关闭该对话框。

以同样的方式，利用模板创建站点中的其他页面。

小　结

本章通过网站实例重点介绍了以下几点。
1. 模板：创建模板，编辑模板，利用模板快速创建网页。
2. 库：将多个网页重复使用的网页元素存储到库项目中。

练　习　题

1. 什么是模板？在 Dreamweaver 中如何使用模板？
2. 如何将库项目从源文件中分离？
3. 模板和库的区别是什么？

上 机 实 验

1. 背景知识

根据本章所学的模板和库的知识，并结合前面所学的网页编辑、网页排版技术，进行网站的设计。

2. 实验准备工作

将网站的页面草图和素材资料准备好，发送到学生的主机上，供学生参考使用。

3. 实验要求

1) 利用模板创建站点

要求：根据给定的网页素材，结合网页草图，创建和编辑模板，并利用模板快速生成具有相同风格、相似结构的网站。

2) 在网页中添加库项目

要求：在上一个实验的基础上，结合库项目的独特优势，将多个网页中重复使用的网页元素存储为一个文件，即库项目，然后在其他需要调用的网页或模板中调用，从而实现提高网页设计效率的目的，如图10.22所示。

图 10.22　利用模板和库生成的网页

4. 课时安排

上机实验课时安排为 2 课时。

5. 实验指导

1) 利用模板创建站点

(1) 首先根据草图分析网站结构。本网站的最上方是公司的标志(Logo)，第二行为 nav 导航条，第三行左侧为侧边导航条，右侧为轮播图 banner(设置为可编辑区域，用于插入库项目)，第四行为正文区域(设置为可编辑区域)，最下方是版权信息。

(2) 新建一个本地站点，在该站点内新建两个子文件夹——images 和 css，将图像素材保存到 images 文件夹中。打开"资源"面板，单击"模板"选项，单击"创建模板"按钮，对所创建的模板进行命名。双击模板名称，进入模板编辑状态，模板的编辑与网页的编辑完全相同，采用 CSS+DIV 排版的方式建立模板结构。在"属性"面板中，单击"页面属性"按钮，打开"页面属性"对话框，选择"链接(css)"选项，设置链接(css)菜单中的链接颜色、变换图像链接、已访问链接、活动链接颜色均为白色，设置下画线样式为"始终无下画线"。

(3) 在"CSS 设计器"面板中，单击"源"处的"+"按钮，单击"创建新的 CSS 文件"命令，创建 CSS 文件，将其命名为 style.css，在"CSS 设计器"面板中设置 CSS 样式。

(4) 设置 DIV+CSS 样式。在 style.css 中分别新建如下 CSS 样式，并设置相关属性。

```css
*{margin:0px;padding:0px}
body{
    background-color: #f5f5f5;     }
h2{
    text-align: center;
    margin: 10px;     }
.container{
    width: 1200px;
    margin: 0 auto;     }
.logo{
    padding: 20px 0 20px 0;
    background-color: #fff;     }
.nav{
    width: 1200px;
    height: 45px;
    background: #2577e3;
    color: #fff;     }
.nav ul li{
    line-height: 45px;
    display: inline;
    padding-left: 18px;
    padding-right: 18px;     }
.nav-left{
    width: 200px;
    float: left;
    background-color:#2577e3;
    color: #fff;     }
.nav-left ul{
    padding: 0;
    margin: 0;     }
.nav-left li{
    border-top:1px #3282e3 solid;
    list-style-type: none;
    line-height: 40px;
    padding-left: 40px;     }
.content{
    background-color: #fff;
```

```
        padding: 50px;     }
.content p{
        text-indent: 2em;     }
.footer{
        clear: both;
        width: 1200px;
        height: 60px;
        background-color: #3c3a3f;
        color: #fff;
        line-height: 20px;
        text-align: center;
        padding: 20px 0 10px 0;
        font-size: 12px;     }
```

网页 DOM 结构图如图 10.23 所示,将新建好的 DIV 标签按照 DOM 结构插入模板中。

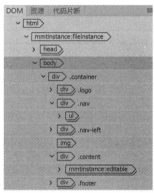

图 10.23　网页 DOM 结构图

(5) 完善模板内容。根据网站效果图在模板中完善信息,插入 logo 图像,用 ul 标签和 li 标签插入导航条,其中左侧导航条较小的文字用<small></small>标签生成,插入网站超链接,在 content 类中插入可编辑区域,保存模板。

(6) 根据模板快速创建网页,在可编辑区域中输入公司简介的相关信息并插入图像,将网页保存为 index.html,保存路径设置为根文件夹。

(7) 以同样的方式创建另外几个页面。

2)添加库项目

(1) 第二行右侧的广告横幅是需要经常更新的部分,因此可设置为库项目。

(2) 新建库项目,进行编辑,插入企业广告宣传横幅,保存库项目为 banner.lbi。

(3) 应用库项目。打开所建立的模板,将光标放在左侧单元格的可编辑区域,打开"资源"面板,单击"库"选项,选中 banner.lbi,单击"插入"按钮,将库应用于模板。

(4) 保存该模板,此时会有一个更新提示,单击"更新"按钮,在所出现的"更新页面"对话框中完成更新,之后关闭该对话框。

第 11 章

响应式网页设计

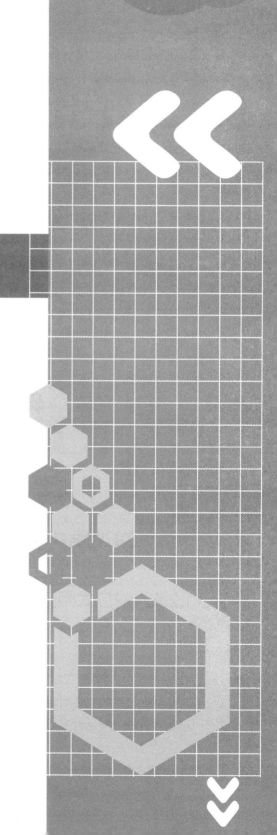

网页不应该为了适应较小的设备而遗漏信息，而是应该调整其内容以适应任何设备。响应式网页设计可以使网页在所有设备上进行很好的展示，并且易于使用。

本章主要介绍响应式网页设计的几种布局技术，其中包括 Bootstrap、jQuery Mobile 和 jQuery UI。另外，还介绍利用 JavaScript 制作网页特效的方法。

【本章学习目标】

通过本章的学习，读者能够：

- 了解响应式网页设计
- 掌握如何利用 Bootstrap 响应式布局技术
- 掌握如何在 Dreamweaver 中使用 jQuery Mobile 和 jQuery UI

11.1 实例导入：利用 Bootstrap 完成西度科技网站

响应式网页设计是一种网络页面设计布局，其理念是：集中创建页面的图片排版大小，可以智能地根据用户行为以及使用的设备环境进行相应的布局。

【例 11.1】 本节中将利用 Dreamweaver 中的 Bootstrap 功能完成响应式网站"西度科技公司"的设计与制作，西度科技公司网站首页如图 11.1 所示。

图 11.1 "西度科技公司"响应式网站首页

11.2 初识响应式网页设计

11.2.1 响应式网页设计的优势

与传统的网页布局相比，响应式网页布局的优势如下。

1. 开发运营成本低，超高性价比

企业在使用响应式网站时，只需要设计一个页面，而不必为不同的设备开发不同版本的网站或者 APP，单从开发阶段就能节约大量的时间和资金。

2. 同步更新，节约管理投入

非响应式网站在更新 PC 端网站的内容时，移动端也会自动快速地进行同步更新，操作更为简单快捷，省时省力。

3. 提升搜索排名

百度官方 2016 年出台的《百度搜索 Mobile Friendly(移动友好度)标准 V2.0》表明，搜索引擎更偏爱响应式网站。靠前的排名能增加客流量，从而更好地开拓新客源。

4. 提升用户体验

响应式网站的兼容性强，且在任何设备上都能保持风格一致，对于熟悉网站布局的浏览者而言，统一的布局风格，能大大提升用户的体验，从而提高转化率比和销量。

5. 提高二次访问率

客户在使用响应式网站时，不仅可以节省图片加载时所需的流量，下载速度相较非响应式网站提高了至少五倍。网络响应快，用户在重新进入网站时，体验更好。

11.2.2 响应式网页设计的理念

响应式网页设计(Responsive Web Design)于 2010 年 5 月由国外著名网页设计师 Ethan Marcotte 所提出，其理念是：页面的设计与开发应当根据用户行为以及设备环境(系统平台、屏幕尺寸、屏幕朝向等)进行相应的响应和调整，如图 11.2 所示。

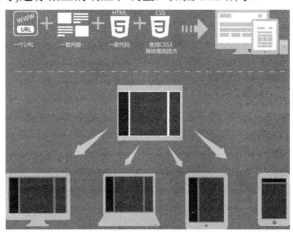

图 11.2 响应式网页设计可实现网页多终端相兼容

具体的实践方式由多种因素决定，包括弹性网格和布局、图片、CSS Media Query 的使用等。无论用户正在使用的是笔记本还是 iPad，网站页面都应该能够自动切换分辨率、图片尺寸及相关的脚本功能等，以适应不同设备。换句话说，页面应该有能力自动响应用户的设备环境。响应式网页设计可以让一个网站兼容多个终端——而不是为每个终端制作一个特定的版本。这样，网页设计师就不必为不断到来的新设备进行专门的版本设计和开发了。

11.2.3 发展趋势及主流开发框架

1. Bootstrap

Boostrap 绝对是目前最流行、用得最广泛的一个框架。它是一套优美、直观并且高效的 Web 设计工具包，可以用来开发跨浏览器且美观大气的页面。它提供了很多样式简洁的主流 UI 组件、网格系统以及一些常用的 JavaScript 插件。

Bootstrap 采用动态语言 LESS 编写，主要包括如下四部分内容。

(1) 脚手架——全局样式，响应式的 12 列网格布局系统。记住，Bootstrap 在默认情况下并不包括响应式布局的功能。因此，如果你的设计需要实现响应式布局，那么需要手动开启这项功能。

(2) 基础 CSS——包括基础的 HTML 页面要素，比如表格(table)、表单(form)、按钮(button)，以及图片(image)。基础 CSS 为这些要素提供了优雅、一致的多种样式。

(3) 组件——收集了大量可重用的组件，如下拉菜单(dropdowns)、按钮组(button groups)、导航控件(navigation control)、面包屑导航(breadcrumbs)以及页码(pagination)、缩略图(thumbnails)、进度条(progress bars)、媒体对象(media objects)等。

(4) JavaScript——包括一系列 jQuery 插件，这些插件可以实现组件的动态页面效果。主要包括模态窗口(modals)、提示效果(tool tips)、"泡芙"效果(popovers)、滚动监控(scrollspy)、旋转木马(carousel)、输入提示(typeahead)等。

2. Fbootstrapp

Fbootstrapp 基于 Bootstrap 并且提供了与 Facebook iframe apps 相同的功能。包含用于所有标准组件的基本 CSS 和 HTML，包括排版、表单、按钮、表格、网格、导航等，风格与 Facebook 类似。

3. BootMetro

BootMetro 框架的灵感来自于 Metro UI CSS，基于 Bootstrap 框架而构建，用于创建 Windows 8 的 Metro 风格的网站。它包括所有 Bootstrap 的功能，并添加了几个额外的功能，比如页面平铺、应用程序栏等。

4. Kickstrap

Kickstrap 是 Bootstrap 的一个变体。它基于 Bootstrap，并在它的基础上添加了许多 app、主题以及附加功能。这使得这个框架可以单独地用于构建网站，而不需要额外安装什么，所需要做的仅仅是把它放到你的网站上。

5. Foundation

Foundation 是一款强大的、功能丰富的且支持响应式布局的前端开发框架，可以通过 Foundation 快速创建原型，利用它所包含的大量布局框架、元素以及最优范例快速创建在各种设备上可以正常运行的网站以及app。Foundation在构建网站及app时秉承移动优先的策略，它拥有大量实用的语义化功能，并且使用Zepto类库来取代jQuery，这样可以带来更好的用户体验，并且提高运行速度。

Foundation拥有一套12列的灵活可嵌套的网格系统，可以用它快速创建适应多种浏览设备的布局。它具有很多功能，定义了很多样式，比如字体排版、按钮、表单，以及多种多样的导航控件。它也提供了很多的CSS组件，例如操作面板(panels)、价格表(price tables)、进度条(progress bars)、表格(tables)以及可适应不同设备的可伸缩视频(flex video)。另外，Foundation还包括很多的JavaScript插件，如下拉菜单(dropdowns)、joyride(网站功能引导插件)、magellan(网站固定导航插件)、orbit(支持触摸的响应式图片轮播插件)、reveal(弹出框插件)、sections(强大的tab插件)以及tooltips(工具提示插件)等。

6. GroundworkCSS

GroundworkCSS是前端框架家族中新增的一个小清新框架。它是基于Sass和Compass的一个高级响应式的HTML5、CSS以及JavaScript工具包，可用于快速创建原型和建立在各种浏览设备上正常工作的网站和app。

GroundworkCSS拥有一个灵活、可嵌套的流式网格系统，方便你创建任何布局。这个框架有很多令人印象深刻的功能，比如在平板以及移动端上的网格系统上，当屏幕的宽度小于768或者480像素时，页面中原本并列排版的网格列(grid column)会自动变为独立的行，而不是折叠在一起。另一个很酷的功能是jQuery的响应式文本(Responsive Text)插件，这个插件可以动态调整页面文字的大小以适应浏览设备的屏幕大小，对于可伸缩的标题以及创建响应式表格特别有用。

7. Gumby

Gumby是一个基于Sass和Compass的简单灵活且稳定的前端开发框架。它的流式-固定布局(fluid-fixed layout)可以根据桌面端以及移动设备的分辨率来自动优化要呈现的网页内容。它支持多种网格布局，包括多列混杂的嵌套模式。Gumby提供了两套PSD的模板，方便用户在12列和16列的网格系统上进行设计。

Gumby提供了一个功能丰富的UI工具包，包括按钮、表单、移动端导航、tabs、跳转链接(skip links)、拨动开关(toggles and switches)、抽屉功能(drawers)、响应式图片以及retina图片等可以方便快捷地切换元素的样式，而不需要编写额外的JavaScript代码。为了紧跟最近的设计潮流，Gumby的UI元素中还包括了Metro风格的扁平化设计，也可以用Pretty风格的渐变设计，或者按照自己的想法糅合这两种设计风格。该框架对响应式网页设计的支持比较全面，拥有独立分辨率的Entypo图标，你可以在自己的Web项目中尽情使用。

8. HTML KickStart

HTML KickStart是一个可以用来方便创建任何布局的且集合HTML5、CSS和jQuery的工具包。它提供了干净、符合标准且跨浏览器的代码。

这个框架提供了多种样式表，包括网格、排版、表单、按钮、表格、列表以及一些跨浏览器个的 Web 组件，比如 JavaScript 的幻灯片功能、tabs、面包屑导航、包含子菜单的菜单以及工具提示等。

9. IVORY

IVORY 是一个轻量、简单但强大的前端框架，可用于 320 到 1200 像素宽度的响应式布局。它基于 12 列的响应式网格布局，包含表格、按钮、分页、拨动开关、工具提示、选项卡等网站中常用的组件和样式。

当需要一个轻量灵活，没有额外的功能且能适应不同浏览设备的框架时，IVORY 将是最佳选择。

10. Kube

如果你的新项目需要一个实在的、不具备额外功能组件的、足够简单的框架，那么 Kube 将是你正确的选择。Kube 是一个最小化的、支持响应式的前端框架，它没有强加的样式设计，因此你可以自由地设计样式表。它提供了一些 Web 元素的基本样式，比如网格、表单、排版、表格、按钮、导航、链接以及图片等。

Kube 框架包括一个简洁的 CSS 文件，用于方便地创建响应式布局，还包括两个 JS 文件，用于完成 tab 以及页面的按钮操作。如果你希望得到 Kube 最大化的灵活性以及个性化的定制，那么可以下载开发者版本，这个版本包含了 LESS 文件(包括各种变量、mixins 以及模块)。

11.2.4　主流的响应式网站测试工具

响应式设计几乎是现代网站的标配，开发者搭建好网站之后若是要测试其响应式的变化效果，则需要大量的测试设备，以确保网页显示不会出问题，可是使用大量的实际设备来进行测试并不现实。在这种需求之下，催生了许多实用且可靠的响应式网站测试工具，这些工具当中绝大多数是免费的，它们可以让开发者从海量的测试设备中解脱出来。以下 9 款工具为免费且高效的测试工具。

1. Responsive Design Bookmarklet

这是一款简单又高效的测试工具。当需要测试某个网站时，只需要将待测试的网站书签拖到浏览器中，通过一个虚拟键盘设置长宽比来进行测试即可。一旦 CSS 文件被保存，被修改的部分就会自动实现。在这个过程中，浏览器并不需要一直开着，这不仅简单，而且实用！

2. resizeMyBrowser

resizeMyBrowser 中有 15 种不同比例的浏览器参数，用户可以自己设置特定的浏览器参数以便于进行测试。该测试工具的界面十分友好，是最值得推荐的测试工具之一。

3. Responsive Calculator

这款名为响应式计算器的工具，最强大的地方就在于可以帮你一键完成测试。这个工具能够将像素转化为百分比，它可以将设计好的 PSD 文档导入浏览器中，将比例和视觉效果调至完美。

4. Responsinator

顾名思义，这款名为 Responsinator 的工具可以帮你测试网站针对不同屏幕和不同平台的响应是否良好，其中内置了 iPhone、Androiel、iPad、Kindle 等不同平台的参数，以便进行测试。Responsinator 还贴心地内置了横屏和竖屏模式，在测试时，只需将 URL 粘贴进去即可。

5. Respondr

与其他几款工具相似，粘贴 URL，选择设备就可以对网页在不同设备上的展现效果进行测试。只需几个简单的步骤，就可以完成网页响应式效果的测试。

6. Designmodo

Designmodo 不仅是著名的设计博客，也是设计素材和设计工具的分发平台。为了帮助开发者测试网页在各个平台上的体验和响应效果，推出了这款 Designmodo 响应测试工具，其中内置了主流平台的参数，允许用户自己修改尺寸参数进行测试。

7. responsivepx

可以将 responsivepx 称为工具，也可以称为接口，因为它不仅可以帮助用户检测明确的断点，还能帮助用户确定 CSS 查询的可用性，能针对网站或者 app 定制尺寸，测试其响应效果。

8. Screenfly

这款由 QuirkTools 开发的工具可以帮网页设计者测试网页在手机、平板、电视和传统的桌面上的显示效果和兼容性。Screenfly 内置了许多选项，设计者可根据需求进行调整。

9. Viewport Resizer

利用这款响应式测试工具可以轻松调整显示尺寸和网页中的内容。先将链接输入测试工具，接下来，就让它来完成一切。

11.3 Bootstrap 响应式布局

11.3.1 Bootstrap简介

Bootstrap 的 Logo 如图 11.3 所示，是目前很受欢迎的前端框架之一。它基于 HTML、CSS

和 JavaScript，它的简洁性与灵活性使得 Web 开发更加快捷。Bootstrap 由 Twitter 的设计师 Mark Otto 和 Jacob Thornton 合作开发，是一个 CSS/HTML 框架。Bootstrap 提供了优雅的 HTML 和 CSS 规范，由动态 CSS 语言 LESS 写成。Bootstrap 一经推出颇受欢迎，一直是 GitHub 上的热门开源项目，包括 MSNBC（微软全国广播公司）的 Breaking News 都使用该项目。国内一些移动开发者较为熟悉的框架，如 WeX5 前端开源框架等，也基于 Bootstrap 源码进行了性能优化。截至 2020 年 1 月，Bootstrap 的最新版本为 4.4，本书中使用的 Bootstrap 是基于 Dreamweaver CC 2019 版本中内置的 Bootstrap 4。

图 11.3　Bootstrap 系统

　　由于 Bootstrap 是基于 HTML5 和 CSS3 开发的，因此基于 Bootstrap 开发的网站具有响应式布局的特性，它在 jQuery 的基础上进行了更为个性化和人性化的完善，形成了一套自己独有的网站风格，并兼容了大部分 jQuery 插件。

1. 使用 Bootstrap 的理由

　　(1) 移动设备优先：自 Bootstrap 3 起，该框架就包含了贯穿于整个库的移动设备优先的样式。

　　(2) 浏览器支持：所有的主流浏览器都支持 Bootstrap，如图 11.4 所示。

图 11.4　支持 Bootstrap 的浏览器列表

　　(3) 容易上手：只要具备 HTML 和 CSS 的基础知识，就可以开始学习 Bootstrap。
　　(4) 响应式设计：Bootstrap 的响应式 CSS 能够自适应于台式机、平板电脑和手机。
　　(5) 为开发人员创建接口，提供了一个简洁统一的解决方案。
　　(6) 包含了功能强大的内置组件，易于定制。
　　(7) 还提供了基于 Web 的定制。
　　(8) 代码开源。

2. Bootstrap 包含的内容

　　(1) 基本结构：Bootstrap 提供了一个带有网格系统、链接样式、背景的基本结构。
　　(2) CSS：Bootstrap 自带以下特性——全局 CSS 设置、基本的 HTML 元素样式、可扩展的 class 以及一个先进的网格系统。这将在 Bootstrap CSS 部分详细讲解。

(3) 组件：Bootstrap 包含了十几个可重用的组件，用于创建图像、下拉菜单、导航、警告框、弹出框等。

(4) JavaScript 插件：Bootstrap 包含了十几个自定义的 jQuery 插件。可以直接包含所有的插件，也可以逐个包含这些插件。

(5) 定制：可以通过定制 Bootstrap 的组件、LESS 变量和 jQuery 插件来创建自己的版本。

11.3.2　Bootstrap 网格系统及组件

1. Bootstrap 网格系统

Bootstrap 提供了一套响应式、移动设备优先的流式网格系统，随着屏幕或视口(viewport)尺寸的增加，系统会自动分为最多 12 列。我们也可以根据自己的需要，定义列数，如图 11.5 所示。

图 11.5　Bootstrap 网格系统

1) 网格类

Bootstrap 4 网格系统包含以下 5 个类。

- .col- 针对所有设备
- .col-sm- 针对平板，屏幕宽度等于或大于 576px
- .col-md- 针对桌面显示器，屏幕宽度等于或大于 768px
- .col-lg- 针对大桌面显示器，屏幕宽度等于或大于 992px
- .col-xl- 针对超大桌面显示器，屏幕宽度等于或大于 1200px

因为目前浏览器的屏幕普遍大于 1200px，所以 col-xl-为目前主流的使用方式。

使用单一的一组.col-xl-*网格类，就可以创建一个基本的网格系统，在手机和平板设备上一开始是堆叠在一起的(超小屏幕到小屏幕这一范围)，在桌面(中等)屏幕设备上变为水平排列。所有列必须放在.row 内，如表 11.1 所示，其中展示了 Bootstrap 的几种排版方式。

表 11.1　Bootstrap 网格系统

.col-xl-1	.col-xl-1	.col-xl-1	.col-xl-1	.col-xl-1	.col-xl-1	.col-xl-1	.col-xl-1	.col-xl-1	.col-xl-1	.col-xl-1	.col-xl-1
.col-xl-8								.col-xl-4			
.col-xl-4				.col-xl-4				.col-xl-4			

在网站的实际建设过程中，可以参考使用这些网格类，并根据实际情况进行调整，必须确保各项.col-xl 之和不大于 12，表 11.1 对应的代码如下所示。

```
<div class="row">
    <div class="col-xl-1">.col-xl-1</div>
    <div class="col-xl-1">.col-xl-1</div>
    <div class="col-xl-1">.col-xl-1</div>
    <div class="col-xl-1">.col-xl-1</div>
    <div class="col-xl-1">.col-xl-1</div>
    <div class="col-xl-1">.col-xl-1</div>
    <div class="col-xl-1">.col-xl-1</div>
    <div class="col-xl-1">.col-xl-1</div>
    <div class="col-xl-1">.col-xl-1</div>
    <div class="col-xl-1">.col-xl-1</div>
    <div class="col-xl-1">.col-xl-1</div>
    <div class="col-xl-1">.col-xl-1</div>
</div>
<div class="row">
    <div class="col-xl-8">.col-xl-8</div>
    <div class="col-xl-4">.col-xl-4</div>
</div>
<div class="row">
    <div class="col-xl-4">.col-xl-4</div>
    <div class="col-xl-4">.col-xl-4</div>
    <div class="col-xl-4">.col-xl-4</div>
</div>
```

2) Bootstrap 网格系统规则

(1) 网格的每一行需要放在设置了.container(固定宽度)或.container-fluid (全屏宽度) 类的容器中，这样就可以自动设置一些外边距与内边距。

(2) 使用行来创建水平的列组。

(3) 内容需要放置在列中，并且只有列可以是行的直接子节点。

(4) 预定义的类如.row 和.col-sm-4 可用于快速制作网格布局。

(5) 列通过填充创建列内容之间的间隙。这个间隙通过.rows 类上的负边距来设置第一行和最后一列的偏移。

(6) 网格列通过跨越指定的 12 列来创建，例如，设置三个相等的列，需要使用 3 个.col-sm-4 来设置。

(7) Bootstrap 3 和 Bootstrap 4 最大的区别在于 Bootstrap 4 现在使用的是 Flexbox(弹性盒子) 而不是浮动。Flexbox 的一大优势是，没有指定宽度的网格列将自动设置为等宽与等高列。如果想了解有关 Flexbox 的更多信息，可以阅读官方关于 CSS Flexbox 的教程。

2. Bootstrap 常用组件

Bootstrap 提供了大量的 CSS 样式和无数可复用的组件，包括字体图标、下拉菜单、导航、警告框、弹出框等。这些组件被集成到 Dreamweaver CC 中，在 Dreamweaver 中可以通过屏幕右侧"插入"面板内的"Bootstrap 组件"选项来添加 Bootstrap 组件，如图 11.6 所示，这样可使网站内容更加完善。接下来对常用的 Bootstrap 组件及其应用场景进行具体的分析和介绍。有关 Bootstrap 组件更详细的教程可以参考 Bootstrap 官方网站的说明文档。

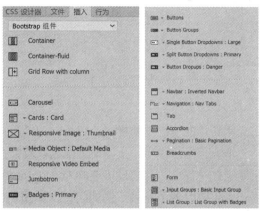

图 11.6　Dreamweaver 内置的 Bootstrap 组件

1) Bootstrap 布局容器：Container、Container-fluid、Grid Row with column

Bootstrap 需要为页面内容和网格系统设计一个 .container 容器，它提供了两类 CSS 样式。注意，由于 padding 等属性的原因，这两种容器类不能互相嵌套。

Container 类用于创建固定宽度并支持响应式布局的容器(网站)。

```
<div class="container">
  ...
</div>
```

Container-fluid 类用于创建 100%宽度，占据全部视口(viewport)的容器。

```
<div class="container-fluid">
  ...
</div>
```

Grid Row with column 类用于创建网格系统，从 Bootstrap 组件中找到它，单击后会出现如图 11.7 所示的对话框，通过设置其中的各项可以选择插入包含多列的行。

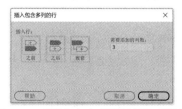

图 11.7　"插入包含多列的行"对话框

2) Carousel 轮播插件

Bootstrap 的轮播插件 Carousel 是一种响应式的向站点添加滑块的方式,其内容十分灵活,可以是图像、内嵌框架、视频或者其他想要放置的任何类型的内容,它的预览效果如图 11.8 所示。

图 11.8　Carousel 轮播插件

3) Cards 组件

Cards 组件是 Bootstrap 4 新增的一组重要样式,它是一个灵活且可扩展的容器,包含了可选的卡片头和卡片脚、一个大范围的内容、上下文背景色以及强大的显示选项。使用按钮组合,可以把一系列按钮编组在一行里,并通过可选的 JavaScript 插件(方法)赋予按钮单选、复选等强化行为。Dreamweaver 中内置了 4 种不同的状态,如图 11.9 所示。

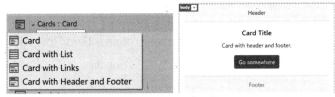

图 11.9　Cards 组件

4) Responsive Image 组件

Responsive Image(响应式图片)组件用于在网页中插入图片,由于 Bootstrap 为图片添加了轻量级的无干扰样式和响应式行为,因此在 Bootstrap 设计中引用图片可以更加方便且不会轻易撑破其他元素。Dreamweaver 中内置了 4 种不同的状态,如图 11.10 所示。

图 11.10　Responsive Image 组件

5) 媒体对象

使用 Bootstrap 中的媒体对象(Media Object)可以在组件中实现图文混排,图像可以左对齐(class="pull-left")或者右对齐(class="pull-right")。可以在 HTML 标签中使用以下两种形式来设置媒体对象:

- media default:允许将媒体对象中的多媒体(图像、视频、音频)浮动到内容区块的左边或者右边,如图 11.11 所示。

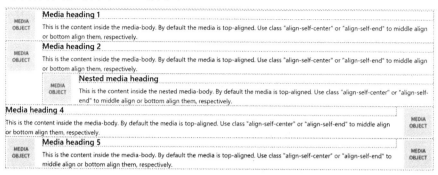

图 11.11　media default 对象

- media-list:如果你需要一个列表,各项内容是无序列表的一部分,可以使用该 class,如图 11.12 所示。

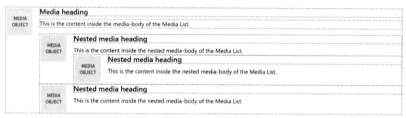

图 11.12　media-list 对象

6) Responsive Video Embeb 插件

通过此插件可以将互联网或者服务器中的视频非常方便地插入网页中,同时使视频支持响应式,根据用户客户端分辨率变化而变化。

7) Jumbotron Hero 插件

这是一个轻量、灵活的插件,可以选择性地扩展整个视口,通过超大的 Hero 界面展示网站上的关键营销信息,如图 11.13 所示。

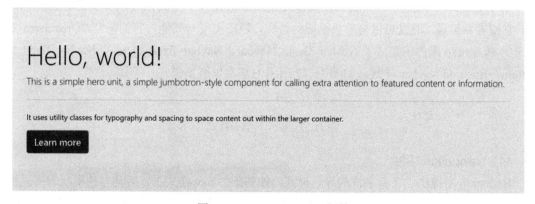

图 11.13　Jumbotron Hero 插件

8) Badge 插件

如图 11.14 所示，Badge 徽章样式可以嵌在标题中，并通过标题样式来适配其元素大小。

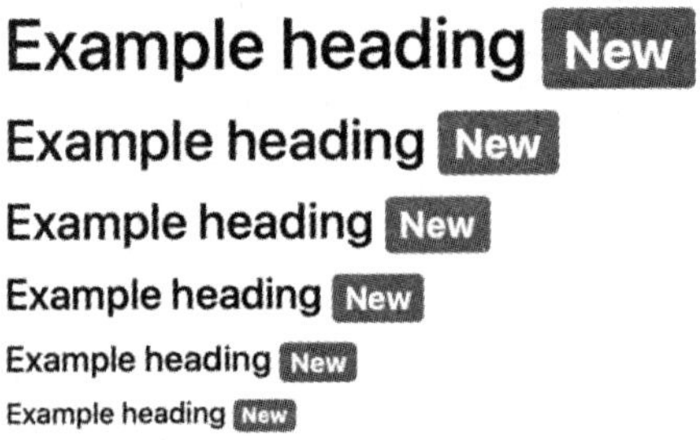

Example heading New
Example heading New
Example heading New
Example heading New
Example heading New
Example heading New

图 11.14　Badges 插件

该组件共包含 7 种不同的状态，如图 11.15 所示。

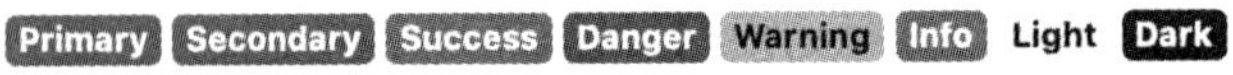

图 11.15　徽章的 7 种不同状态

9) Buttons 插件

Bootstrap 的自定义按钮样式可广泛用于表单、对话框等场景中，支持多种大小、状态等一系列变量定义。如图 11.16 所示，Bootstrap 包括多个预定义的按钮样式，每个样式都有自己的语义目的。另外，还有一些额外的功能可用于实现更多的控制。在 Bootstrap 中还内置了 Buttons Groups、Single Button Dropdowns、Split Button Dropdowns、Button Dropups 等多种不同的按钮形态，可以在网站中创建丰富的按钮和按钮组菜单。

图 11.16　Buttons 插件

10) Navbar 插件

导航条是一个将商标、导航以及其他元素简单放置到一个简洁导航页头的容器代码组合，它很容易扩展，而且可以与折叠板插件协作，轻松实现与其他内容的整合。Dreamweaver 自带的 Bootstrap 组件中集成了 Navbar Basic Navbar、Navbar fixed to top、Navbar fixed to bottom、Inverted Navbar 样式，如图 11.17 所示为基本导航条样式。

Navbar Home Link Dropdown ▼ Disabled   Search   Search

图 11.17　基于导航条样式

11) Navigation 插件

Bootstrap 中提供了丰富多样的导航样式，如基础的 .nav 样式类、活动与禁用状态样式类等，可以通过切换 class 选择符，从而在每种样式之间来回切换。基础的 .nav 组件采用 Flexbox 弹性布局构建，它为构建所有类型的导航组件提供了坚实的基础。Bootstrap 中的 Tab 组件也可以提供类似的效果，如图 11.18 所示。

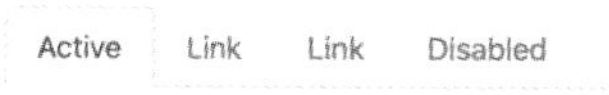

第 11 章　响应式网页设计

图 11.18　Navigation 插件

12) Accordion 插件

该插件用于创建折叠菜单。它通常与有序列表、无序列表等相关 DIV 标签一起使用。在使用过程中可参考 Bootstrap 官网自带的 API，效果如图 11.19 所示。

图 11.19　Accordion 插件

13) Pagination 插件

该插件主要用于分页样式的设置，Bootstrap 中预置了优雅的分页样式进行呈现，使链接较为突显，且提供了更大的点击区域使用户易于上手。该分页插件是使用 list 列表元素构建的，因此屏幕阅读器可以读出链接的数量，如图 11.20 所示。

图 11.20　Pagination 插件

14) Breadcrumbs 插件

该插件通过 Bootstrap 的内置 CSS 样式自动添加分隔符、呈现导航层次和网页结构，从而指示当前页面的位置，为访客提供良好的体验，如图 11.21 所示。

图 11.21　Breadcrumbs 插件

15) Form 组件

Bootstrap 提供了一些表单控件样式、布局选项，以及丰富多样的自定义组件。Bootstrap 的表单组件同样支持响应式，且开发者进行了样式的统一规范，以便跨浏览器和设备获得一致的呈现。Bootstrap 中提供了 3 种不同类型的表单布局：垂直表单(默认)、内联表单和水平表单。Bootstrap 支持最常见的表单控件，如 input、textarea、checkbox、radio 和 select。如图 11.22 所示为案例演示。

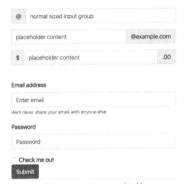

图 11.22　Form 组件

11.3.3　基于 Bootstrap 搭建响应式布局网站

1. 创建基本的 HTML 模板

在开始设计网站前，需要使用 Dreamweaver 创建一个基于 Bootstrsp 的网站。单击"文件"菜单下的"新建" 菜单，在"启动器模板"选项下的网站模板中选择"Bootstrap 模板"，如图 11.23 所示。

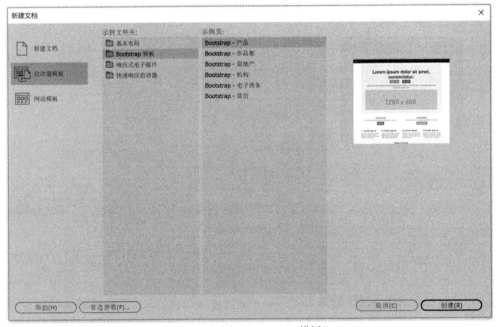

图 11.23　选择"Bootstrap 模板"

在"Bootstrap 模板"中可以看到 Dreamweaver 中内置了产品、作品集、房地产、机构、电子商务、简历共 6 款风格各异的响应式模板。这里选择"产品"模板创建页面，单击"创建"按钮后，即可进入代码的编辑模式，如图 11.24 所示，在该模式下完成响应式网站架构的构建。这里将创建好的网页文件保存到网站根目录下，命名为 index.html。

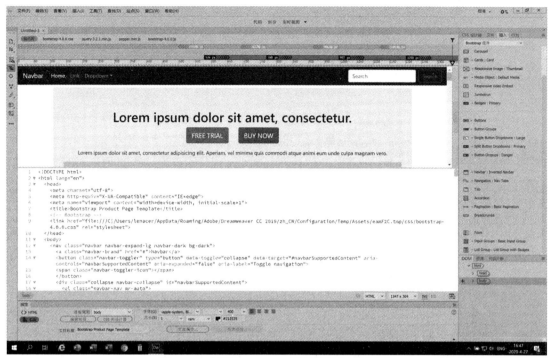

图 11.24　基于 Bootstrap 产品模板创建的网页

在自动创建的网站的<head>区域，Dreamweaver 已经帮我们自动引入了创建响应式网页所需的 Bootstrap 组件，包括 bootstrap-4.0.0.css、jquery-3.2.1.min.js、bootstrap-4.0.0.js 等文件。可以直接在此模板的基础上进行网站的二次开发和建设。这里，我们选择将系统自带的代码删除，仅保留基本的 Bootstrap 组件来进行全新的网站开发，代码如下。

```
<!DOCTYPE html>
<html lang="en">
  <head>
    <meta charset="utf-8">
    <meta http-equiv="X-UA-Compatible" content="IE=edge">
    <meta name="viewport" content="width=device-width, initial-scale=1">
    <!-- 上述 3 个 meta 标签*必须*放在最前面，任何其他内容都*必须*跟随其后！ -->
    <title>Bootstrap Product Page Template</title>
    <!-- Bootstrap -->
    <link href="css/bootstrap-4.0.0.css" rel="stylesheet">
  </head>
  <body>
    <!-- jQuery (necessary for Bootstrap's JavaScript plugins) -->
    <script src="js/jquery-3.2.1.min.js"></script>
    <!-- Include all compiled plugins (below), or include individual files as needed -->
    <script src="js/popper.min.js"></script>
    <script src="js/bootstrap-4.0.0.js"></script>
```

```
</body>
</html>
```

2. 通过 Bootstrap 组件完善网站

1) 插入网站容器

在开始设计网站的主体内容前，需要一个基本的网站网格系统布局，将光标放在<body>标签后，输入注释代码<!-- 网站整体外层开始 -->和<!-- 网站整体外层结束 -->，将光标放在注释标签的两者之间，单击"插入"栏→"Bootstrap 组件"选项→"Container-fluid"按钮，为网站插入一个 100%宽度的响应式容器。

♥注意：

因为 Bootstrap 中的代码量较大，且都是英文，对于初学者而言存在一定的困难，所以建议大家采用注释代码包裹的形式，进行模块划分，以避免不必要的错误。

2) 导航条模块

导航条模块嵌套在 DIV 标签 container-fluid 内，因此，将光标放在<div class="container-fluid">标签之后，输入注释代码<!--网站导航开始-->和<!--网站导航结束-->，将光标放在注释标签的两者之间，单击"插入"栏→"Bootstrap 组件"选项→"Navbar fixed to top"按钮，为网页插入一个响应式的导航条。

3) 轮播图模块

将光标放在导航条模块之后，输入注释代码<!--网站轮播图插件开始-->和<!--网站轮播图插件结束-->，将光标放在注释标签的两者之间，单击"插入"栏→"Bootstrap 组件"选项→"Carousel"按钮，为网页插入一个响应式的轮播图。这里 Dreamweaver 可能会提示复制轮播图组件需要的文件到相关路径，如图 11.25 所示，单击"确定"按钮即可。如果没有提示，就表示已将文件自动保存到本地站点。

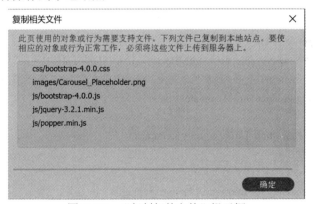

图 11.25 "复制相关文件"提示框

4) 网格系统排版

将光标放在轮播图模块之后，输入注释代码<!--网站外层网格系统开始-->和<!--网站外层

网格系统结束-->，光标放在注释标签的两者之间，单击"插入"栏→"Bootstrap 组件"选项→"Grid Row with column"，插入一个 3 列的网格系统。这里，会自动创建<row>标签和 3 个"col-lg-4" DIV，将它们分别修改为"col-lg-2""col-lg-8"和"col-lg-2"，代码如下所示。

```
<div class="row">
        <div class="col-lg-2"></div>
        <div class="col-lg-8"></div>
        <div class="col-lg-2"></div>
</div>
```

5) 前沿科技模块：插入卡片插件

将光标放在<div class="col-lg-8">后，输入注释代码<!--前沿科技开始-->和<!--前沿科技结束-->，将光标放在注释标签的两者之间，单击"插入"栏→"Bootstrap 组件"选项→"Grid Row with column"按钮，插入一个 3 列的网格系统。在<row>标签前插入标题 2，标签为<h2>前沿科技</h2>，光标依次放在 3 个"col-xl-4" DIV 标签内，分别单击"插入"栏→"Bootstrap 组件"选项→"Cards"选项→"Card"按钮，插入"card" DIV 标签。但这里需要注意的是，要将自动生成代码<div class="card col-md-4">中的"class=col-md-4"类属性删除。

6) 新闻动态模块：插入图文混排插件

将光标放在前沿科技模块之后,输入注释代码<!--新闻动态模块开始-->和<!--新闻动态模块结束-->，将光标放在注释标签的两者之间，插入标题 2，代码为<h2>新闻动态</h2>，单击"插入"栏→"Bootstrap 组件"选项→"media object"选项→default media"按钮，在网页中会自动生成多种图文混排效果。这里选择第一种，即左侧为图像，右侧为文本，删除无用的 CSS 样式，将第一种 CSS 样式复制 4 个供后续编辑。第一种图文混排的 CSS 样式代码如下：

```
<div class="media"> <img class="d-flex mr-3" src="images/MediaObj_Placeholder.png" alt="placeholder image">
    <div class="media-body">
        <h5 class="mt-0">Media heading 1</h5>
        This is the content inside the media-body. By default the media is top-aligned. Use class "align-self-center" or "align-self-end" to middle align or bottom align them, respectively.</div>
</div>
```

7) 版权信息模块：插入<p>标签

将光标放在新闻动态模块之后，输入注释代码<!--版权信息模块开始-->和<!--版权信息模块结束-->，在两段代码中间，插入一个<p>标签，输入版权信息。

♥注意：

在 Bootstrap 网格系统中，col-sm-*、col-md-*、col-lg-*和 col-xl-*类分别表示：
- col-sm-* 小屏幕手机(≥576px)
- col-md-* 中等屏幕平板(≥768px)

- col-lg-*   大屏幕桌面显示器(≥992px)
- col-xl-*   超大屏幕大桌面显示器(≥1200px)

3. 自定义 CSS 样式

因为 Bootstrap 自带的 CSS 样式难免有一些不符合实际需求或有待提升的地方，所以这里我们在 Bootstrap 自带的 CSS 样式基础上，添加了一些自己的 CSS 样式。在 CSS 设计器中，新建一个 CSS 样式，命名为"style.css"，将它存储在 CSS 文件夹下，为它创建如下 CSS 样式。

```css
.all {
    padding-left: 0px;
    padding-right: 0px;
    background-color: #f5f5f5;
}
h2 {
    text-align: center;
    padding-top: 50px;
    padding-bottom: 50px;
    padding-left: 0px;
    padding-right: 0px;
}
.news {
    padding-top: 30px;
    padding-left: 0px;
    padding-bottom: 0px;
    padding-right: 0px;
}
.copyright {
    text-align: center;
    margin-top: 50px;
    margin-bottom: 50px;
    margin-left: 0px;
    margin-right: 0px;
}
```

要说明的是，padding 与 margin 可以采用缩写方式。例如，padding: 50px 0 50px 0;是 padding 的缩写方式，代表 padding-top、padding-right、padding-bottom、padding-left。

把类 all 的 CSS 样式赋给网站整体外层，即<div class="container-fluid">变成<div class="container-fluid all">，这样做的目的是消除 Bootstrap 自带网格系统两边的边距。

重新定义 h2 的 CSS 样式，使网站每个模块之间产生间距和留白，同时居中显示。

把类 news 的 CSS 样式赋给新闻动态模块的图文混排部分，使<div class="media">变成

<div class="media news">。

把 copyright 赋予版权信息模块的<p>标签，即<p class="copyright">。

至此，整个响应式网站版面的布局已完成，如图 11.26 所示。

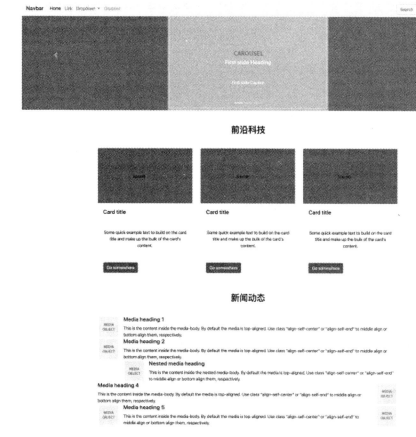

图 11.26　完成布局后的响应式动态网站

4. 填充网页内容

接下来根据网页显示的内容，对 Bootstrap 自带的英文信息进行替换，完成网站的设计与制作。替换过程主要分为文本信息的替换和图片的替换。

1) 文本信息的替换

在 Dreamweaver 的代码编辑器模式中，绝大部分网页正文显示出来的文本信息会以白色形式显示，只需找到对应的文字信息并进行替换即可，多余的信息可以删除，如轮播图插件中的文本信息。

2) 图片的替换

图片的替换只需要在代码中替换相应路径即可，在替换过程中需要注意两点，分别是图片分辨率和图片的尺寸比例，因为 Bootstrap 支持响应式，所以图片分辨率在保证体积的前提下应尽可能大一些,特别是轮播图等。同时,同类型的图片长宽比应该一致。

轮播图需要替换的图片为 Carousel_Placeholder.png,将其更换成网站所需要的图像即可,本案例中有 3 个。

卡片图片需要替换的图片为 card-img.png,将其更换成网站所需要的图像即可,本案例中有 3 个。

图文混排模块需要替换的图片为 MediaObj_Placeholder.png,将其更换成网站所需要的图像即可,本案例中有 4 个。

3) 内容新增

如涉及内容的新增,则需要分析代码,只需将对应的代码复制一行即可。如下代码为导航条代码,对应着导航条中的两个模块,如果需要在导航条中新增一个模块,则只需复制第三行代码,将其插入适当的位置即可。

<li class="nav-item active"><a class="nav-link" href="#">Navbar<span class="sr-only">(current)</span></a></li>

<li class="nav-item"> <a class="nav-link" href="#">Home</a> </li>

若想了解更多知识,请阅读 Bootstrap 相关参考书或访问 Bootstrap 的中文网站(http://www.bootcss.com/)。

11.4 jQuery 在 Dreamweaver 中的应用

11.4.1 jQuery 简介

jQuery 是一个快速、简洁的 JavaScript 框架,是继 Prototype 之后又一个优秀的 JavaScript 代码库(或 JavaScript 框架),其 Logo 如图 11.27 所示。jQuery 设计的宗旨是 "write Less,Do More",即倡导写更少的代码,做更多的事情。它封装了 JavaScript 常用的功能代码,提供了一种简便的 JavaScript 设计模式,优化了 HTML 文档操作、事件处理、动画设计和 Ajax 交互。

图 11.27 jQuery 的 Logo

jQuery 的核心特性可以总结为:具有独特的链式语法和短小清晰的多功能接口;具有高效灵活的 CSS 选择器,并且可对 CSS 选择器进行扩展;拥有便捷的插件扩展机制和丰富的插件。jQuery 兼容各种主流浏览器，如 IE 6.0+、Firefox 1.5+、Safari 2.0+、Opera 9.0+等。

11.4.2　应用 Dreamweaver 内置的行为

1．行为的概念

行为主要由 3 部分组成：对象、事件和动作。

- 对象：是行为的主体，网页中的对象主要有文本、图像、窗口等。
- 事件：是针对某一对象所执行的特定操作。例如，当鼠标指针指向超链接时，会生成 onMouseOver 事件；当单击超链接时，会生成 onClick 事件。不同的对象通常会产生不同的事件。
- 动作：主要由使用 JavaScript 编写的实现特定功能的代码组成。一旦动作与某一特定事件相关联，产生事件的同时就会触发相应的动作，以实现特定的功能。例如，要在窗口载入(onLoad)的过程中打开新的窗口，可以将 onLoad 事件与打开新窗口的动作相关联。

2．Dreamweaver 内置的行为

Dreamweaver 内置的行为有多种，可通过"行为"面板查看。选择"窗口"菜单→"行为"命令，打开"行为"面板，如图 11.28 所示。下面对几种常用的行为进行介绍。

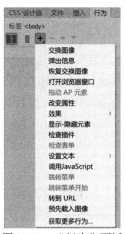

图 11.28　"行为"面板

1) 调用 JavaScript

(1) 在"文档"窗口输入文本"关闭窗口"，将其选中，在"属性"面板的"超链接"文本框内输入"#"，即可为文本添加空链接。

(2) 选中文本，然后单击"窗口"菜单→"行为"命令，打开"行为"面板，单击"添加行为"按钮，从弹出的菜单中选择"调用 JavaScript"命令，弹出"调用 JavaScript"对话框，在其中输入要执行的 JavaScript 代码：windows.close()，如图 11.29 所示。代码的含义是关闭浏览窗口，单击"确定"按钮，返回到"行为"面板。如果要删除已设置的某个行为，

选中该行为，单击"删除动作"按钮即可。

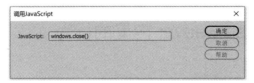

图 11.29　"调用 JavaScript"对话框

(3) 在"行为"面板中，选择事件为 onClick(单击)，如图 11.30 所示。

保存网页，按下 F12 键，浏览网页。当用户单击"关闭窗口"时，就会弹出一个信息框，询问用户是否关闭窗口，如图 11.31 所示。

图 11.30　为对象选择事件　　　　图 11.31　弹出的信息框

2) 弹出信息

"弹出信息"通常用于定义当用户触发了某个事件后所弹出的提示信息框，例如，在单击 Logo 图标时，一般会弹出询问信息框具体操作步骤如下。

(1) 单击 Logo 图标，在"行为"面板中单击"添加行为"按钮，在弹出的菜单中选择"弹出信息"命令，弹出"弹出信息"对话框。在其中输入要显示的文字，如"欢迎光临"，然后单击"确定"按钮。

(2) 在"行为"面板中，选择事件为 onClick。

保存网页，按下 F12 键浏览网页，所弹出的信息框如图 11.32 所示。

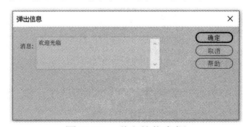

图 11.32　弹出的信息框

3) 设置文本

"设置文本"包括4项内容：设置层文本、设置文本域文本、设置框架文本、设置状态栏文本，可以分别为层、文本域、框架和状态栏等对象添加文本信息。下面以给网页设置状态栏文本为例进行讲解，具体操作步骤如下。

（1）单击"标签"选择栏中的<body>标签，在"行为"面板中单击"添加行为"按钮，在弹出的菜单中选择"设置文本"→"设置状态栏文本"命令，弹出"设置状态栏文本"对话框。在该对话框中输入文本"Welcome to my Website!"，单击"确定"按钮，如图 11.33 所示。

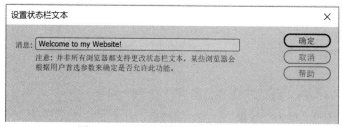

图 11.33　"设置状态栏文本"对话框

（2）在"行为"面板中，选择事件为 onLoad。

保存网页，按下 F12 键浏览网页，可以看见，在状态栏处有一行文本"Welcome to my Website!"。

4）打开浏览器窗口

"打开浏览器窗口"的功能是指打开网页的同时又在新的浏览器窗口中打开指定的网页。用户可以自定义新窗口的大小、属性和名称等。

下面以打开某公司的网站首页，同时会弹出"热烈祝贺荣获国家科技进步二等奖"的网页为例进行讲解，具体操作步骤如下：

（1）创建一个页面，在该页面中输入相应的网页元素。将网页命名为 chuangkou.html。

（2）打开首页，单击"文档"窗口左下角的<body>标签，单击"行为"面板中的"添加行为"按钮，在弹出的菜单中选择"打开浏览器窗口"命令，弹出"打开浏览器窗口"对话框，如图 11.34 所示。

图 11.34　"打开浏览器窗口"对话框

（3）在"要显示的 URL"文本框中输入广告页面的地址：chuangkou.html。

（4）输入窗口的宽度与高度值，单位为像素，然后在"属性"区域选择要显示在浏览器中的组成元素，比如选中"菜单条""地址工具栏""需要时使用滚动条"复选框等。输入浏览器窗口的名称"热烈祝贺荣获国家科技进步二等奖",单击"确定"按钮。

(5) 在"行为"面板中,选择事件为 onLoad,完成设置。

11.4.3　使用 Dreamweaver 自带的 jQuery 效果

使用炫酷的 jQuery 特效可以设计引人注目的网站,组合使用新版本的 Dreamweaver CC 与 jQuery,无须编写任何代码,即可加入滑块等特效。

(1) 在 Dreamweaver 文档的"设计"或"代码"视图中,选择要对其应用 jQuery 效果的元素。

(2) 选择"窗口"→"行为"命令,打开"行为"面板。

(3) 单击加号图标,单击"效果"行为,然后单击所需的某个效果命令,如图 11.35 所示。

图 11.35　使用 jQuery 效果

(4) 在随后弹出的一个对话框中进行效果的设置,例如,设置应用该效果的目标元素和效果的持续时间等,如图 11.36 所示。

图 11.36　设置 jQuery 效果

若要添加多个 jQuery 效果,请重复以上步骤。

若选择了多个效果,这些效果在"行为"面板中将按显示顺序应用效果。若要更改效果的顺序,请使用面板顶部的箭头键。

Dreamweaver 自带的 jQuery 效果还有很多,这里就不再一一介绍。

11.4.4 使用 jQuery Mobile 创建适用于移动设备的 Web 应用程序

【例 11.2】 将 Dreamweaver 与 jQuery Mobile 相集成，可帮助快速设计适合大多数移动设备的 Web 应用程序，同时可使其自身适应各种尺寸的设备。本案例是为西京大学网络课程中心创建一个手机版登录页面，如图 11.37 所示。

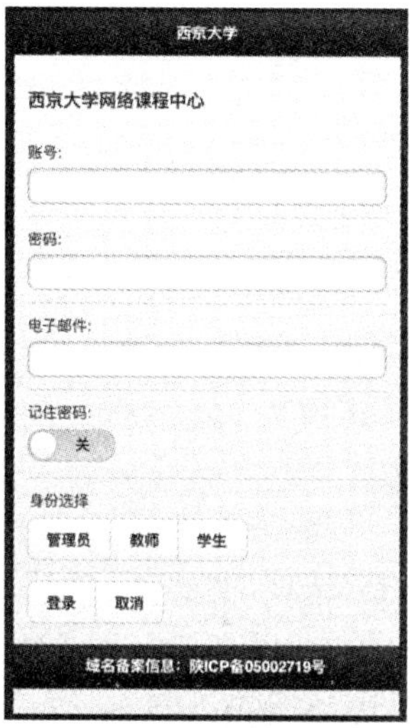

图 11.37　西京大学网络课程中心的手机版登录页面

首先选择"文件"菜单→"新建"命令，在弹出的对话框中，选择"新建文档"选项，将文档类型设置为"HTML"，框架设置为"无"，选择 HTML5 作为文档类型。由于某些 jQuery Mobile 组件使用的是 HTML5 特有的属性，因此要确保在验证期间文档符合 HTML5 规范，请确保文档类型为 HTML5，如图 11.38 所示。

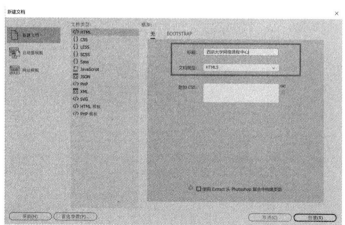

图 11.38　新建空白页面

在"插入"菜单中有一组 jQuery Mobile 选项，其中包含了多个 jQuery Mobile 组件，如图 11.39 所示，供网页设计者使用。其中"页面"组件是容纳所有其他 jQuery Mobile 组件的容器。在网页设计的开始阶段，首先要添加"页面"组件，然后在此容器内再继续插入其他组件。

图 11.39　jQuery Mobile 组件

1. 新建页面

单击"插入"栏→"jQuery Mobile"选项→"页面"按钮，在网页中插入一个 jQuery Mobile 页面，这时会弹出一个对话框，如图 11.40 所示，用于加载正常运行 jQuery Mobile 所需要的各项组件文件，主要包括 CSS、JavaScript、jQuery 和图像文件。在进行网页设计时，既可使用远程和自有服务器上承载的 CSS 和 JavaScript 文件，也可使用随 Dreamweaver 一起安装的文件。

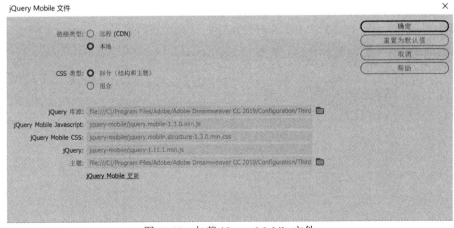

图 11.40　加载 jQuery Mobile 文件

1) 远程

用户可以选择通过 CDN 的方式链接到 jQuery Mobile 的服务器，加载服务器上的网络资源，但是不建议采用此种方式，因为远程 CDN 的资源不够稳定，会对网站打开速度造成一定的负面影响。

2) 本地

这里显示了 Dreamweaver 中自带的 jQuery Mobile 资源文件。如果用户需要指定其他文件夹，请单击"浏览"，然后导航至包含 jQuery Mobile 文件的文件夹。在使用 Dreamweaver 自带的 jQuery Mobile 时，会首先将相关的 CSS 和 JavaScript 文件复制到本地的一个临时目录中，直至用户将新建的 HTML 文件保存到计算机中为止。保存 HTML 文件后，所有相关的 jQuery Mobile 文件都将被复制到站点根文件夹中的对应文件夹内。

为了提高后期开发效率，减少错误，这里推荐将"链接类型"设置为"本地"。又弹出"页面"对话框，如图 11.41 所示，输入"页面"组件的 ID，并选择是否包含标题和脚注。

图 11.41　完善"页面"组件的 ID

单击"确定"按钮后，会自动生成两部分代码，包括<head>标签内的资源引用代码，不同电脑路径可能不一致，以下<head>标签代码仅供参考：

```
<link href="file:///C|/Adobe/Dreamweaver CC 2019/jquery-mobile/jquery.mobile.theme-1.3.0.min.css" rel="stylesheet" type="text/css">
<link href="file:///C|/Adobe/Dreamweaver CC 2019/jquery-mobile/jquery.mobile.structure-1.3.0.min.css" rel="stylesheet" type="text/css">
<script src="file:///C|/Adobe/Dreamweaver CC 2019/jquery-mobile/jquery-1.11.1.min.js"></script>
<script src="file:///C|/Adobe/Dreamweaver CC 2019/jquery-mobile/jquery.mobile-1.3.0.min.js"></script>
```

以下为<body>标签内的页面代码，如下所示：

```
<div data-role="page" id="Home">
  <div data-role="header">
    <h1>标题</h1>
  </div>
  <div data-role="content">内容</div>
  <div data-role="footer">
    <h4>脚注</h4>
  </div>
</div>
```

在这里可以对网页的标题和脚注信息进行修改，分别修改为西京大学和 ICP 备案地址，并保存。保存文件后会发现之前引用的 CSS 文件和 JS 文件路径会从绝对路径转换为相对路径，如图 11.42 所示。

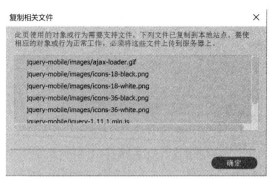

图 11.42 复制相关文件到网站根目录

2. 完善页面内容

切换到"设计"视图，将光标放在要插入 jQuery Mobile 组件的位置，单击"插入"栏→"jQuery Mobile"选项，再单击某个组件按钮，在弹出的对话框中对组件进行设置。

1) 网站标题模块

将 h1 标签的文本改为"西京大学"，即<h1>西京大学</h1>

单击"插入"菜单→"标题"选项→标题 3(h3)，输入文本"西京大学网站课程中心"。

2) 登录信息模块

依次单击"插入"栏→"jQuery Mobile"选项→"文本"或"密码"或"电子邮件"按钮，分别在网页正文中添加三个输入框，代码如下所示，修改"文本输入"为"账号"，修改"密码输入"为"密码"。

```
<div data-role="fieldcontain">
  <label for="textinput2">文本输入:</label>
  <input type="text" name="textinput2" id="textinput2" value="" />
</div>
<div data-role="fieldcontain">
  <label for="passwordinput2">密码输入:</label>
  <input type="password" name="passwordinput2" id="passwordinput2" value="" />
</div>
<div data-role="fieldcontain">
  <label for="email2">电子邮件:</label>
  <input type="email" name="email2" id="email2" value="" />
</div>
```

3) 记住密码模块

单击"插入"栏→"jQuery Mobile"选项→"翻转切换开关"按钮，在网页正文中添加一个翻转切换开关，代码如下所示，修改"选项"为"记住密码"。

```
<div data-role="fieldcontain">
  <label for="flipswitch2">选项:</label>
```

```
<select name="flipswitch2" id="flipswitch2" data-role="slider">
    <option value="off">关</option>
    <option value="on">开</option>
</select>
</div>
```

4) 身份选择模块

单击"插入"栏→"jQuery Mobile"选项→"单选按钮"按钮，如图 11.43 所示，在网页中插入 3 个单选按钮，布局为"水平"，修改选项文本标签为"身份选择"，选项内容分别为"管理员""教师"和"学生"。

图 11.43　单选按钮模块

5) 登录按钮模块

单击"插入"栏→"jQuery Mobile"选项→"按钮"按钮，如图 11.44 所示，插入 2 个按钮，设置按钮类型为"按钮"，布局为"水平"，在此还可以为按钮添加小图标。

图 11.44　登录按钮模块

至此，已完成了网页的设计与制作。

11.4.5　插入 jQuery Widget

可以使用 jQuery Widget 向 Dreamweaver Web 项目添加类似于应用程序的功能。不必编写代码即可插入折叠式元素、选项卡、滑块和自动填写框。

Widget 是用 DHTML 和 JavaScript 等语言编写的小型 Web 应用程序，可以在网页内插入和执行。此外，它还提供了一种将桌面体验复制到网页上的方法。

jQuery UI Widget(如折叠式元素、选项卡、日期选择器、滑块以及自动填写框)将桌面体验带到了 Web 上，例如，选项卡 Widget 可用于在桌面应用程序中复制对话框的选项卡功能。

1. 插入 jQuery Widget

插入 jQuery Widget 时，代码中会自动添加以下内容。

- 对所有相关文件的引用。
- 包含用于 Widget 的 jQuery API 的脚本标签。其他 Widget 被添加到相同的脚本标签中。
- 有关 jQuery Widget 的详细信息，请参阅 http://jqueryui.com/demos/。

♥注意：

对于 jQuery 效果，不会添加对 jquery-1.8.24.min.js 的外部引用，因为该文件在添加效果时会自动包括进来。

插入 jQuery Widget 的具体操作步骤如下。
(1) 将光标置于页面中要插入 Widget 的位置。
(2) 方法一：单击"插入"菜单→"jQuery UI"选项，再选择某个 Widget 命令。

方法二：单击"插入"栏→"jQuery UI"选项，再单击某个 Widget 按钮，如图 11.45 所示。

图 11.45 利用"插入"栏插入 jQuery Widget

插入 jQuery Widget 后，其属性显示在"属性"面板中，如图 11.46 所示。在"属性"面板中可设置 Widget，如插入 Tabs 后，"属性"面板中会显示 Tabs 的属性。

图 11.46　在"属性"面板中设置 jQuery Widget 属性

2. 修改 jQuery Widget

如果想对插入的 jQuery Widget 进行修改，只需要在操作视图中选中要修改的 jQuery Widge，然后在底部的"属性"面板中修改属性即可。

例如，若要在 jQuery Widget 的 Tabs 选项卡中再添加一个选项卡，如图 11.47 所示，请选择该 Widget，单击"属性"面板中的"+"按钮。

还可根据需要进行必要的修改，可修改 jQuery Widget 定制的 CSS 和 JavaScript 文件，以修改样式和动态效果。

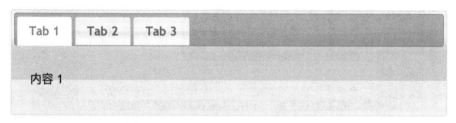

图 11.47　jQuery Widget 中的 Tabs 选项卡

小　结

本章通过几个网页实例的导入，介绍了在 Dreamweaver 中制作响应式布局网页的方法，例如，Bootstrap 响应式布局和 jQuery Mobile，还介绍了使用 jQuery UI Widget 和 JavaScript 制作网页特效的方法。另外，还对 Dreamweaver CC 中常用的内置行为进行了介绍。

练　习　题

简述与传统的网页布局设计相比，响应式网页设计的优势。

上机实验

1. 背景知识

根据本章所学的响应式布局、内置行为的知识，并综合前面所学的创建站点及编辑网页的知识，进行响应式网页设计的练习。

2. 实验准备工作

将实验素材和网页草图发送到学生的主机上,供学生参考使用。

3. 实验要求

如图 11.48 所示,利用 Bootstrap 设计响应式网页。

图 11.48　实验:《寄生虫》电影网站

4. 课时安排

上机实验课时安排为 2 课时。

5. 实验指导

(1) 首先创建一个本地站点,从 Bootstrap 自带模板中新建一个文档,并删除自带代码,可参考案例 11.1(其余几个实验都一样,这是必需的一个步骤);然后将光标放在网页正文中,添加"Bootstrap 组件"中的"Container",在网页正文中插入一个 DIV 标签。

(2) 导航条模块:在 <div class="container ">标签之后,输入注释代码<!--网站导航开始--><!--网站导航结束-->,将光标放在两段注释代码之间,添加"Bootstrap 组件"中的"Navbar:Inverted Navbar",为网页插入一个响应式的导航条。

(3) 宣传语模块:在导航条 DIV 标签之后,添加"Bootstrap 组件"中的"Jumbotron Hero",在网页中插入宣传语 DIV 标签,输入相关文字。

(4) 正文模块:添加"Bootstrap 组件"中的"Grid Row with column",插入一个 2 列的网格系统,自动创建两个"col-lg-6",分别修改为"col-lg-8""col-lg-4"。在<div class="col-lg-8"></div>之间,添加"Bootstrap 组件"中的"Carousel",在网页中插入轮播图,并修改图像路径。在<div class="col-xl-4"></div>之间插入"Bootstrap 组件"中的"Accordion",在网页中插入右侧导航条。

(5) 补充 CSS:在"CSS 设计器"中新建一个新的 CSS 样式,命名为"style.css",将它存储在 CSS 文件夹下。在"CSS 设计器"中为它创建如下 CSS 样式。

```
.all{
        padding: 0px;
        background-color: #f5f5f5;
body{
        background-color: #666;
}
.content{
        padding: 15px;
}
.copyright{
        text-align: center;
        color: #fff;
}
```

把类 all 的 CSS 样式赋给<div class="container ">，使之变成<div class="container all">，这样做的目的是消除 Bootstrap 自带的网格系统两边的边距。

把类 content 的 CSS 样式赋给图文混排，使<div class="row">变<div class="row content">。

（6）版权模块：将光标放在整个<div class="container "></div>模块之外，插入一个名为 copyright 的<div>，并插入<p>标签，输入版权信息相关文字，把类 copyright 的 CSS 样式赋给版权信息。

至此，完成了网页的设计与制作。

参考文献

[1] 张晓景. 网站布局与网页配色设计[M]. 北京：人民邮电出版社，2019.

[2] 刘涛. Dreamweaver CC 网页创意设计案例课堂[M]. 北京：清华大学出版社，2015.

[3] 姜鹏，郭晓倩. 形·色——网页设计法则及实例指导[M]. 北京：人民邮电出版社，2017.

[4] 谢思靖，安维堂. 全能网页设计师精炼手册[M]. 北京：清华大学出版社，2017.

[5] 李东博. Dreamweaver+Flash+Photoshop 网页设计从入门到精通[M]. 北京：清华大学出版社，2013.

[6] 赵芳，孟龙. Photoshop CSS 平面广告设计经典 228 例[M]. 北京：科学出版社，2012.

[7] 常樱. 平面设计——观念、规律、方法[M]. 北京：清华大学出版社，2012.

[8] 保罗·杰克逊.从平面到立体：设计师必备的折叠技巧[M]. 朱海辰，译. 上海：上海人民美术出版社，2012.

[9] 云海科技. 美工与创意：网页设计艺术[M]. 2 版. 北京：北京希望电子出版社，2015.

[10] Patrick McNeil. 网页设计创意书(卷 2)[M]. 图灵编辑部，译. 北京：人民邮电出版社，2011.

[11] 田中久美子，原弘始，林晶子，等. 版式设计原理·案例篇 提升版式设计的 55 个技巧[M]. 北京：中国青年出版社，2015.

[12] 站酷. 设计中的逻辑(全彩)[M]. 北京：电子工业出版社，2017.

[13] 小楼一夜听春语. Axure RP8 入门手册 网站和 App 原型设计从入门到精通[M]. 北京：人民邮电出版社，2017.

[14] 陈根. 平面设计看这本就够了(全彩升级版)[M]. 北京：化学工业出版社，2019.

[15] 王雅. HTML5+CSS3+JavaScript 从入门到精通(标准版)[M]. 北京：中国水利水电出版社，2017.

[16] 陆凌牛. HTML5 与 CSS3 权威指南[M]. 北京：机械工业出版社，2019.

[17] 站酷 http://www.zcool.com.cn/.

[18] 蓝色理想 http://www.blueidea.com/.

[19] 天极网设计在线 http://design.yesky.com/.

[20] 中国设计在线 http://www.ccdol.com/.

[21] W3CSchool https://www.w3school.com.cn.

[22] 视觉中国 https://www.vcg.com/.